高等学校计算机基础教育教材精选

大学生计算与信息化素养

陈志泊 主 编
李 群 副主编
蔡 娟 韩 慧 孙 俏 编 著

清华大学出版社
北 京

内容简介

本书以提高高等学校大学生计算与信息化素养为目标，结合高等学校信息素质教育指导要求，全面介绍了计算与信息化素养的相关知识和相关技能。全书共8章，包括计算机系统、信息表示、信息传输、信息安全、数据管理、信息检索、计算思维与算法、信息新技术，旨在帮助学生了解信息技术的发展趋势，提升信息素养水平，学会借助计算机及网络平台进行信息表示、信息检索、信息存储和信息处理的方法，有助于学生形成计算思维，充分利用现有的计算机知识解决专业中的实际问题。

本书条理清楚，内容丰富，实用性强，语言通俗易懂，并配有生动有趣的案例，既注重理论知识与科学思想的介绍，又注重应用技能的培养，展现信息素养在各方面的具体应用。

本书既可作为高等学校本科生信息素养课程的教材，也可作为社会各界人士的参考用书，以便了解信息，有效利用信息，综合使用计算机知识，实现对信息资源的组织、存储、检索、维护和共享。

本书封面贴有清华大学出版社防伪标签，无标签者不得销售。
版权所有，侵权必究。举报：010-62782989，beiqinquan@tup.tsinghua.edu.cn。

图书在版编目(CIP)数据

大学生计算与信息化素养/陈志泊主编. —北京：清华大学出版社，2021.8
(高等学校计算机基础教育教材精选)
ISBN 978-7-302-57875-8

Ⅰ.①大… Ⅱ.①陈… Ⅲ.①电子计算机－高等学校－教材 Ⅳ.①TP3

中国版本图书馆CIP数据核字(2021)第058048号

责任编辑：龙启铭
封面设计：何凤霞
责任校对：郝美丽
责任印制：丛怀宇

出版发行：清华大学出版社
网　　址：http://www.tup.com.cn，http://www.wqbook.com
地　　址：北京清华大学学研大厦A座　　**邮　　编**：100084
社 总 机：010-62770175　　**邮　　购**：010-83470235
投稿与读者服务：010-62776969，c-service@tup.tsinghua.edu.cn
质量反馈：010-62772015，zhiliang@tup.tsinghua.edu.cn
课件下载：http://www.tup.com.cn，010-83470236
印 装 者：三河市铭诚印务有限公司
经　　销：全国新华书店
开　　本：185mm×260mm　　**印　　张**：16　　**字　　数**：370千字
版　　次：2021年8月第1版　　**印　　次**：2021年8月第1次印刷
定　　价：49.00元

产品编号：087674-01

前言

信息世界变化迅猛，计算机应用领域不断扩大，信息素养和有关理念不断变化更新。信息素养是包含信息的知识技能和思维意识的复合能力。作为当代大学生，必须了解信息技术的发展趋势，提升信息素养水平，学会利用计算机及网络平台进行信息表示、信息检索、信息存储和信息处理的方法，能借助所学的计算机知识解决专业中的实际问题，为后续的专业学习打好基础。培养信息素养作为一项高校教育改革任务，才能得到体现和落实。

本书在各章节内容的选取和组织上进行了合理的安排。各章节既有一定的独立性，又能自然衔接。读者可按教材的自然顺序学习，也可以根据实际情况挑选需要的章节作为参考。教师在使用本书进行教学时，可依照教学进度与需求方便地选取教学内容。全书共分为8章，主要内容包括计算机系统、信息表示、信息传输、信息安全、数据管理、信息检索、计算思维与算法、信息新技术。

本书结合提高大学生计算与信息素养的目标，有以下几个特点。

(1) 引入信息素养的新理念，是本书的编写思路，也是本书的一个重要特色。

(2) 在内容和形式上与同类教材相比有较大创新，增加了文献检索、计算思维与算法、信息新技术等内容，以帮助读者提升学习和科研的效率，建立计算思维，了解计算机学科的前沿技术，开拓视野。

(3) 更加适合计算机初学者学习计算机基础知识与信息化基础知识，本书从介绍基本概念入手，内容丰富、取材新颖、条理清楚，讲解循序渐进，易于读者学习和掌握。

(4) 每章配有丰富的习题，帮助读者对所学知识点的掌握和巩固。

(5) 编者均为长期从事高校计算机教学的一线教师，具有丰富的教学实践经验，对计算机教学改革与教材建设富有创新的思路。

本书可作为高等学校非计算机专业大学生的计算机类公共基础课的教材，也可供计算机领域的广大科技工作者学习参考。

本书由陈志泊担任主编、李群担任副主编，参与编写的还有蔡娟、韩慧、孙俏。

本书的编写过程中得到了许多专家及同行的指导和帮助，还有清华大学出版社的编辑为本书出版付出了辛勤的劳动，在此，我们一并表示诚挚的谢意！

希望读者朋友们能从本书中有所受益，欢迎读者反馈和建议。本书如有不足，敬请批评指正！

编　者

2021年6月

目录

第1章 计算机系统

1.1 计算机系统概述

1.1.1 认识计算机

计算机是20世纪最重大的科学技术发明之一，是人类科学技术发展史中的一个里程碑。自诞生以来，计算机科学技术有了长足的发展，对人类的生产活动和社会活动产生了极其重要的影响，并以强大的生命力飞速发展。它的应用领域从最初的军事科研应用扩展到社会的各个领域，已形成了规模巨大的计算机产业，带动了全球范围的技术进步，由此引发了深刻的社会变革。计算机已应用于一般学校、企事业单位，进入寻常百姓家，成为信息社会中必不可少的工具。当今，人们的工作、生活已经离不开计算机，特别是随着互联网的普及，人们越来越依赖于用计算机来收集、存储、传输、处理和利用日益剧增的信息资源。计算机的广泛应用极大地提高了社会生产效率和改善了人民生活的质量。计算机科学技术的发展水平、计算机的应用程度已经成为衡量一个国家现代化水平的重要标志。

1. 什么是计算机

对于什么是计算机，人们从不同角度提出了不同的见解。例如，"计算机是一种可以自动进行信息处理的工具""计算机是一种能够快速且高效地进行自动信息处理的电子设备"，百度百科给出的定义："计算机俗称电脑，是一种用于高速计算的电子计算机器，可以进行数值计算，又可以进行逻辑计算，还具有存储记忆功能，是能够按照程序运行，自动、高速处理海量数据的现代化智能电子设备。"

一般来说，计算机(Computer)是一种能接收和存储信息，按照存储在其内部的程序指令对输入的信息进行加工处理，并输出处理结果的高度自动化的电子设备。

计算机系统由硬件系统和软件系统两大部分组成，硬件系统是由电子、磁性、机械的器件组成的物理实体，由5个基本部分(运算器、存储器、控制器、输入设备和输出设备)组成。软件系统则是程序和有关文档的总称，分为系统软件和应用软件两类。

2. 计算机的特点

计算机发明之初主要用于数值计算，计算机也因此得名。除了数值计算，计算机还能处理数字、文字、表格、图形、图像等各种信息。计算机能够按照程序指令对信息加工、处理和存储。计算机的主要特点如下。

(1) 运算速度快

计算机的运算部件采用的是电子元器件,可以高速准确地完成各种算术运算。当今计算机系统的运算速度已达到每秒万亿次,微型计算机也可达每秒亿次以上,这使得大量复杂的科学计算问题能够在很短的时间内实现解决。例如,对于卫星轨道的计算、大型水坝的计算、天气预报的计算,计算机只需几分钟就可完成。

(2) 存储容量大

计算机的存储性是计算机区别于其他计算工具的重要特征。计算机内部的存储器具有记忆特性,存储器不但能够保存大量的信息,而且能够快速准确地存入或者取出这些信息。计算机的存储器可以把原始数据、中间结果、运算指令等存储起来,以备随时调用。

(3) 具有逻辑判断能力

计算机不仅能进行精确计算,还具有逻辑运算功能,能对信息进行比较和判断。计算机能把参加运算的数据、程序以及中间结果和最后结果保存起来,并能根据判断结果自动执行下一条指令以供用户随时调用。

(4) 高度自动化

由于计算机具有存储记忆能力和逻辑判断能力,所以人们可以将预先编写好的程序保存起来,在程序控制下,计算机可以连续、自动地工作。只要把包含有连串指令的处理程序输入计算机,计算机便会依次取出指令,逐条执行,完成各种规定的操作,直到得到结果为止,中间不需要人的干预。

(5) 精确度高、可靠性高

计算机的可靠性很高,差错率极低,一般来讲,只在那些人工介入的地方才有可能发生错误。科学技术的发展,特别是尖端科学技术的发展,需要高度精确的计算。计算机控制的导弹之所以能准确地击中预定的目标,是与计算机的精确计算分不开的。一般计算机可以有十几位甚至几十位(二进制)有效数字,计算精度可从千分之几到百万分之几,这是其他任何计算工具所望尘莫及的。

3. 计算机的分类

在计算机的发展过程中,计算机类型也不断分化,形成了各种不同种类的计算机。了解计算机所属的类型,可以指导我们最大限度地发挥计算机的潜能。一般可以从以下几个角度对计算机进行分类。

(1) 按信息的形式和处理方式分类

根据信息的形式和处理方式不同,可以把计算机分为模拟计算机、数字计算机以及数字模拟混合计算机。

模拟计算机:模拟计算机的问世时间早于数字计算机,它使用电信号来模拟自然界的实际信号,因而称为模拟电信号。模拟计算机的基本运算部件是由运算放大器构成的各种模拟电路,其处理的模拟信号是连续变化的模拟量,例如电压、温度等。模拟计算机主要用于处理模拟信息,如工业控制中的温度、压力等。模拟电子计算机处理问题的精度差,所有的处理过程均需采用模拟电路来实现,其电路结构复杂,抗外界干扰能力极差,使用也不够方便。

数字计算机：数字计算机是当今世界计算机行业中的主流，其内部处理的是一种称为符号信号或数字信号的电信号，所有信息以二进制数表示。它的主要特点是“离散”，在相邻的两个符号之间不可能有第三种符号存在。由于这种处理信号的差异，使得它的组成结构和性能优于模拟计算机。

数字模拟混合计算机：数字模拟混合计算机兼有数字和模拟两种计算机的优点，既能接收、处理和输出模拟信号，又能接收、处理和输出数字信号，但是设计比较困难。数字模拟混合计算机出现于20世纪70年代。那时，数字计算机是串行操作的，运算速度受到限制，但运算精度很高；而模拟计算机是并行操作的，运算速度很高，但精度较低。把两者结合起来可以互相取长补短，因此数字模拟混合计算机主要适用于一些对实时性要求高的复杂系统的仿真。例如，在导弹系统仿真中，连续变化的姿态动力学模型由模拟计算机来实现，而导航和轨道计算则由数字计算机来实现。

(2) 按计算机使用范围或用途分类

按计算机的使用范围或用途可以将计算机分为通用计算机和专用计算机。

通用计算机：通用计算机是为解决各种问题而设计的计算机，具有较强的通用性。通用计算机的特点是功能齐全，通用性强，能适用于一般的科学计算、学术研究、工程设计和数据处理等。通常所说的计算机都属于通用计算机。

专用计算机：专门为适用某种特殊应用而设计的计算机。专用计算机配有为解决特定问题的软硬件，其特点是功能单一，结构简单，运行效率高，速度快，精度高等。一般应用在过程控制中，如导弹的导航系统、飞机自动驾驶仪和坦克火控系统等。专用计算机功能单一，可靠性高，结构简单，适应性差。

(3) 按计算机的规模和处理能力分类

计算机的规模和处理能力主要是指计算机的字长、运算速度、存储容量和功能等综合性能指标。按照计算机的综合性能指标可把计算机分为巨型机、大型机、小型机、微型机、工作站和服务器等几类。

巨型机：巨型机是一种超大型电子计算机，具有很强的计算和处理数据的能力，主要特点表现为高速度和大容量，配有多种外部设备，以及丰富的、高性能的软件系统。

巨型机的发展是电子计算机的一个重要发展方向。它的研制水平标志着一个国家的科学技术和工业发展的程度，体现着国家经济发展的实力。对国民经济和国防建设具有特别重要的价值。巨型机主要用来承担重大的科学研究、国防尖端技术和国民经济领域的大型计算课题及数据处理任务，如大范围天气预报、卫星图像处理、原子核物理研究、核武器设计、航天航空飞行器设计、国民经济的预测和决策、能源开发等。

目前，世界上只有少数国家掌握了高性能巨型机的研制技术。我国在这个领域已位于世界先进行列。我国在1983年就研制出第一台超级计算机“银河一号”，使我国成为继美国、日本之后第三个能独立设计和研制超级计算机的国家。2010年11月14日，国际TOP500组织在网站上公布了最新全球超级计算机前500强排行榜，我国首台千兆次超级计算机系统“天河一号”排名全球第一。“天河一号”的外观如图1.1所示。在2019年11月TOP500组织发布的最新一期世界超级计算机500强榜单中，我国占据了227个，

"神威·太湖之光"超级计算机位居榜单第三位,"天河二号"超级计算机位居第四位。

图 1.1 "天河一号"的外观

大型机:大型机相当于通常所说的大型计算机和中型计算机。大型机一般用在尖端的科研领域,主机非常庞大,通常由许多中央处理器协同工作,具有超大的内存,海量的存储器,使用专用的操作系统和应用软件。美国 IBM 公司曾是大型机的主要生产厂家,它生产的 IBM 4300、IBM 3090 以及 IBM 9000 系列都是有名的大型主机型号。其中,IBM 大型机是其 Z 系列服务器,如图 1.2 所示。

图 1.2 IBM 大型机

小型机:小型计算机的机器规模较小、结构较简单、设计试制周期较短、软件成本较低、易于操作维护。小型机广泛应用于工业控制领域、大型分析仪器、测量设备等,也可以把小型机当成仅仅是低价格、小规模的大型机。它们比大型机价格低,却几乎有同样的处理能力。HP 的 9000 系列小型机几乎可与 IBM 的传统大型机相竞争。

高端小型机一般都采用基于 RISC 的多处理器体系结构,具有兆数量级字节高速缓存,几千兆字节 RAM,使用 I/O 处理器的专门 I/O 通道上的数百 GB 的磁盘存储器等技术。

现在小型机、中型机、大型机之间没有绝对明确的界限了,因为 IBM 公司把很多原来只在大型机和中型机上应用的技术都在小型机中实现了。美国 DEC 公司的 VAX 系列、DG 公司的 MV 系列、IBM 公司的 AS/400 系列以及富士通的 K 系列都是有名的小型机。我国生产的太极系列计算机也属于小型机。

微型机:微型机又称为个人计算机(Personal Computer,PC)。它是由运算器、控制器、存储器、输入设备和输出设备五大部分组成。其特点是体积小、结构紧凑、价格便宜、使用方便。在过去的 50 年里,微型机发展特别迅速。现在微型机的应用已经遍及社会的各个领域,成为生活和工作中不可缺少的一部分。

微型机的更新换代特别快，种类繁多。除了家庭和办公室常见的台式机之外，还有笔记本电脑（简称为笔记本）、上网本、平板电脑、掌上电脑、智能手机等。几种常见的微型机如图 1.3 所示。

图 1.3　几种常见的微型机

台式机的主机、显示器等设备一般都是相对独立的，一般需要放置在计算机桌上或者专门的工作台上，因此称为台式机。它比笔记本和上网本占用的空间更大、连接线更多，其各部件为分体结构，但台式机的处理能力最强。

笔记本比台式机携带方便。笔记本一般为折叠式的，它有各种品牌，如惠普、联想、戴尔、苹果等。笔记本完全可以胜任日常操作和基本商务操作。

上网本是一种网络型笔记本，它大多小巧轻薄，比笔记本携带更加方便。在外形上它与普通的笔记本相似，只是它的屏幕更小，多在 10 英寸以下，多用于出差、旅游甚至公共交通上的移动上网。

平板电脑又称为便携式计算机（Tablet Personal Computer，Tablet PC），是一种小型、方便携带的个人计算机，以触摸屏作为基本的输入设备。平板电脑是 PC 家族新增加的一名成员，是移动商务 PC 的代表。其外形介于笔记本和掌上电脑之间，但其处理能力大于掌上电脑。平板电脑的主要特点是显示器可以随意旋转，一般采用小于 10.4 英寸的液晶屏幕，并且都是带有触摸识别的液晶屏，可以用电磁感应笔手写输入。平板电脑集移动商务、移动通信和移动娱乐为一体，具有手写识别和无线网络通信功能。它可以被称为笔记本的浓缩版。

掌上电脑又称为个人数字助理（Personal Digital Assistant，PDA），是一种辅助个人工作的数字工具。PDA 主要可以用于记事、文档编辑、玩游戏、播放多媒体、通过内置或外置无线网卡上网等，还可以看电子书、进行图像处理、外接 GPS 卡导航等。其功能丰富，应用简便，可以满足日常的大多数需求。

智能手机，是指像个人计算机一样，具有独立的操作系统和独立的运行空间，可以由用户自行安装软件、游戏、导航等第三方服务商提供的程序，并可以通过移动通信网络来实现无线网络接入的手机类型的总称。目前智能手机的发展趋势是充分加入了人工智能、5G 等多项技术，使智能手机成为了用途最为广泛的产品。

现在的智能手机运行速度快、具备无线接入互联网的能力。智能手机还具有 PDA 的功能，包括个人信息管理、日程记事、任务安排、多媒体应用、浏览网页，能满足日常的大多数生活需求，还能进行简单的办公。智能手机具有开放性的操作系统：拥有独立的核心处理器和内存，可以安装更多的应用程序，智能手机的功能强大，第三方软件支持多。

工作站是一种以个人计算机和分布式网络计算为基础，主要面向专业应用领域，具备强大的数据运算与图形图像处理能力，为满足工程设计、动画制作、科学研究、软件开发、金融管理、信息服务、模拟仿真等专业领域而设计开发的高性能计算机。工作站最突出的特点是具有很强的图形交换能力，因此在图形图像领域，特别是计算机辅助设计领域得到了迅速应用。图形工作站一般包括主机、扫描仪、鼠标、图形显示器、绘图仪和图形处理软件等，它可以完成对各种图形和图像的输入、存储、处理和输出等操作。典型机器有 HP-Apollo 工作站、SUN 工作站等。

服务器是一种在网络环境中为众多用户提供服务的计算机。任何个人计算机、工作站、大型机和巨型机均可以配置为服务器，关键是它要安装网络操作系统、网络协议和各种服务软件。服务器可以通过网络对外提供服务。相对于普通 PC 来说，服务器在稳定性、安全性、性能等方面都要求更高，因此服务器硬件系统的要求会更高。服务器通常分为 Web 服务器、FTP 服务器、文件服务器、数据库服务器等。

1.1.2 计算机的发展

计算工具的演化经历了由简单到复杂、从低级到高级的不同阶段，例如，从"结绳记事"中的绳结到算筹、算盘、计算尺、机械计算机等。它们在不同的历史时期发挥了各自的历史作用，同时也启发了现代电子计算机的研发思想。

世界上第一台电子数字式计算机 ENIAC 于 1946 年 2 月在美国宾夕法尼亚大学正式投入运行，它是电子数值积分和计算机（Electronic Numberical Intergrator And Computer）的缩写，是由美国宾夕法尼亚大学的莫尔学院的莫尔小组为了满足计算弹道需要而研制成的。承担开发任务的莫尔小组由四位科学家和工程师埃克特、莫克利、戈尔斯坦、博克斯组成，总工程师埃克特当时年仅 24 岁。ENIAC 使用了 17468 个真空电子管，功耗为 174kW，占地 170m^2，质量达 30t，是一个名副其实的"庞然大物"。其样子如图 1.4 所示。每秒钟可进行 5000 次加法运算。虽然它的功能还比不上今天最普通的一台微型计算机，但在当时它已是运算速度的绝对冠军，且其运算的精确度和准确度也是史无前例的。

ENIAC 奠定了电子计算机的发展基础，开辟了一个计算机科学技术的新纪元。ENIAC 的问世具有划时代的意义，它表明计算机时代的到来。在这以后的 70 多年里，计算机技术发展异常迅速，在人类科技史上还没有一种学科可以与电子计算机的发展速度相提并论。

ENIAC 诞生后，数学家冯·诺依曼提出了重大的改进理论，主要有两点：其一是电子计算机应该以二进制为运算基础；其二是电子计算机应采用"存储程序"方式工作。并

图 1.4　ENIAC 计算机

且他进一步明确地指出，整个计算机的结构应由五个部分组成：运算器、控制器、存储器、输入装置和输出装置。冯·诺依曼这些理论的提出，解决了计算机的运算自动化的问题与速度配合问题，对后来计算机的发展起到了决定性的作用。直至今天，绝大部分的计算机还是采用冯·诺依曼方式进行工作的。

1. 计算机的发展历史

根据计算机采用的物理器件，一般将计算机的发展分成以下几个阶段，每一代的变革在技术上都是一次新的突破，在性能上也都是一次质的飞跃。

(1) 第一代计算机(1946—1958 年)

第一代计算机是电子管计算机。这种计算机的逻辑器件采用电子管，主存储器采用汞延迟线、磁鼓、磁芯；外存储器采用磁带；软件主要采用机器语言、汇编语言；应用以科学计算为主。其特点是体积大、耗电大、可靠性差、价格昂贵、维修复杂，但它奠定了以后计算机技术的基础。

(2) 第二代计算机(1958—1964 年)

第二代计算机是晶体管计算机。这种计算机用晶体管代替了电子管。晶体管的发明推动了计算机的发展，逻辑器件采用了晶体管以后，计算机的体积大大缩小，耗电减少，可靠性提高，性能比第一代计算机也有很大的提高。主存储器采用磁芯，外存储器已开始使用更先进的磁盘；软件有了很大的发展，出现了各种各样的高级语言及其编译程序，还出现了以批处理为主的操作系统；应用以科学计算和各种事务处理为主，并开始用于工业控制。

(3) 第三代计算机(1964—1970 年)

第三代计算机是集成电路计算机。计算机的逻辑器件采用小中规模集成电路取代了晶体管。计算机的体积更加小型化、功耗更少、可靠性更高，性能比第二代计算机又有了很大的提高。这时，小型机也蓬勃发展起来，应用领域日益扩大。主存储器仍采用磁芯，软件逐渐完善，采用分时操作系统，会话式语言等多种高级语言都有新的发展。

（4）第四代计算机（1971 年至今）

第四代计算机是超大规模集成电路计算机。这种计算机的逻辑器件和主存储器都采用超大规模集成电路来取代中小规模集成电路。从计算机体系结构来看，第四代计算机只是第三代的扩展与延伸。这时计算机发展到了微型化、功耗极少、可靠性很高的阶段。超大规模集成电路使军事工业、空间技术、原子能技术得到发展，这些领域的蓬勃发展对计算机提出了更高的要求，有力地促进了计算机工业的空前大发展。

随着超大规模集成电路技术的迅速发展，计算机除了向巨型机方向发展外，还朝着超小型机和微型机方向飞速前进。1971 年末，世界第一台微处理器和微型计算机在美国旧金山南部的硅谷应运而生，它开创了微型计算机的新时代。此后各种各样的微处理器和微型计算机如雨后春笋般地研制出来，潮水般地涌向市场。这种势头直至今天仍然方兴未艾。特别是 IBM-PC 系列机诞生以后，几乎完全占领了世界微型计算机市场，各种各样的兼容机也相继问世。

2. 计算机的发展趋势

进入 21 世纪以来，世界计算机技术的发展更为迅速，产品不断升级换代。未来的计算机将向巨型化、微型化、网络化、智能化和多媒体化等方向发展。

（1）巨型化

巨型化是指为了适应尖端科学技术的需要，发展高速度、大存储容量和功能强大的超级计算机。这类计算机主要应用于天气预报、地震机理研究、石油和地质勘探、卫星图像处理以及生命科学的基因分析、军事、航天等需要大量科学计算的高科技领域。1975 年世界上第一台超级计算机 Cray-Ⅰ问世。2009 年我国国防科技大学发布峰值性能为每秒 1.206 千万亿次的“天河一号”超级计算机，我国成为美国之后第二个可以独立研制千万亿次超级计算机的国家。尤其 2016 年“神威 · 太湖之光”的出现，更是标志我国进入超级计算机世界领先地位。超级计算机可以代表一个国家在信息数据领域的综合实力。

（2）微型化

计算机的微型化已经成为计算机发展的重要方向。微型计算机的发展是以微处理器的发展为特征的。随着大规模和超大规模集成电路的飞速发展，计算机中的微型处理器集成程度越来越高，计算机的体积逐步缩小，成本也进一步降低。另外，软件行业的飞速发展提高了计算机内部操作系统的便捷度，计算机外部设备也趋于完善。近几十年来，微型计算机已经有了非常巨大的进步，目前微型计算机已经成为人们生活和学习的必需品。计算机的体积不断地缩小，台式计算机、笔记本、平板电脑、掌上电脑的体积逐步微型化，为人们提供便捷的服务。因此，未来计算机仍会不断趋于微型化，体积将越来越小。

（3）网络化

互联网将世界各地的计算机连接在一起，从此进入了互联网时代。计算机网络化彻底改变了人类的生活，人们可以通过互联网进行沟通、交流、远程学习、信息查阅等活动。特别是无线网络的出现，极大地提高了人们使用网络的便捷性，未来计算机将会进一步向网络化方面发展。网络化能够充分利用计算机的宝贵资源并扩大计算机的使用范围，为用户提供方便、及时、广泛、灵活的信息服务。

(4) 智能化

计算机智能化是未来发展的必然趋势。现代计算机具有强大的功能和运行速度,但与人脑相比,其智能化和逻辑能力仍有待提高。智能化就是计算机具有模拟人的感觉和思维过程的能力。人类不断在探索如何让计算机能够更好地反映人类思维,智能计算机能够进行图像识别,能够解决问题和逻辑推理,具有知识处理和知识库管理等能力,使计算机能够具有人类的逻辑思维判断能力,可以思考,人类沟通交流,人类可以抛弃以往依靠通过编码程序来运行计算机的方法,直接对计算机发出指令。

(5) 多媒体化

多媒体计算机就是利用计算机技术、通信技术和大众传播技术,来综合处理多种媒体信息的计算机。计算机处理的信息主要是字符、数字、图像、音频、视频等多种形式的多媒体信息。多媒体技术可以把多种信息建立为有机的联系,集成一个系统,并具有交互性,使信息处理的对象和内容更加接近真实世界。这是当前计算机领域中最引人注目的高新技术之一。多媒体计算机将真正改善人机界面,使计算机朝着人类易于接受和便于处理信息的最自然的方式发展。

3. 未来的计算机

未来世界是科技的世界,当前的计算机体系也将会受到严重的冲击。目前科学界看好的未来计算机目前有四类:生物计算机、光子计算机、量子计算机和超导计算机。

(1) 生物计算机

生物计算机也称仿生计算机,其主要原材料是生物工程技术产生的蛋白质分子,并以此作为生物芯片。以生物芯片取代在半导体硅片上集成数以亿万计的晶体管而制成生物计算机,利用有机化合物存储数据。信息以波的形式传播,当波沿着蛋白质分子链传播时,会引起蛋白质分子链中单键、双键结构顺序的变化。生物计算机的运算速度要比当今最新一代计算机快十万倍,它具有很强的抗电磁干扰能力,并能彻底消除电路间的干扰。其能量消耗仅相当于普通计算机的十亿分之一,且具有巨大的存储能力。

(2) 光子计算机

光子计算机是一种由光信号进行数字运算、逻辑操作、信息存储和处理的新型计算机。光的并行、高速特性,决定了光子计算机的并行处理能力很强,具有超高运算速度,它还具有与人脑相似的容错性,某一元器件损坏或出错,并不会影响最终计算结果,对环境条件的要求也比电子计算机低得多。美国的贝尔实验室已经研发出了世界第一台光子计算机,美国国家航天局也正在大力投资此类研究。目前光子计算机的许多关键技术,如光存储技术、光电子集成电路等都已取得了重大突破。

(3) 量子计算机

量子计算机是一类遵循量子力学规律进行高速数学和逻辑运算、存储和处理量子信息的物理装置。量子计算机的概念源于对可逆计算机的研究,其目的是解决计算机中的能耗问题。量子计算机可以在量子位上计算,即可以在 0 和 1 之间计算。量子计算机与传统计算机在外形上有较大差异,它没有传统计算机的盒式外壳,看起来像是一个被其他物质包围的巨大磁场。在理论方面,量子计算机的性能能够超过任何可以想象的标准计算机。理论上，一台量子计算机就可以超越一台“银河”超级计算机的运算能力。目前，美国已经开发出商用的量子计算机，但其运算能力还尚未超过传统计算机，IBM、Google、Intel 等公司已着力于研究和开发量子计算机。

（4）超导计算机

超导计算机是利用超导技术生产的计算机及其部件。理论上，开关动作所需时间为千亿分之一秒，因此超导计算机运算速度比现在的电子计算机快 100 倍，而电能消耗仅是电子计算机的 1/1000。如果目前一台大中型计算机，每小时耗电 10kW，那么，同样一台超导计算机则只需一节干电池就可以工作了。

1.1.3 计算机的应用

随着计算机技术的不断发展和功能的不断增强，计算机的应用已经渗透到社会的各个领域。计算机正在不断地改变着人们的工作、学习和生活方式。人们的生活已经离不开计算机，特别是随着通信技术和网络技术的空前发展和普及推广，目前计算机已经成为人们日常生活中不可缺少的一部分。总的来说，计算机应用主要有以下几个方面。

1. 科学计算

科学计算又称数值计算，它是计算机最早和最传统的应用领域。在科学研究和工程设计中，存在大量烦琐、复杂的数值计算问题，利用计算机的高速计算、大容量存储和连续运算的能力，可以实现人工无法实现的各种科学计算。

科学计算的特点就是计算工作量大、数值变化范围大。例如，气象预报需要对大量云图等气象资料进行计算。

2. 数据管理

数据处理又称非数值计算，就是利用计算机来加工、管理和操作各种形式的数据资料等。数据处理的特点是需要处理的原始数据量大，但计算方法比较简单。数据管理是计算机应用中所占比例最大的领域。计算机在数据处理方面的应用主要是进行一些事务处理，如金融管理、财政管理、工资管理、人事管理、学籍管理等。利用计算机可以大大缩短这些事务的处理时间，提高工作效率。例如，管理信息系统（MIS）就属于数据处理的应用领域。

3. 过程控制

过程控制又称实时控制，是指及时采集检测数据，利用计算机的逻辑判断能力，按最优方案对控制对象进行自动控制或自动调节。利用计算机进行过程控制，不仅可以大大提高自动化水平，而且可以提高控制的及时性和准确性，从而可以减轻劳动强度，提高产品质量和成品合格率。因此，过程控制已经在机械、冶金、石油、化工、电力、建筑以及轻工业等领域已得到十分广泛的应用，并获得了非常好的效果。

例如，我国的宝山钢铁公司已经全部实现计算机控制生产过程。航天工程更是离不开计算机的控制，我国神舟六号载人飞船从火箭点火、起飞推进阶段，到进入预定轨道飞行，全靠计算机控制。在飞船进入预定轨道飞行前，地面不能对其发出指令，此时的指令程序都是在起飞之前计算好的，箭船分离时间、分离方法都是计算机控制的。计算机控制飞船姿态，飞船系统、运载火箭系统搭载了几十台计算机。

4. 计算机辅助系统

计算机辅助系统是指以计算机为工具，辅助人们进行设计、制造等工作，以避免大量重复性劳动、提高工作效率。计算机辅助系统主要包括以下几个方面。

(1) 计算机辅助设计

计算机辅助设计(Computer Aided Design，CAD)是利用计算机来帮助设计人员进行设计。目前已有许多通用的或专用的适用于微机系统的CAD软件，应用于电子工业、机械工业、建筑设计、医疗、服装、艺术等领域。例如，在电子工业领域的设计过程，可以利用CAD技术进行体系结构模拟、逻辑模拟、插件划分、自动布线等，从而大大提高了设计工作的自动化程度。再如，在建筑设计过程中，可以利用CAD技术进行力学计算、结构设计、建筑施工图纸绘制等，不但可以提高设计速度，而且可以大大提高设计质量。

(2) 计算机辅助制造

计算机辅助制造(Computer Aided Manufacturing，CAM)就是利用计算机来进行生产设备的管理、控制和操作，它的核心是计算机数值控制。计算机与各种机床或加工设备(冲压机、火焰或离子弧切割、激光束加工、自动绘图仪、焊接机、装配机、检查机、自动编织机、电脑绣花和服装剪裁等)相结合组成数控机床或其他数控设备。加工设备在计算机控制下工作，只要改变控制程序就可以改变加工过程，从而提高产品质量，降低生产成本，缩短生产周期。

(3) 计算机辅助测试

计算机辅助测试(Computer Aided Testing，CAT)就是利用计算机辅助进行复杂而大量的测试工作。例如，电机、变压器、集成电路等大型或结构复杂的设备，在出厂前或维修后都需要对其复杂的性能指标做快速准确的测试。许多医疗或分析仪器也都有自己专用的计算机用来分析数据，并以数字或图像的形式显示结果。

(4) 计算机集成制造系统

计算机集成制造系统(Computer Integrated Manufacturing System，CIMS)是指把以计算机为中心的现代信息技术应用于企业管理与产品开发的新一代制造系统。计算机集成制造系统是随着计算机辅助设计与计算机辅助制造的发展而产生的。它是在自动化制造的基础上，通过计算机技术把分散在产品设计制造过程中各种孤立的自动化子系统有机地集成起来，形成适用于多品种、小批量生产且能实现整体效益的集成化和智能化制造系统。

(5) 计算机辅助教育

计算机辅助教育(Computer-Based Education，CBE)主要包括计算机辅助教学(Computer Assisted Instruction，CAI)、多媒体计算机辅助教学(Multimedia Computer Assisted Instruction，MCAI)、计算机管理教学(Computer-Managed Instruction，

CMI)等。

CAI是以计算机为主要教学媒介所进行的教学活动,即利用计算机帮助教师进行教学活动。例如,用计算机演示数学的各种函数图像,帮助学生理解函数性质,让学生在计算机终端上做有关的操练,并由计算机提供适当的帮助和鼓励等;或是由计算机提出一个任务,让学生使用各种工具和方法去解决等,这些都属于计算机辅助教学。

MCAI是指利用多媒体计算机,综合处理和控制符号、语言、文字、声音、图形、图像、影像等多种媒体信息,把多媒体的各个要素按教学要求,进行有机组合并通过屏幕或投影仪投影显示出来,同时按需要加上配音,实现使用者与计算机之间的人机交互操作,完成教学或训练过程。

CMI是以计算机为主要处理手段所进行的教学管理活动,包括用计算机来帮助教师监测和评价学生的学习进展情况,收集反映学生学习的各种信息,提供有助于教学决策的信息,指导学生的学习过程,存放和管理教学材料、教学计划及学生成绩记录,并向教师提出报告等。

5. 网络应用

计算机网络中有大量计算机在应用。在网络中,负责通信的子网中有大量的专用计算机来负责信息流的处理工作,在负责提供和管理资源的资源子网中有大量的信息服务计算机。人们在服务器上建立各种网站,在网上可以实现电子信息的发布、搜索、传输和存储,以及提供电子商务和电子政务服务。网络已经成为人们生活中的一部分。

电子商务是指通过计算机和网络进行买卖交易的商业活动。电子商务可以克服传统商务的限制,成为方便、快捷、安全可靠的电子化商务活动模式,没有了时间、空间和人为条件的限制,人民的生活和工作将变得更加方便、灵活和自如,信息渠道更宽,信息传输更快。电子商务不仅带给了人们商业机会、利润空间,更改变了人们的生活及工作方式。

6. 多媒体技术

多媒体技术是指利用计算机对文本、图形、图像、声音、动画、视频等多种信息进行综合处理、建立逻辑关系和实现人机交互作用的技术。数字化的多媒体信息因其保存方便、传输准确、处理容易等,在科研、生产、艺术等方面都已得到广泛的应用,这些应用都离不开计算机的控制。

1.2 计算机系统的组成及工作原理

1.2.1 计算机系统的组成

计算机系统通常是由硬件系统和软件系统两大部分组成的。组成一台计算机的物理设备的总称就是计算机硬件系统,硬件系统是计算机系统的物质基础。指挥计算机工作的各种程序的集合称为计算机软件系统,软件系统是计算机系统的灵魂。纯硬件的,即无任何软件支持的计算机称为裸机，裸机是计算机系统的物质基础，没有硬件就不能执行各种指令和操作，软件中的各种思想就无法贯彻和执行，软件也就失去了作用；而没有软件，硬件也将无法发挥其能力，则整个系统如一支有着现代化的装备却无人指挥的军队一样。因此，硬件系统和软件系统相互依赖，两者协同工作，有机地构成了一个完整的计算机系统。计算机系统的组成结构如图 1.5 所示。

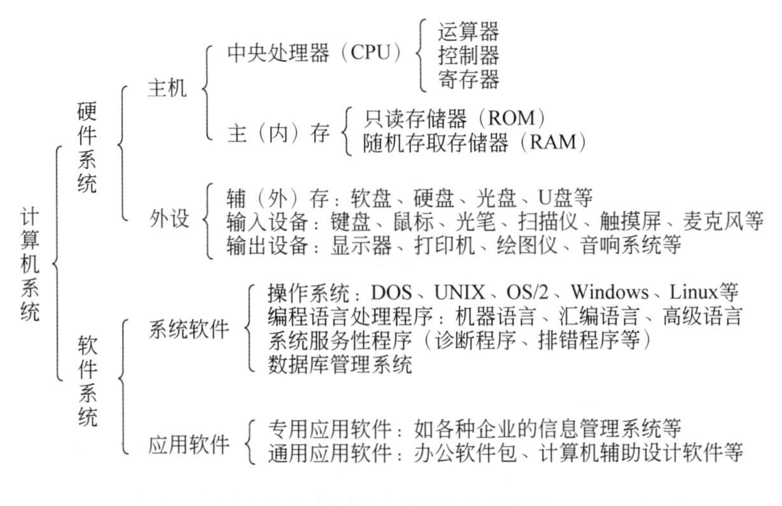

图 1.5　计算机系统的组成结构

随着计算机技术的不断发展，在计算机系统中，硬件和软件之间并没有一个明确的分界面，并且软硬件之间的分界面不是固定不变的，软件硬件在功能上具有等效性。例如，早期计算机的运算器硬件只有加减法功能，当时要做乘除运算就要通过软件编程把乘除法变换为加减法，再通过硬件来实现。即这种计算机的加减指令是用硬件实现的，而乘除指令则是借助软件方法完成的。当然，后来的计算机都有了乘除法器的硬件，于是乘除指令也都用硬件直接实现。一般来说，用硬件实现的成本高，但速度快；用软件实现的成本低，但速度慢。

1.2.2　计算机系统的工作原理

虽然计算机技术发展很快，计算机系统在性能指标、速度、价格以及应用等方面都发生了很大的变化，但其基本结构没有变化，这些计算机在基本硬件结构方面都属于冯·诺依曼体系结构。

1946 年，美籍匈牙利数学家冯·诺依曼提出了存储程序原理，把程序本身当作数据来对待，程序和该程序所处理的数据用同样的方式储存。根据冯·诺依曼的理论，存储程序计算机由运算器、控制器、存储器、输入设备和输出设备五大部分组成。存储器中预先存放控制计算机运行的程序和数据，并且程序必须能自动执行；计算机中的程序和数据用二进制代码表示。直到现在，以上这些仍是设计计算机的最基本的原则，冯·诺依曼的这一设计思想被誉为计算机发展史上的里程碑，标志着计算机时代的真正开始。

计算机的工作原理：用户先通过输入设备(如键盘、鼠标等)输入数据和程序，由中央处理器(CPU)中的控制器先将这些数据和程序保存在存储器中，然后控制器指挥运算器按照指令的规定对数据进行运算，并将运算后的结果存放在存储器中。如果要输出结果，控制器则将输出结果从存储器中输出到输出设备上。计算机系统的工作原理图如图1.6所示。

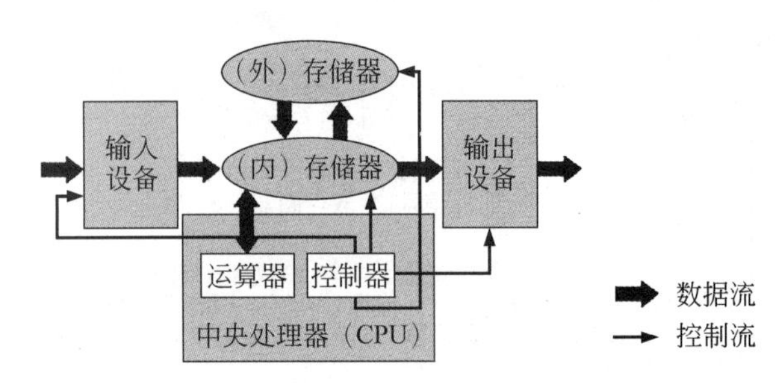

图1.6　计算机系统的工作原理图

1. 计算机的指令系统

指令就是让计算机执行某种操作的命令，每条指令都规定计算机所要执行的一种基本操作。一条指令通常包括两方面的内容：操作码和地址码。其中，操作码用来表征一条指令的操作特性和功能，即进行什么样的操作；地址码给出参与操作的数据在存储器中的地址以及操作结果存放到哪个地址中去。

在计算机中，指令可以被计算机硬件能够直接识别和执行，是设计者为解决特定问题而编写的一组指令序列就称为程序，即计算机的程序是由一系列的机器指令组成的。

指令系统就是一台计算机所能执行的全部指令的集合。指令系统是软件和硬件的主要交互界面，从系统结构的角度看，它是系统程序员所看到的计算机的主要属性。指令系统决定了一台计算机硬件的主要性能和基本功能，也决定了指令的格式和机器的结构。

指令系统一般都包括以下几大类指令。

(1) 数据传送类指令

数据传送类指令包括存储器传送指令、输入/输出传送指令、堆栈指令等。

(2) 运算类指令

运算类指令包括算术运算指令和逻辑运算指令，以及移位指令和比较指令等。

(3) 程序控制类指令

程序控制类指令主要用于控制程序的流向，包括条件转移指令、无条件转移指令、转子程序指令等。

(4) 输入/输出类指令

输入/输出类指令用于主机与外设之间交换信息，包括各种外部设备的读、写指令等。有的计算机将输入/输出指令包含在数据传送指令类中。

(5) 状态管理指令

状态管理类指令包括诸如实现设置存储保护、中断处理等功能的管理指令。

2. 总线

在计算机系统中,计算机是通过总线来连接各个功能部件的。总线是计算机各功能部件(CPU、内存、输入设备、输出设备)之间传递信息的公用通道。按照计算机所传输的信息种类,计算机的总线可以划分为数据总线、地址总线和控制总线,分别用来传输数据、数据地址和控制信号。这三种总线工作时各司其职。总线可以单向传送数据,也可以双向传送数据,还可以在多个设备之间选择出唯一的源地址和目的地址。因此,不能把总线只看作是多股导线,它还包括相应的控制与驱动电路。

(1) 数据总线

数据总线用于传送数据信息。在 CPU 与内存或输入/输出接口电路之间传送数据。数据总线的位数是微型计算机的一个重要指标,通常与 CPU 的字长相一致。数据总线上传送的数据信息是双向的,即有时是送入 CPU 的,有时是 CPU 送出的。

(2) 地址总线

地址总线是专门用来传送地址信息的,如内存的地址、外设的地址等。地址通常是由 CPU 提供的,所以地址总线通常是单向的。地址总线的位数决定了 CPU 可直接寻址的内存空间大小。地址总线的位数一般反映了一个计算机系统的最大内存容量。不同的 CPU 芯片,地址总线的数量不同。例如,8088 CPU 芯片有 20 根地址线,可寻址内存单元数为 2^{20},即内存最大容量为 1MB。

(3) 控制总线

控制总线是用来传送控制信号的。例如,CPU 发送给主存储器或输入输出设备接口电路的读/写信号,也有输入/输出设备接口电路反馈给 CPU 的中断申请信号、复位信号、设备就绪信号等。因此,控制总线的传送方向由具体控制信号而定,一般是双向的,控制总线的位数要根据系统的实际控制需要而定。实际上,控制总线的具体情况主要取决于 CPU。

1.3 计算机硬件系统

计算机的硬件系统是计算机中是实实在在的物理设备,是计算机的工作基础。它主要由运算器、控制器、存储器、输入设备和输出设备五大部分组成,其外观如图 1.7 所示。

图 1.7 计算机硬件系统的外观

但是,随着时代的发展,计算机硬件系统也会跟着发生一些变化。例如,在微型计算机上,微处理器芯片上除了具有运算器、控制器和少量的寄存器外,随着芯片技术的发展,在它的内部还增加了高速缓冲存储器等。又如，为了适应联网的需求，也出现了许多网络设备，因此，我们可以说计算机硬件系统是由微处理器、存储器、输入设备、输出设备以及网络设备等部分组成的。

通常所说的计算机一般是单处理系统，即利用一个 CPU 与其他外部设备结合起来，实现存储、计算、通信以及输入输出等任务的系统。在高档计算机中还可以使用两个甚至多个处理器。

计算机由主机箱、显示器、键盘、鼠标和打印机等组成，主机箱里面有主板、硬盘、光驱、电源等，主板上插有 CPU、内存、显示卡等。

1.3.1 中央处理器

中央处理器(Central Processing Unit，CPU)是微型计算机的核心部件，它是由控制器、运算器、寄存器等组成的，并采用超大规模集成电路工艺制成芯片，俗称微处理器。大家通常简单称呼其型号，例如，286、386、586、Pentium Ⅱ、Pentium Ⅲ(Pentium 中文译为“奔腾”)等。目前用得最多的是 x86 CPU，x86 CPU 的生产厂家主要是 Intel、AMD 等。CPU 主要的性能指标是主频，也就是 CPU 的时钟频率，如图 1.8 所示。

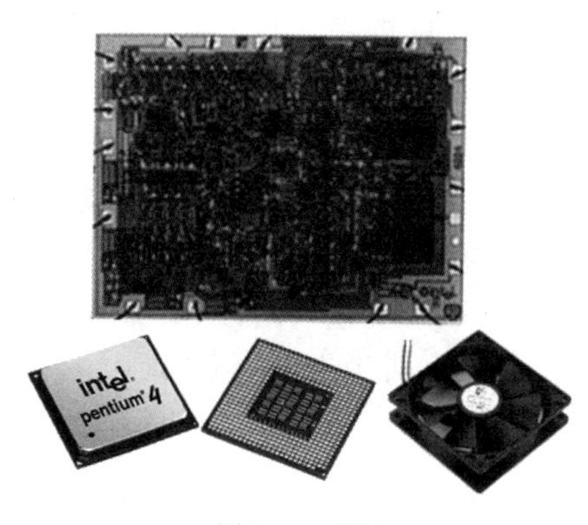

图 1.8 CPU

CPU 的主要功能是取出指令、解释指令并执行指令，为此，每种处理器都有自己的一套指令，称为指令集或称指令系统。所谓的计算机的可编程性主要是指对 CPU 的编程。

下面介绍一下 CPU 各部分的基本功能。

1. 运算器

运算器又称算术逻辑单元(Arithmetic Logic Unit，ALU)。运算器是负责对信息进行加工和处理的部件，主要提供算术运算(例如加、减、乘、除等)和逻辑运算(例如与、或、非、异或、比较等)。

2. 控制器

控制器是整个计算机系统的神经中枢。控制器负责从存储器中取出指令、确定指令类型并对指令进行译码；负责按时间的先后顺序向其他各部件发出控制信号，保证各部件协调一致地工作，一步步完成各种操作。控制器主要由指令寄存器、译码器、程序计数器等组成。

3. 寄存器

寄存器是处理器的暂时存储单元。用于保持程序运行状态的寄存器称为状态寄存器;用于存储当前指令的寄存器称为指令寄存器;用于暂时存储将要执行的下一条指令的地址寄存器称为程序计数器。寄存器的位数是影响处理器性能与速度的一个重要因素。

1.3.2 内存储器

存储器(Memory)是计算机记忆或暂存数据信息的部件。计算机中的全部信息,包括原始的输入数据、经过初步加工的中间数据,以及最后处理完成的有用信息都存放在存储器中。而且,指挥计算机运行的各种程序,即规定对输入数据如何进行加工处理的一系列指令,也都存放在存储器中。

衡量存储器的指标有三个:一是存储容量,二是存储速度,三是价格。随着三个指标的搭配不同,其价格差异很大,于是人们在进行存储系统的设计时,大都采用多种类型的存储器,建立一个存储层次体系。把存储器分为几个层次主要是为了解决容量、速度与成本的矛盾,以得到较高的性能价格比。因为速度快的存储器价格贵,容量就不能做得很大;而价格便宜的存储器就可以把容量做得很大,但它的存取速度却比较慢。因此,设计人员必须在容量、速度、价格三者之间进行平衡。

目前通常采用多级存储器体系结构,即使用高速缓冲存储器(Cache)、内存储器(内存)和外存储器(外存)。内存储器又常称为主存储器(简称为主存),属于主机的组成部分;外存储器又常称为辅助存储器(简称为辅存),属于外部设备。外存通常是磁性介质或光盘等,能长期保存信息。内存指主板上的存储部件,用来存放当前正在执行的数据和程序,但仅用于暂时存放程序和数据,关闭电源或断电后,数据就会丢失。CPU 不能像访问内存那样去直接访问外存,外存要与 CPU 或 I/O 设备进行数据传输,必须通过内存进行。

计算机系统中的各存储器之间的层次关系如图 1.9 所示。

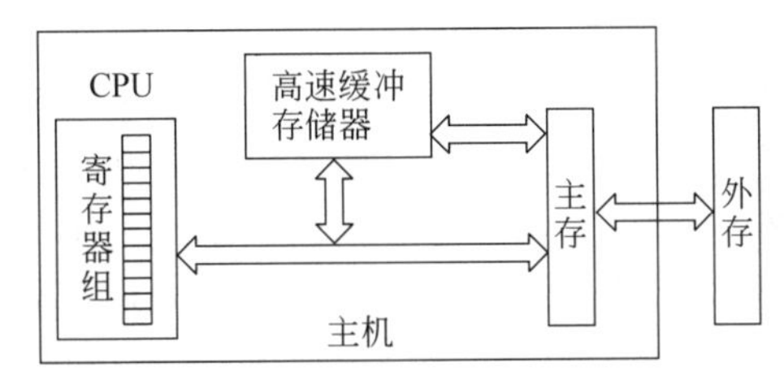

图 1.9 各存储器之间的层次关系

字节(Byte)是存储容量的基本单位,它表示计算机中存储器的一个存储单元,由 8 个二进制位组成。常用的单位有:

$$1KB=2^{10}B=1024B$$

$$1MB=2^{10}KB=1024KB=2^{20}B$$

$$1GB=2^{10}MB=1024MB=2^{20}KB=2^{30}B$$

$$1TB=2^{10}GB=1024GB=2^{20}MB=2^{30}KB=2^{40}B$$

由于CPU速度比较高，而主存的速度相对比较低并且价格比较高，为解决CPU与主存速度不匹配的问题，可以采用一种特殊的存储器，即高速缓冲存储器(Cache)。Cache是位于CPU与内存间的一种容量较小但速度很快的存储器。它采用速度很快、价格更高的半导体静态存储器，甚至与微处理器制作在一起，存放当前使用最频繁的指令和数据。当CPU从内存中读取指令与数据时，将同时访问高速缓存与主存。如果所需内容在高速缓存中，就能立即获取；如没有，再从主存中读取。Cache中的内容是根据实际情况及时更换的。这样，通过增加少量成本即可获得很高的速度。Cache又分为一级缓存和二级缓存，一级缓存主要是集成在CPU内部，而二级缓存集成在主板上或CPU上。

Cache的出现原因有两种：一是由于CPU的速度和性能提高很快而主存速度较低且价格高，二是程序执行的局部性特点。

内存是由半导体存储器组成的，存取速度比较快，由于价格的原因，其容量一般不是太大，随着计算机硬件技术的发展，内存的容量也在逐步地增大。

内存是与CPU进行沟通的桥梁。计算机中所有程序的运行都是在内存中进行的，内存的作用是用于暂时存放CPU中的运算数据，以及与硬盘等外部存储器交换的数据。只要计算机在运行中，CPU就会把需要运算的数据调到内存中进行运算，当运算完成后CPU再将结果传送出来，内存的性能对计算机的影响非常大。

向存储单元里保存信息的操作称为写操作，从存储单元获取信息的操作称为读操作，读/写操作通常又被称为“访问”或“存取”操作，并且读/写操作一般都是以字节为单位。

内存按照其工作的方式不同，通常可分为可读写的随机存取存储器(Random Access Memory，RAM)和只读存储器(Read Only Memory，ROM)两种。在计算机系统里，RAM一般用作内存，ROM用来存放一些硬件的驱动程序。

1. 随机存取存储器

随机存取存储器(RAM)中的信息可以随机地读出和写入。当机器电源关闭时，存在RAM中的数据就会丢失。RAM是把一组存储芯片焊制在一块印制电路板上，称为内存条，如图1.10所示。可以把它插在主板上的内存插槽上。通常购买或升级的就是内存条。目前市场上常见的内存条有2GB/条、4GB/条、8GB/条等类型。

图1.10　内存条

RAM可分为动态随机存储器(Dynamic RAM，DRAM)和静态随机存储器(Static RAM，SRAM)两大类。

(1) 动态随机存储器(DRAM)

DRAM是用MOS电路和电容来做存储元件的。由于电容会放电，所以需要定时充电以维持存储内容的正确，例如每隔2ms刷新一次，因此称之为动态存储器。DRAM的特点是集成密度高，主要用于大容量内存存储器。

(2) 静态随机存储器(SRAM)

SRAM是用双极型电路或MOS电路的触发器来作为存储元件的，它没有电容放电造成的刷新问题。只要有电源正常供电，触发器就能稳定地存储数据，因此称之为静态存储器。SRAM的特点是存取速度快，但制造成本较高，主要用于高速缓冲存储器。

2. 只读存储器

只读存储器（ROM）是一种只能读出事先所存数据的固态半导体存储器。ROM的特点是只能读出原有的内容，不能由用户再写入新内容。原来存储的内容是由厂家在制造ROM时一次性写入的，信息（数据或程序）就被存入并永久保存。它们当然是非易失性的，即使机器停电，这些数据也不会丢失。ROM一般用于存放计算机的基本程序和数据，如计算机启动用的BIOS芯片等。断电后信息不丢失。相对RAM而言，ROM的存取速度很慢，而且不能改写，不能升级，现已很少使用。

ROM有可编程只读存储器（Programmable Read Only Memory，PROM）、可擦可编程只读存储器（Electrically Erasable Programmable ROM，EPROM）和电子式可擦可编程只读存储器（Electrically Erasable Programmable ROM，EEPROM）三种形式。

（1）可编程只读存储器（PROM）

PROM的性能与ROM一样，存储的内容在使用过程中不会丢失、也不会被替换。PROM主要用于针对用户的特殊需要，把那些不需变更的程序或数据烧制在芯片中，从结构上说它是根本无法擦除的。原则上，把软件固化在PROM中，既可由厂家来做，也可由用户来做。

（2）可擦可编程只读存储器（EPROM）

EPROM存储的内容可以通过紫外光照射来擦除，这就使它的内容可以反复更改，而运行时它又是非易失的。这种灵活性使EPROM受到了用户的欢迎。

（3）电子式可擦可编程只读存储器（EEPROM）

EEPROM的功能与EPROM相同，但在擦除与编程方面更加方便。

1.3.3 外存储器

外存储存器（外存）一般设置在主机外部，主要用来存储需要长期存放而且是暂时不用的程序和数据。相对于内存，外存的容量一般比较大。目前外存的配置一般是几百GB或1TB，可以把外存看成存放程序和数据的仓库。外存的访问速度远比内存慢，所以外存并不直接与计算机的其他部件（如CPU、输入/输出设备）直接交换数据，只是与内存交换数据，并且外存中的数据不是单个进行存取的，而是成批进行。

常见的外存有硬盘、光盘、U盘等，外存能长期保存信息，一般断电后仍然能保存数据。从冯·诺依曼的存储程序工作原理及计算机的组成来说，计算机分为运算器、控制器、存储器和输入/输出设备，这里的存储器就是指内存，而硬盘属于输入/输出设备。硬盘如图1.11所示。

(a) 硬盘外观

(b) 硬盘内部结构

图1.11　硬盘

1. 硬盘

硬盘是在金属基片(如铝合金)、陶瓷基片或玻璃基片上涂布磁性材料而制成的。这些基片上覆盖有铁磁性材料,以及能进一步提高存储密度的金属薄膜介质。现在,计算机中的硬盘均采用了IBM公司的温彻斯特技术(Winchester Technology),所以硬盘也被称为温彻斯特式硬盘,硬盘整体组装在一个密封容器内,使硬盘减少来自外部的污染;磁头与磁盘精密地组装在一起,减小了磁头与盘面的距离,提高了记录密度,同时也减少了机械结构的复杂性,并降低了成本。与软磁盘不同,硬磁盘从未单片零售。它们大都装在固定式的硬盘驱动器内。因此,硬盘和硬盘驱动器是一个整体,硬盘驱动器通过接口与主机相连。

在硬盘的存储格式中,除了磁道、扇区外,还有柱面等,它指多片盘面对应磁道形成的同心圆柱面,所以在这种情况下,硬盘的读写操作还应以柱面编号为依据。硬盘的物理结构主要有以下几个方面。

(1) 磁头

磁头是硬盘中最昂贵的部件。目前广泛采用的是磁阻磁头(Magneto-Resistive Heads,MR)采用的是分离式的磁头结构:写入磁头仍采用传统的磁感应磁头(MR磁头不能进行写操作),读取磁头则采用新型的MR磁头,即所谓的感应写、磁阻读。采用多层结构和磁阻效应更好的材料制作的磁头也比较普及。

(2) 磁道

当磁盘旋转时,磁头若保持在一个位置上,则每个磁头都会在磁盘表面划出一个圆形轨迹,这些圆形轨迹就称为磁道。相邻磁道之间并不是紧挨着的,这是因为如果磁化单元相隔太近,磁性会相互产生影响,同时也为磁头的读写带来困难。

(3) 扇区

磁盘上的每个磁道被等分为若干个弧段,这些弧段便是磁盘的扇区,每个扇区可以存放512B的信息,磁盘驱动器在向磁盘读取和写入数据时,要以扇区为单位。

(4) 柱面

硬盘通常由重叠的一组盘片构成,每个盘面都被划分为数目相等的磁道,并从外缘开始编号,具有相同编号的磁道形成一个圆柱,称为磁盘的柱面。磁盘的柱面数与一个盘面上的磁道数是相等的。由于每个盘面都有自己的磁头,因此,盘面数等于总的磁头数。

2. 光盘

光盘是一种利用激光技术来存储信息的装置,由光盘片、光盘、驱动器和光盘控制适配器组成,其中光盘驱动器简称为光驱。光驱最重要的性能指标是光驱的"倍速",一般有8倍速、24倍速、40倍速、48倍速和52倍速等,通常以多少倍速来描述光盘的速度。

光盘的体积小、容量大、可靠性高、便于携带。根据光盘结构,目前常见的光盘可以分为两大类:CD光盘和DVD光盘。CD光盘的最大容量大约是700MB。CD光盘又可以分三类:只读型光盘(Compact Disc-Read Only Memory,CD-ROM)、一次写入型光盘(Compact Disc-Write Once,CD-WO)、可重复擦写光盘(Compact Disc-ReWritable,CD-RW)。

(1) 只读型光盘(CD-ROM)

这种光盘的特点是只能写一次,即在制造时由厂家把信息写入,写好后信息将永久保存在其中。其特点是只能读出其中的信息,不能写入数据。CD-ROM 非常适合存储百科全书、技术手册、图书目录、文献资料等信息量庞大的内容。光盘与光盘驱动器的外观如图 1.12 所示。

图 1.12 光盘与光盘驱动器的外观

(2) 一次写入型光盘(CD-WO)

这种光盘也可简称为 WO,其特点是只能写入一次,写入后不能擦除修改,但可以多次读取其中的信息。

(3) 可重复擦写光盘(CD-RW)

可重复擦写光盘是能够重复擦写的光盘,其功能与磁盘相同。

DVD(Digital Video Disc,DVD)即数字视频光盘。DVD 盘片的大小与 CD-ROM 盘片相同,由两个厚度为 0.6mm 的基层粘成。DVD 盘片可以单面存储,也可以双面存储,而且每一面可以存储两层资料。DVD 光盘有四种规格,单层单层(DVD-5)的容量为 4.7GB,单面双层(DVD-9)的容量为 8.5GB,双层单面(DVD-10)的容量为 9.4GB,双面双层(DVD-18)的容量为 17GB。目前使用的 DVD 驱动器可以兼容读出 CD-ROM,DVD 刻录机可以读写 DVD 光盘。

3. 闪存

闪存(Flash Memory)是近年来常用的一种长寿命的非易失性的存储器,其在断电情况下仍能保持所存储的数据信息。它具有可多次擦写、速度快而且防磁、防震、防潮的优点。闪存是电子可擦除只读存储器(EEPROM)的变种,把闪存芯片与控制芯片和外壳组合可形成多种产品。由于闪存在断电时仍能保存数据,可靠性强,携带和使用比较方便,因此深受广大计算机用户的青睐。

(1) U 盘

U 盘即 USB 盘,又称优盘,其英文全称是 USB Flash Disk。它是一个微型高容量移动存储产品,不用驱动器,无需外接电源,通过 USB 接口即插即用,实现在不同计算机之间进行文件交流,存储容量为 32MB~64GB。U 盘体积通常只有拇指大小,质量轻,功耗小,用于存储照片、影像。这种便携式移动存储大大提高了办公效率,使人类生活更便捷。其外观如图 1.13 所示。

图 1.13 U 盘外观

(2) 闪存卡(Flash Card)

由于这种闪存的样子小巧,犹如一张卡片,所以称之为闪存卡。闪存卡一般应用在数码相机、掌上电脑、MP3、移动式终端、传真机、打印机和扫描仪等数字设备上。它也是一种轻便的移动卡式的存储器,需要专门的读卡器来完成与计算机的数据文件交换。根据不同的生产厂商和不同的应用,比较流行的有以下 4 种格式的闪存卡:CF(Compact Flash)卡、SD(Secure Digital)卡、MMC(Multi Media Card)卡、SM(Smart Media)卡等,其外观如图 1.14 所示。

图 1.14 CF 卡、SD 卡、MMC 卡和 SM 卡外观

1.3.4 输入输出设备

计算机处理的信息通常是数字、文字、符号、图形、图像、声音、视频,而在计算机中所能存储、加工和处理的信息是二进制的。所以要想让计算机来处理那些人类能识别的这些外部信息,就必须把这些信息转换成二进制形式。在计算机硬件系统中,输入输出设备就是能完成这种转换的工具。

1. 输入设备

输入设备是人与计算机之间进行信息交互的一种装置,用于把原始数据和处理这些数的程序输入到计算机中。现在的计算机能够接收各种各样的数据,既可以是数值型的数据,也可以是各种非数值型的数据,如图形、图像、声音等都可以通过不同类型的输入设备输入到计算机中,进行存储、处理。常用的输入设备有鼠标、键盘、摄像头、光笔、扫描仪、手写输入板、游戏杆、触摸屏、语音输入等。几种常见的输入设备如图 1.15 所示,从左到右分别是鼠标、键盘、光笔和扫描仪。

图 1.15 几种常见的输入设备

目前,最常用的两种输入设备是键盘和鼠标。

(1) 键盘

键盘是计算机上最常用的输入设备,它是由一组开关矩阵组成,包括数字键、字符键、符号键、功能键及控制键等。每一个按键在计算机中都有其唯一代码。当按下某个键时,键盘接口将该键的二进制代码送入计算机主机中,并将按键字符显示在显示器上。当快速输入大量字符,主机来不及处理时,会先将这些字符的代码送往内存的键盘缓冲区,然后再从该缓冲区中取出进行分析处理。

标准键盘上的按键排列可以粗分为三个区域:字符键区、功能键区、数字键区,如图 1.16 所示。

图 1.16 标准键盘的三个按键区

字符键区:由于键盘的前身是英文打字机,计算机的键盘最初采用了英文打字机的 QWERTY 排列方式。所谓 QWERTY 是指它的第一排字母键左起的六个字母。这种排列从整体上看来比较美观,最关键是人们已经习惯了这种安排,一直延续到现在。

功能键区:指的是在键盘的最上一排,主要包括 F1～F12 键这 12 个功能键。通常人们又称它为软键,因为用户可以根据自己的需要来定义它的功能,以减少重复击键的次数,方便操作。

数字键区:安排在整个键盘的右部。它为专门从事数字数据录入的工作人员提供了很大的方便,例如,银行柜台的出纳人员最常用的就是这些数字键。

键盘上还有一些常用的键,这些键包括 Enter 键、Space bar 键、Backspace 键、Shift 键、Ctrl 键、Alt 键、Esc 键、Tab 键等。

Enter 键:又称回车键、换行键。要将数据或命令送入计算机时即按此键。录入时,不论光标在当前行的什么位置,按此键后光标移至下一行行首。

Space bar 键:空格键,它是在字符键区的中下方的长条键。因为使用频繁,它的形状和位置设计为使左、右手都很容易够着。

Backspace 键:又称退格键。按下它可使光标退一格,删除一个字符,用于删除当前行中的错误字符。

Shift 键:又称换挡键。由于整个键盘上有 30 个双字符键,即每个键面上有两个字符,并且英文字母还分大小写,因此通过此键可以转换。在计算机刚启动时,各个双符键都处于下面的字符和小写英文字母的状态。

Ctrl 键:英文单词 Control 的简写,即控制键。用于与其他键组合成各种复合控制键。例如,Ctrl+Break 键的功能是中止当前执行中的命令。

Alt 键:英文单词 Alternating 的简写,称为交替换挡键。它与其他键组合成特殊功能键或复合控制键。例如,Ctrl+Alt+Delete 键的功能是使系统热启动。

Esc 键：英文单词 Escape 的简写，称为强行退出键。在菜单命令中，它常用作退出当前环境、返回原菜单的按键。

Tab 键：英文单词 Table 的简写，称为制表定位键。一般按下此键可使光标移动 8 个字符的距离。

光标移动键：用箭头分别表示上、下、左、右移动光标。在菜单操作中，它们也是非常有用的。

屏幕翻页键：包括 PgUp(即 Page Up 的简写)、PgDn(即 Page Down 的简写)键。

打印屏幕键：PrtSc(即 Print Screen 的简写)，用于把屏幕上当前显示的内容全部打印出来。

双态键：包括 Insert 键和三个锁定键。Insert 的双态是插入状态和覆盖状态。Caps Lock 的双态是字母状态和锁定状态；Num Lock 的双态是数字状态和光标使用状态；Scroll Lock 的双态是滚屏状态和锁定状态。当计算机启动后，四个双态键是都处于第一种状态，按键后即处于第二种状态。

(2) 鼠标

鼠标是为适应具有菜单操作的软件和图形处理环境而出现的一种输入设备，特别是在现今流行的 Windows 图形操作系统环境下使用鼠标方便快捷。鼠标通过计算机的串口与计算机主板相连。鼠标使用时需要有相应的驱动软件配合运行。按照结构来分，鼠标可以分为机械式鼠标和光电式鼠标，按照与计算机的连接方式，可以分为串口鼠标、PS/2 鼠标和 USB 鼠标。

机械式鼠标：机械式鼠标的底座上装有一个可以滚动的金属球，当鼠标在桌面上移动时，金属球与桌面摩擦，发生转动。金属球与四个方向的电位器接触，可测量出上下左右四个方向的位移量，用以控制屏幕上光标的移动。光标和鼠标的移动方向是一致的，而且移动的距离成比例。

光电式鼠标：这种鼠标的底部装有两个平行放置的小光源。这种鼠标在反射板上移动，光源发出的光经反射板反射后，由鼠标接收，并转换为电移动信号送入计算机，使屏幕的光标随之移动。其他方面与机械式鼠标一样。

目前市场上还有红外线鼠标，需在鼠标内装入电池，并在串口上接红外线通信盒，鼠标用红外线通信方式与主机进行通信。随着蓝牙技术的广泛应用，市场上出现了更多的无线鼠标产品。

(3) 其他输入设备

除了常用的键盘和鼠标以外，扫描仪也是一种常见的输入设备，其基本工作原理是利用光电扫描将图形、图像转换成像素数据，输入到计算机中。目前扫描仪也被广泛应用到日常生活和工作中，例如，用于图像资料库的建设、人事档案中的照片输入、公安系统案件资料管理、数字化图书馆的建设、工程设计和管理部门的工程图管理系统等。

2. 输出设备

输出设备也是人与计算机交互的一种装置，用于把各种计算结果数据或信息以数字、字符、图像、声音等形式表示出来。常见的有显示器、打印机、绘图仪、投影仪、语音输出系统、磁记录设备等。几种常见的输出设备如图 1.17 所示，从左到右分别是显示器、打印机、绘图仪和投影仪。

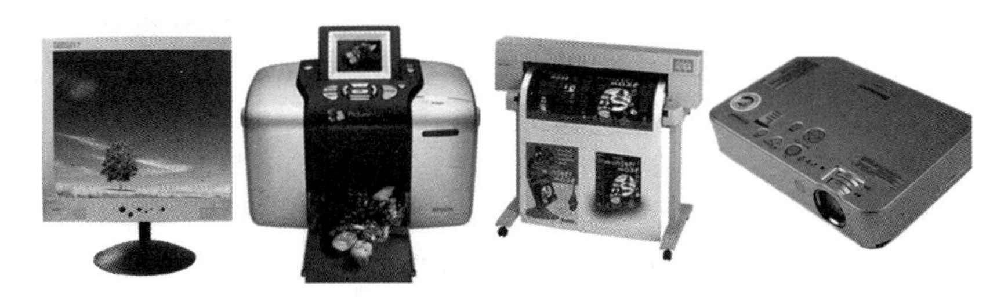

图 1.17 各种输出设备

(1) 显示器

显示器是计算机必备的输出设备，常用的有阴极射线管显示器、液晶显示器和等离子显示器。阴极射线管(Cathode Ray Tube,CRT)显示器由于其制造工艺成熟，性价比高，以前占据显示器市场的主导地位，现在随着液晶显示器(Liquid Crystal Display,LCD)技术的逐步成熟，液晶显示器已经在人们的生活和工作中普及应用。

显示系统包括显示器和显示适配器(显卡)两部分，它的性能也由这两部分的性能决定。显示器是通过显示接口及总线与主机连接，等待显示的信息(字符或图形图像)是从显示缓冲存储器(又称为显存，显存容量越大，显示质量越高)送入显示器接口的，经显示器接口的转换，形成控制电子束位置和强弱的信号。

显示器的几个主要性能指标如下。

点距：指屏幕上相邻两个相同颜色的光点(像素)的最小距离。点距越小，显示质量就越好，即图像就越清晰。目前，CRT 显示器的光点点距大多为 0.31mm、0.28mm 或 0.26mm，而 LCD 显示器的点距多为 0.28～0.32mm。

分辨率：显示器上的字符和图形是由一个个像素(pixel)组成的。像素点的大小直接影响显示的效果。分辨率的大小为水平分辨率×垂直分辨率。如 1024×768，表示水平方向最多可以包含 1024 像素，垂直方向有 768 像素。

垂直刷新频率：又称为场频，是指显示器每秒钟重复刷新显示画面的次数，以 Hz 表示。这个刷新的频率就是通常所说的刷新率。根据 VESA 标准，75Hz 以上为推荐刷新频率。刷新率越高，图像就越稳定，否则会有抖动感。

水平刷新频率：又称为行频，是指显示器 1 秒钟内扫描水平线的次数，以 kHz 为单位。在分辨率确定的情况下，它决定了垂直刷新频率的最大值。

带宽：显示器处理信号能力的指标，单位为 MHz，指每秒扫描像素的个数。

灰度：点亮度的深浅变化层次，可以用颜色来表示。分辨率和灰度的级别是衡量图像质量的标准。

不同的显示器需要采用不同的显卡。所有的显卡只有配上相应的显示器和显示软件，才能发挥其最好性能。常用的显示标准有 CGA(Color Graphics Adapter)、EGA(Enhanced Graphics Adapter)、VGA(Video Graphics Array)等。

CGA 标准：第一代显示标准。它适用于低分辨率的彩色图形和字符显示。CGA 的彩色图形分辨率和彩色种类远不能满足工程设计的需要。它的字符显示质量也不高,因为每个字符窗口只有 8×8 点阵。

EGA 标准:第二代显示标准。它适用于中分辨率的彩色图形显示器。其标准分辨率为 640×350,字符窗口为 8×14,有 16 种彩色的图形方式,可以得到比较理想的图形显示效果。

VGA 标准:第三代显示标准。它适用于高分辨率的彩色图形显示器,其分辨率在 640×480 以上,能显示 256 种颜色。VGA 的最主要特点是采用了模拟量输出和调色板技术。在 VGA 以前的显卡(除 PGA 外),都是输出数字量来控制数字显示器,输出颜色受接口线数的限制,最多有 64 种颜色。VGA 的显示形成了漂亮的图形终端。

(2) 打印机

打印机是计算机最基本的输出设备之一。它将计算机的处理结果打印在纸上。打印机按印字方式可分为击打式和非击打式两类。

击打式打印机:它是利用机械动作,将字体通过色带打印在纸上,根据印出字体的方式又可分为活字式打印机和点阵式打印机。活字式打印机是把每一个字刻在打字机构上,可以是球形、菊花瓣形、鼓轮形等各种形状。点阵式打印机是利用打印钢针按字符的点阵打印出字符,每一个字符可由 m 行×n 列的点阵组成。一般字符由 7×8 点阵组成,汉字由 24×24 点阵组成。点阵式打印机常用打印头的针数来命名,如 9 针打印机、24 针打印机。针数的多少,会直接影响打印质量和速度。原则上,点阵打印机既能打印英文,也可以打印汉字。不过,为了打印汉字的需要,人们还研制出了专门的中文打印机。所谓中文打印机是指内部装有汉字库的新型打印机。打印一个汉字时,只要主机送来该汉字的两字节的机内码,就能从打印机的汉字库中找出所需的字模点阵,直接印出这个汉字。

非击打式打印机:它是用各种物理或化学的方法印刷字符的,如静电感应、电灼、热敏效应、激光扫描和喷墨等。其中激光打印机和喷墨式打印机是目前最流行的两种打印机,它们都是以点阵的形式组成字符和各种图形。激光打印机是激光扫描技术和电子照相技术相结合的产物。激光打印机的特点是速度快、分辨率高、无击打噪声,打印效果非常好,且消耗品价格也低,但其本身的价格贵。激光打印机接收来自 CPU 的信息,然后进行激光扫描,将要输出的信息在磁鼓上形成静电潜像,并转换成磁信号,使碳粉吸附到纸上,加热定影后输出。喷墨式打印机是将墨水通过精制的喷头喷到纸面上形成字符和图形的。喷墨打印机的特点是噪声小,打印效果比较好,但墨水的价格较贵。

1.3.5 主板

主板(Mainboard)也称为系统板(System Board),是计算机中最大的一块电路板。微处理器、内存、显卡以及各种外设接口卡都插在主板上。主板安装在机箱内,是整个计算机系统中最基本、也是最重要的部件之一。主板基本决定了整个系统的性能、稳定性和兼容性。主板上面的主要组件有 CMOS、基本输入输出系统(Basic Input and Output System,BIOS)芯片、内存插槽、CPU 插槽、键盘接口、软盘驱动器接口、硬盘驱动器接口、总线扩张插槽(提供 ISA、PCI 等扩展槽)、串行接口(COM1、COM2)、并行接口(打印机接口 LPT1)等。因此,主板是计算机各种部件相互连接的纽带和桥梁,如图 1.18 所示。

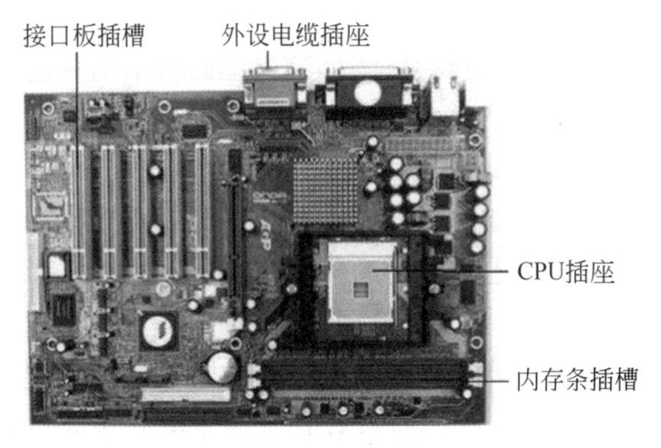

图 1.18 主板

1.4 计算机软件系统

计算机软件系统是指程序设计、开发、应用人员为了使用、维护、管理计算机所编制的所有程序和支持文档的集合。计算机的软件系统通常可分为系统软件和应用软件两大部分。

1.4.1 系统软件

系统软件是计算机系统中最靠近硬件的软件,它是用户与计算机硬件之间联系的桥梁。系统软件控制和协调计算机硬件系统,支持应用软件开发和运行,且无需用户干预。其主要功能是调度、监控和维护计算机系统,负责管理计算机系统中各种独立的硬件,使得它们可以协调工作。系统软件是运行、维护、管理计算机应用软件与计算机硬件系统的重要工具。

系统软件通常包括操作系统、程序设计语言与语言处理程序、各种实用的系统服务性程序以及数据库管理系统等。

1. 操作系统

在计算机软件系统中,操作系统具有核心和基础性作用。对一般的计算机用户来说,操作系统只是提供了一个用户环境,提供了一个人与计算机进行交互操作的界面。操作系统的功能概括起来有以下几方面。

(1) 作业管理

所谓作业是指每个用户请求计算机系统完成的一个独立任务。一个作业包括程序、数据及解决问题的控制步骤。作业管理为用户提供用于书写控制作业执行操作的“作业控制语言”,同时还提供用于操作员与终端用户对话的“命令语言”。作业管理包括作业调度和作业控制两个功能。

（2）存储管理

存储管理主要是指对内存储器的管理，是对内存储器中用户区域的管理，具体来说包括存储分配、存储共享、存储扩充、存储保护和地址映射等。

（3）设备管理

操作系统还能对外部设备（即外部存储设备和输入/输出设备）进行全面的管理，实现对设备的分配，启动指定的设备进行实际的输入/输出操作，以及操作完毕进行善后处理。

（4）文件管理

在计算机系统中，操作系统把程序和数据等各种信息，以及外部设备都当作文件来管理。文件管理功能包括文件目录管理、文件存储空间分配和文件存取管理等。

（5）处理器管理

操作系统应能合理、有效地管理、调度和使用中央处理器，使其发挥最大的功能。

应用于计算机的操作系统很多，在众多的操作系统中，目前常见的操作系统有Windows、Lunix 和 UNIX 等。

按操作系统所管理的用户数来划分，可以分为单用户操作系统和多用户操作系统。单用户操作系统是微型计算机中广泛使用的操作系统，这类操作系统最主要的特点是在同一段时间仅能为一个用户提供服务，它又分为单任务和多任务两类。例如，DOS 属于单用户单任务操作系统，Windows 属于单用户多任务操作系统。与单用户操作系统不同，多用户操作系统可以同时面向多个用户，使系统资源可以同时为多个用户所共享。UNIX 操作系统就是多用户操作系统。下面分别介绍这几种计算机操作系统的发展过程和功能特点。

（1）DOS

1985 年到 1995 年间 DOS 占据着操作系统的统治地位，DOS 是一种单用户、单任务和字符界面的操作系统，并且它对于内存的管理也局限在 640KB 内。鉴于各种原因，DOS 已被 Windows 替代。在 Windows 中，DOS 仅被当作 Windows 下的一个应用程序，有时还会用到它，例如，在 DOS 环境下进行硬盘的分区和格式化。

（2）Windows

Windows 是 Microsoft 公司于 1985 年 11 月发布的第一代窗口式多任务系统，它使 PC 开始进入了图形用户界面时代。在图形用户界面中，每种应用软件都用一个图标表示，用户只需把鼠标指针移到某个图标上，双击该图标即可进入该软件应用窗口。这种界面方式为用户提供了很大的方便，把计算机的使用提高到了一个新的阶段。

Windows 操作系统是当前应用最广泛的操作系统。Windows 操作系统具有可靠的稳定性、安全性和可管理性，还具有即插即用功能和完善的娱乐性能。Windows 操作系统版本也在不断更新升级，Microsoft 一直在致力于 Windows 操作系统的开发和完善。目前我们比较常见的 Windows 操作系统有 Windows 7、Windows 8、Windows 10 等操作系统。

（3）Linux

Linux 是当今计算机界一个耀眼的名字，它是目前全球最大的一款自由免费软件，是一个功能可与 UNIX 和 Windows 相媲美的操作系统，具有完备的网络功能。

Linux 最初由芬兰人 Linus Torvalds 开发，其源程序在因特网上公开发布，由此引发了全球计算机爱好者的开发热情，许多人下载该源程序并按自己的意愿完善某一方面的功能，再发回到网上。Linux 也是最稳定的、最有发展前景的操作系统。

（4）UNIX

UNIX 操作系统具有多用户、多任务的特点，并支持多种处理器架构。它是由 Ken Thompson、Dennis Ritchie 和 Douglas McIlroy 于 1969 年在 AT&T 的贝尔实验室开发的。经过长期的发展和完善，目前已成长为一种主流的操作系统技术和基于这种技术的产品大家族。由于 UNIX 具有技术成熟、可靠性高、网络和数据库功能强、伸缩性突出和开放性好等特色，可满足各行各业的实际需要，特别能满足企业重要业务的需要，已经成为主要的工作站平台和重要的企业操作平台。

2. 程序设计语言与语言处理程序

（1）程序设计语言

通常，要使用计算机来解决某个问题，必须先采用程序设计语言来编制程序。程序设计语言又简称为编程语言，它是指挥计算机工作的指令的一系列符号表示方法。程序设计语言有很多种，按照程序设计语言的发展的过程，大致分为机器语言、汇编语言和高级语言三种。人们通常把机器语言称为第一代语言，把汇编语言称为第二代语言，把高级语言称为第三代语言。计算机只能接收以二进制形式表示的机器语言，任何高级语言最后都要翻译成二进制代码的程序（称为目标程序）才能在计算机上运行。

机器语言：用可以直接与计算机打交道的二进制代码指令表达的计算机编程语言就称为机器语言。机器语言是计算机唯一能直接识别、直接执行的语言，因不同的计算机，指令系统也不同，所以机器语言程序没有通用性。

机器语言程序的优点是它不需要任何翻译，执行速度快。机器语言有很多的缺点，编写机器语言程序的工作非常烦琐，这种程序阅读起来也非常费力，而且容易出错。机器语言难以辨认、难以记忆、难以调试且难以修改。

汇编语言：为了克服机器语言难以编写、难以理解和难以记忆的问题，20 世纪 50 年代初人们发明了汇编语言。汇编语言是采用了一些反映指令功能的助记符来代替机器语言的符号语言。汇编语言和机器语言都是面向机器的程序设计语言，一般称为低级语言。

由于汇编语言采用的是助记符号而不是二进制代码，计算机不能直接识别和执行汇编语言程序，因此，必须把汇编语言程序翻译成机器语言目标程序，然后才能执行。这个翻译过程称为汇编过程。汇编语言比机器语言在编写、修改、阅读方面均有很大进步，运行速度也快。但掌握起来比较困难，另外汇编语言仍离不开具体机器的指令系统，程序的可移植性较差。

高级语言：高级语言是人们为了解决低级语言的不足而设计的程序设计语言。高级语言是一种与具体的计算机指令系统无关的语言，而且描述方法接近人们对求解过程或问题的表达方法，它是由一些接近自然语言和数学语言的语句组成，因此，用高级语言编写的程序易读、易记、通用性强。例如 FORTRAN、BASIC、C、Pascal、C++、Java 等都属于高级语言。

例如，要比较两个变量 a 和 b，把两者中较大的那个变量的值赋给变量 c 的，其 C 语言程序如下：

```
if(a>b)
    c=a;
else
    c=b;
```

当然，高级语言不能为计算机直接理解和执行，必须进行翻译，把高级语言源程序翻译成机器语言目标程序才能执行。

(2) 语言处理程序

机器语言是计算机唯一能识别和执行的语言，即计算机只能执行机器语言程序，用汇编语言或高级语言编写的源程序，必须翻译成计算机所能识别和可执行的机器语言程序。把用汇编语言或高级语言编写的源程序翻译成机器可执行的机器语言程序的工具称为语言处理程序。针对使用不同的程序设计语言编写的程序，语言处理程序也有不同的处理形式，包括汇编程序、编译程序和解释程序。

汇编程序：汇编程序是把用汇编语言编写的汇编语言源程序翻译成计算机可执行的、由机器语言表示的目标程序的翻译程序，其翻译过程称为汇编。汇编过程的示意如图 1.19 所示。

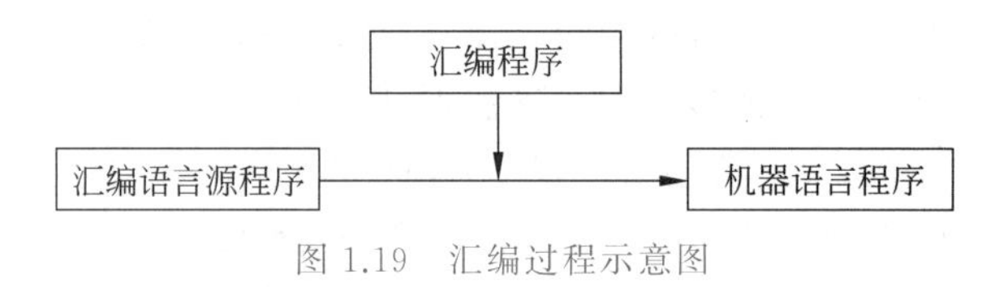

图 1.19　汇编过程示意图

编译程序：先由编译程序把用高级语言所编写的源程序整个地翻译成与之等价的由机器语言表示的目标程序，这个翻译过程称为编译。编译是把整个源程序翻译成目标程序，然后再由计算机执行目标程序。高级语言如 C、C++、Pascal、FORTRAN 等采用的都是编译方式。编译过程的示意如图 1.20 所示。

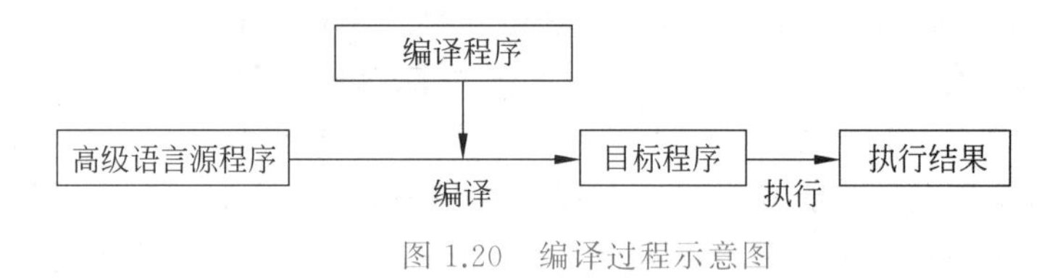

图 1.20　编译过程示意图

解释程序：解释程序是按照某种高级语言所编写的源程序中的语句顺序，逐句进行分析解释，并立即执行，直至源程序结束。高级语言如 BASIC 采用的就是解释方式。解释过程的示意如图 1.21 所示。

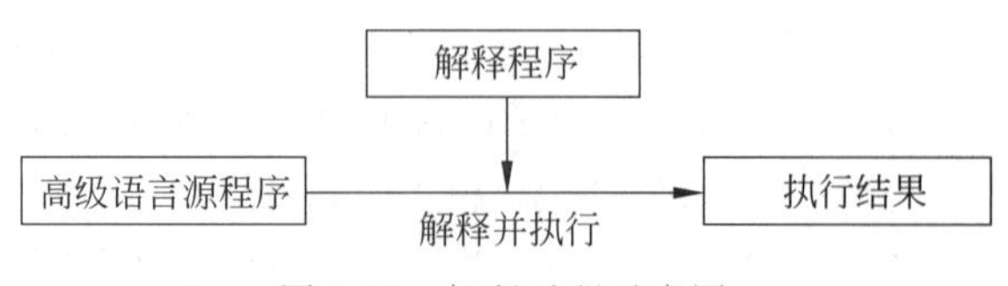

图 1.21　解释过程示意图

3. 系统服务性程序

系统服务性程序是在解决计算机问题时使用的一种辅助性的程序，它主要用于计算机的调试、故障诊断以及纠错等。

4. 数据库管理系统

数据库管理系统是一类重要的系统软件，它是一种操纵和管理数据库的大型软件，其主要作用是对计算机中的数据进行统一的管理和控制，以保证数据库的安全性和完整性。

1.4.2 应用软件

应用软件是为满足用户不同领域、不同问题的应用需求而开发的软件。在应用软件的开发过程中，利用系统软件提供的系统功能、开发工具以及其他实用软件，例如利用数据库管理系统来开发工资管理系统、图书目录检索系统、仓库管理系统等，因此有些人把数据库管理系统也称为应用软件，这是不恰当的。

随着计算机的应用领域的不断扩大，各个领域都有非常丰富的应用软件，另外某些应用软件已经标准化和专业化了，并形成了面向不同领域的应用软件套件。目前常用的应用软件主要有如下几种。

1. 文字处理软件

文字处理软件是对文字进行编辑、排版的软件。目前有许多文字处理软件可以实现图文混排、制表功能等。常用的文字处理软件有微软 Office、永中 Office、WPS 等。

2. 图形图像处理软件

图形图像处理软件也是计算机中常用的软件，用于绘制和处理各种复杂的图形图像，通过这种软件可以实现很多特殊效果。目前常用图形图像处理软件有 ACDSee、Photoshop、光影魔术手、Fireworks、AutoCAD 等。

3. 网络服务软件

随着网络的普及，人们的工作、学习和生活已经离不开网络。相应的网络服务软件也越来越多，主要包括网页浏览器(IE、遨游等)、即时通信软件(QQ、微信等)、电子邮件软件、FTP 客户端和下载软件(Thunder、eMule、FlashGet)等。

4. 多媒体软件

多媒体软件主要包括多媒体播放软件(Media Player 等)、多媒体编辑软件、媒体格式转换器以及多媒体制作软件(Authorware、Flash)等。多媒体制作软件可以将文字、声音、图像、声音或视频等有机地结合在一起，制作出图文并茂、声影并茂的多媒体作品。

5. 娱乐、游戏软件

现代多媒体计算机还具有较强的娱乐功能，特别适合安装在家庭计算机中。适用于家庭娱乐功能的软件也发展迅速，种类繁多，其中包括网络电视(PPStream、QQLive 等)、网络游戏等。

6. 常用工具软件

计算机上还经常要用到各种各样的工具软件。工具软件种类繁多，常用的有压缩软件、输入法软件(紫光输入法、搜狗等)、阅读器软件(CajViewer、Adobe Reader 等)、防火墙和杀毒软件(卡巴斯基、360 杀毒等)、系统优化/保护工具(Windows 优化大师、360 安全卫士)等。

1.5 本章小结

本章主要介绍了计算机系统的基础知识。在这一章中首先介绍了计算机的定义、特点和分类、发展和应用等基本内容，然后介绍了计算机系统的组成以及计算机系统的基本工作原理。虽然计算机技术发展更新日新月异，但是，计算机系统的基本结构没有变化，通常将计算机系统分为硬件系统和软件系统。这些计算机在基本硬件结构方面都属于冯·诺依曼的体系结构。另外，在这一部分还简单介绍了指令和总线等概念及其分类。

在计算机硬件系统这部分内容中，详细地介绍了组成计算机的主要硬件，包括主板、CPU、内存、外存、输入和输出设备等基本硬件及其作用。CPU 和内存通常称为主机，外存、输入设备和输出设备通常称为外设。这部分重点介绍了 CPU 和存储设备。

在计算机软件系统这部分内容中，详细地介绍了计算机软件系统的组成，即系统软件和应用软件。系统软件是计算机系统中最靠近硬件的软件，它是用户与计算机硬件之间联系的桥梁。系统软件通常包括操作系统、程序设计语言与语言处理程序、数据库管理系统以及各种实用的系统服务性程序等。应用软件是为满足用户不同领域、不同问题的应用需求而开发的软件。应用软件的应用非常广泛。

1.6 习　题

一、单项选择题

1. 世界上的第一台计算机是在(　　)年诞生的。

   A. 1846　　B. 1864　　C. 1946　　D. 1964

2. 第一台计算机的名字是(　　)。

   A. ENCIA　　B. ENIAC　　C. EANIC　　D. INTEL

3. 第一台计算机使用的逻辑器件是(　　)。

A. 电子管　　B. 晶体管

C. 集成电路　　D. 大规模和超大规模集成电路

4. 第三代计算机使用的逻辑器件是(　　)。

A. 电子管　　B. 晶体管

C. 集成电路　　D. 大规模和超大规模集成电路

5. 大规模和超大规模集成电路是第(　　)代计算机所主要应用的逻辑器件。

A. 一　　B. 二　　C. 三　　D. 四

6. 计算机最早的应用是(　　)。

A. 科学计算　　B. 信息处理　　C. 辅助设计　　D. 自动控制

7. 计算机辅助设计的英文缩写是(　　)。

A. CAD　　B. CAI　　C. CAM　　D. CAT

8. 计算机系统是由(　　)组成的。

A. 主机和外设　　B. 硬件系统和应用软件

C. 硬件系统和软件系统　　D. 系统软件和应用软件

9. 计算机的硬件系统通常由(　　)组成。

A. 主机　　B. CPU 和内存　　C. CPU 和外设　　D. 主机和外设

10. CPU 是由(　　)组成的。

A. 内存和运算器　　B. 存储器和控制器

C. 运算器和控制器　　D. 运算器和存储器

11. 计算机硬件包括运算器、控制器、(　　)、输入设备和输出设备。

A. 存储器　　B. 显示器　　C. 驱动器　　D. 硬盘

12. 下列设备中既属于输入设备又属于输出设备的是(　　)。

A. 鼠标　　B. 显示器　　C. 硬盘　　D. 扫描仪

13. 计算机主机一般包括(　　)。

A. 运算器和控制器　　B. CPU 和内存

C. 运算器和内存　　D. CPU 和只读存储器

14. 一般情况下,"裸机"是指(　　)。

A. 单板机　　B. 没有使用过的计算机

C. 没有安装任何软件的计算机　　D. 只安装操作系统的计算机

15. 我们通常所说的内存条指的是(　　)条。

A. ROM　　B. EPROM　　C. RAM　　D. 闪存

16. 切断电源后,下列存储器信息会丢失的是(　　)。

A. ROM　　B. RAM　　C. 硬盘　　D. 闪存

17. 配置高速缓冲存储器(Cache)是为了解决(　　)。

A. 内存和外存之间速度不匹配的问题

B. CPU 和外存之间速度不匹配的问题

C. CPU 和内存之间速度不匹配的问题

D. 主机和其他外围设备速度不匹配的问题

18. 下列打印机中，速度最快、分辨率最高的是(　　)打印机。

A. 点阵　　B. 喷墨　　C. 激光　　D. 热敏

19. 计算机软件是指(　　)。

A. 程序　　B. 计算机中的数据

C. 程序及文档　　D. 系统软件

20. 当前 64 位计算机已经得到广泛应用，这里的 64 位指的是(　　)。

A. 每字节有 64 位二进制数　　B. 一次可以处理 64 位二进制数

C. 内存的存储单元是 64 位二进制数　　D. 只能运行 64 位指令集

二、填空题

1. (________)是指一台计算机所能执行的全部指令的集合。它是软件和硬件的主要界面。

2. 计算机系统由(________)系统和(________)系统两大部分组成。

3. 存储在 RAM 中的信息，(________)后会丢失。

4. 计算机软件主要包括计算机系统使用的各种程序、执行程序所必需的数据和(________)。

5. 中央处理器(CPU)是微型计算机的核心部件，它主要是由(________)、(________)和寄存器等组成的。

三、简答题

1. 计算机主要应用在哪些方面？举例说明计算机对人类有哪些重要影响？

2. 简述冯·诺依曼型计算机的组成与工作原理。

3. 总线是计算机中各种部件之间传递信息的基本通道，根据传递内容的不同，总线可以分为哪几种类型？

4. 什么是计算机的指令系统？机器指令通常有哪些类型？

5. 简述计算机中的 CPU 的作用是什么？说出两种微型计算机上常使用的 CPU 芯片型号。

6. 请说说计算机中的存储设备有哪些？并从速度和容量两个方面比较其优缺点。

7. 请说一下 RAM 和 ROM 的区别是什么？

8. 举例说明什么是计算机的输入设备和输出设备。

9. 计算机软件系统由哪些部分组成？请说明一下操作系统的功能和作用。

10. 你所学习的专业是什么？计算机在这个专业有什么应用？

第2章 信息表示

2.1 信息与信息处理

当今世界已迈入信息化时代，信息技术与信息产业已经成为推动社会进步和社会发展的主要动力。以计算机技术、通信技术和互联网技术相结合为特征的新一代信息革命正在兴起，深刻地影响着社会和经济发展的各个领域。计算机技术的应用已经渗透到信息化社会的每一个领域，因此计算机技术已经成为一个关系到各行各业能否持续发展的基础性学科。现代大学生的知识结构，如缺乏计算机技术的基本应用能力和良好的信息素养，将不能适应现代信息化时代发展的需求。善于应用信息技术，具有良好的信息素养可以让大学生解决专业中出现的实际问题，为今后的发展打下良好的基础。

2.1.1 信息

在日常生活当中，我们时时刻刻都在与信息打交道，报纸上看到的文字、网上看到的图片、听到的歌曲等。计算机中常见的信息形式有数字、字符、文字、图像 、声音等，信息需要经过数字化转变成数据才能存储和传输。

"信息"一词在英文、法文、德文、西班牙文中均是 information，是指通信系统传输和处理的对象，泛指人类社会传播的一切内容。信息作为科学术语，最早出现在哈特莱(R. V. Hartley)于 1928 年撰写的《信息传输》一文中。人通过获得、识别自然界和社会的不同信息来区别不同事物，得以认识和改造世界。利用文字、符号、声音、图形图像等形式作为载体，通过各种渠道传播的信号、消息、情报或报道等内容，都可以称之为信息。远古时期，我们的祖先就使用结绳记事、烽火告急、信鸽传书等方法来存储、传递、利用和表达信息。

美国信息管理专家霍顿(F. W. Horton)给信息下的定义是："信息是为了满足用户决策的需要而经过加工处理的数据。"简单地说，信息是经过加工的数据，或者说，信息是数据处理的结果。

信息与数据是不同的，两者既有关联，又有区别。信息是按一定的规则组织在一起的数据的集合，是对数据进行处理而产生的。而数据是由原始事实组成的，是人们用来反映客观世界的符号，它本身并没有意义。信息是加工处理后的数据，是数据所表达的内容，而数据则是信息的表达形式。信息是数据的含义，数据是信息的载体。例如，数字 12 是一个数据，它本身没有意义，给 12 加上一个单位，12℃、12 点或者 12 月等，我们就能了解到它所表达的意义了，这才是信息，信息是有意义的。

2.1.2 信息技术

信息技术（Information Technology，IT）是主要用于管理和处理信息所采用的各种技术的总称。信息技术泛指利用先进的计算机和现代通信手段来获取、传递、存储、处理、显示和分配信息的技术。先进的信息技术是信息化社会的根基。信息技术包括的关键技术有半导体和微电子技术、计算机技术、并行处理技术、数字化通信技术、计算机网络技术、海量信息存储技术、高速信息传输技术、多媒体技术和可视化技术等。

信息技术代表着当今先进生产力的发展方向，信息技术的广泛应用使信息的重要生产要素和战略资源的作用得以发挥，使人们能更高效地进行资源优化配置，提高社会劳动生产率和社会运行效率，信息技术促进了人类文明的进步。

信息技术已使传统教育方式发生了深刻变化。借助于互联网的远程教育，使身处世界任何地方的学习者都可以克服时空障碍，更加主动地安排自己的学习时间和进度，实现不同地区的学习者、传授者之间的互相对话和交流，不仅可以大大提高教育的效率，而且给学习者提供了一个宽松的且内容丰富的学习环境。

2.1.3 信息素养

现在正处于信息化技术迅速发展的时代，信息技术在全球的广泛使用，对社会文化和精神文明产生着深刻的影响。信息化技术的发展日新月异，信息产业也是国民经济中发展最快的产业，因此，当代大学生只有掌握必要信息技术，才能具有较高的综合素质和创新能力，而信息技术又每时每刻都离不开计算机技术。在今后各自的专业领域中，自觉地利用计算机技术与其专业知识相结合，善于应用信息技术解决专业中出现的实际问题，才能更好地适应社会。使用计算机获取、存储、传输、处理和利用日益剧增的信息资源，更好地为我们的学习和生活服务。

拥有足够多掌握计算机技术的高素质人才，是实现社会信息化基本保障和原动力。当代大学生应该具备一定的信息素养（Information Literacy）。信息素养是指能够判断什么时候需要信息，并且懂得如何去获取信息，如何去评价和有效利用所需的信息。它是一种基本能力，是对信息社会的适应能力；也是一种综合能力。信息素养涉及多方面的知识，是一个特殊的、涵盖面很宽的能力，它包含人文的、技术的、经济的、法律的诸多因素，与许多学科有着紧密的联系。

信息技术支持信息素养，通晓信息技术，强调对技术的理解、认识和使用技能。而信息素养的重点是内容、传播、分析，包括信息检索以及评价，涉及更宽的方面。它是一种了解、搜集、评估和利用信息的知识结构，既需要通过熟练的信息技术，也需要通过完善的调查方法，并通过鉴别和推理来完成。信息素养是一种信息能力，信息技术是它的一种工具。

根据信息技术和现代社会发展的需求，当代大学生应该具备以下几种能力。

计算思维能力：让学生掌握如何用计算机技术进行问题的求解，即利用计算机这个工具，学生如何解决问题。

认知能力：包括计算机软硬件基础知识与理解能力，使用计算机软件工具处理日常事务的能力，认知并遵守信息化社会中的相关法律与道德规范的能力。

实践能力：包括通过网络获取信息、分析信息、应用信息的能力，使用数据库系统等工具对信息进行管理与利用的能力，使用计算机软硬件及工具来解决本专业领域中的问题的基本能力。

此外还应具备相关技术交流的能力、团队协作能力和终身学习的能力。这些能力的培养，可以加深学生对计算机基础理论和基础原理的理解，在与专业背景结合的应用实践中，培养学生的计算思维能力和应用能力。

2.1.4 信息处理

计算机最大的用处就是信息处理，人类的生产和生活很大程度上依赖于信息处理。计算机中可以处理的信息包括数值、字符、汉字、图形、图像、声音等。我们现在的生活时时刻刻离不开信息处理。例如我们打算去外地旅游，从购买往返机票到乘机，以及到了旅游目的所在酒店的入住办理，都离不开信息处理。再如马上要开学了，大学生离开家乡到学校办理入学注册，在校园食堂吃饭等活动，也离不开信息处理。信息产业已成为跃居世界首位的产业。

信息处理就是用计算机，在执行相关的计算机软件过程中，实现对信息的获取、存储、运算、转换、传送，使之呈现出可用的结果。换句话说，信息处理就是获取信息并对它进行加工处理，使之成为有用信息并发布出去的过程。信息处理的过程主要包括信息的获取、存储、加工、发布和表示等。

信息的获取：把分布在世界各地的计算机连接起来的因特网，实现了资源的共享，也就是信息的共享。可以通过上网浏览就可以较快地获得所需要的信息。

信息的存储：21 世纪是互联网的时代，也是信息大爆炸的时代，每天各种信息充斥在我们的周围，这么大的信息量是如何存储的？计算机技术的不断更新换代，利用大容量的计算机存储设备来储存，其可靠性与永久性超过了历史上任何一种信息存储载体。

信息的加工：信息的加工离不开现代高速的计算机。每秒钟能进行几千亿次乃至几万亿次运算的计算机，为人们提供了快速准确处理信息的能力。计算机能从瞬息万变、多如牛毛的信息中，以最快的速度分析有用的信息，供人决策。

信息的发布：在因特网上发布信息、发微博、朋友圈或发送电子邮件等是目前最常见的信息发布方法。在因特网上发送邮件，即使收信者远在国外，信件也能在很短的时间里到达，而且还能随信发送声音和图像甚至是视频。

信息的表示：多媒体计算机把各种传统的信息展示手段（如文字、图像、声音等）有机地结合在一起，使信息以更加丰富多彩的形式呈现在人们面前。现在的网页都是丰富多彩的，有各种信息表示形式。

计算机是如何进行信息处理的呢？由于计算机中的数值以二进制的形式存储、运算、识别和处理，数值、字符、图形、声音和视频等信息也必须按特定规则转变成二进制编码才能输入计算机。计算机中信息处理的过程如图 2.1 所示。

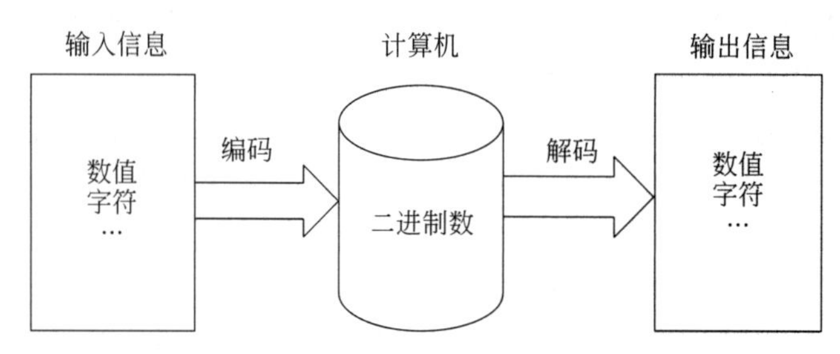

图 2.1 计算机中信息处理的过程

2.2 数制和数制转换

2.2.1 数制转换概述

计算机的基本功能是对数据进行加工和处理。数据是计算机处理的对象。这里的数据的含义非常广泛，包括数值、字符、图形、图像、声音和视频等各种数据形式。计算机内部一律采用二进制表示数据。

计算机内部为什么要采用二进制编码？概括起来有以下四个原因。

1. 可行性

采用二进制，只需表示 0 和 1 两种状态，这在物理上很容易实现。例如，晶体管的导通与截止、开关的接通与断开、磁场的北极与南极、电流的有与无、电平的高与低等都可以表示两种对立的状态。

2. 简易性

二进制数的运算法则比较简单。例如，求和法则为：0+0=0、0+1=1、1+0=1、1+1=10，这就使得计算机的运算器结构简化。

3. 逻辑性

由于二进制数的 1 和 0 正好与逻辑代数的真和假相对应，所以用二进制数来表达二值逻辑是很自然的。

4. 可靠性

二进制只有 1 和 0 两个数，传输和处理时不容易出错，所以能使计算机的可靠性得到有力的保障。

2.2.2 数制

数制是用一组固定的数字和一套统一的规则来表示数值的方法。数制的种类有很多。很久以前，人类就用十个数字来计数，也用过其他进制。例如，每年 12 个月，就是 12 进制；每小时 60 分钟，每分钟 60 秒，就是 60 进制；而每周 7 天则是 7 进制。因此，用任何数作为进制都是可以的。

计算机中常见的进制是二进制、十进制、八进制和十六进制。十进制是理解其他数制的基础。二进制是计算机与网络通信中都用的基本数制。八进制和十六进制用作二进制的压缩形式。

在一种数制中，只能使用一组固定的数字来表示数值的大小，该数制中使用数字符号的个数称为该数制的基。在每种数制中，都有一套统一的规则，N 进制数的特点是：逢 N 进一。

各种数制都是使用位权表示法，即处于不同位置的数字所代表的值不同，每个数字的位置决定了它的权值。所谓权值就是基数的幂。各种进制的权的值恰好是基数的若干次幂。因此，任何一种数制表示的数都可以写成按权展开的多项式之和。

由于存在不同的进制，那么在给出一个数时必须指明它是什么数制的数。例如，$(1010)_2$、$(1010)_8$、$(1010)_{10}$、$(1010)_{16}$ 所代表的数值就不同。除了用下标表示外，还可用后缀字母来表示数制。例如 FFFFH 表示是十六进制数，后缀字母 H 表示十六进制，这与 $(FFFF)_{16}$ 的意义相同。表 2.1 列出了这几种数制及其主要特征。

表 2.1 计算机中几种常见数制的比较

数　制	二进制	八进制	十进制	十六进制
规则	逢二进一	逢八进一	逢十进一	逢十六进一
数字符号	0,1	0,1,2,…,7	0,1,2,…,9	0,1,2,…,9,A,B,…,F
基数	2	8	10	16
权	2 的幂	8 的幂	10 的幂	16 的幂
标识	B(Binary)	O(Octal)	D(Decimal)	H(Hexadecimal)

2.2.3 数制转换

将一种数制转换成另一种数制称为数制间的转换。由于计算机采用二进制，而人们在日常生活中习惯使用十进制，所以利用计算机对数据进行处理的时候需要把输入的十进制数转换成计算机能接受的二进制数。而在计算机进行加工处理之后，需要把二进制转换成人们所习惯的十进制再输出。当然这些转换过程是由计算机系统自动完成的。

1. 其他进制数转换成十进制数

把非十进制数转换成十进制数的方法是把各个非十进制数按其权值展开并求和即可。

(1) 二进制数转换成十进制数

$$(1011.101)_2 = 1\times2^3+0\times2^2+1\times2^1+1\times2^0+1\times2^{-1}+0\times2^{-2}+1\times2^{-3}$$
$$=8+2+1+0.5+0.125=(11.625)_{10}$$

(2) 八进制数转换成十进制数

$$(143.65)_8 = 1\times8^2+4\times8^1+3\times8^0+6\times8^{-1}+5\times8^{-2}$$
$$=64+32+3+0.75+0.078125=(99.828125)_{10}$$

(3) 十六进制数转换成十进制数

$$(32CF.4B)_{16}=3\times16^3+2\times16^2+12\times16^1+15\times16^0+4\times16^{-1}+11\times16^{-2}$$
$$=(13007.29296875)_{10}$$

2. 十进制数转换成其他进制数

把同时含有整数和小数的十进制数转换为其他进制时，通常先把十进制数分为整数与小数两部分后再分别进行转换，然后再组合到一起。在整数转换中采用“除基取余”的方法，在小数转换中采用“乘基取整”的方法。

整数部分采用“除基取余”法，就是用十进制整数连续除以基数，取其余数，直到商为0为止，再将所得到的余数逆序排列即可，即所得到的第一个余数是转换后进制整数数列的最低位，所得的最后一个余数是转换后进制整数数列的最高位。对于十进制数转换为非十进制数，这个规律是“先余为低，后余为高”。

小数部分采用“乘基取整”法，将十进制小数不断乘以基并取整数，直到小数部分为0或达到所求的精度为止(小数部分可能永远不会得到0)。第一个得到的整数为最高位，最后得到的为最低位，这个规律是“先整为高，后整为低”。

(1) 把十进制数转换成二进制数

十进制整数转换成二进制整数：采用“除2取余”法。例如，把$(215)_{10}$转换成二进制数如图2.2所示，得到$(215)_{10}=(11010111)_2$。

注意：第一个余数是转换成的二进制数的最低位，最后一个余数则是最高位。

十进制小数转换成二进制小数：采用“乘2取整”法。例如，把$(0.6875)_{10}$转换成二进制数如图2.3所示，得到$(0.6875)_{10}=(0.1011)_2$。

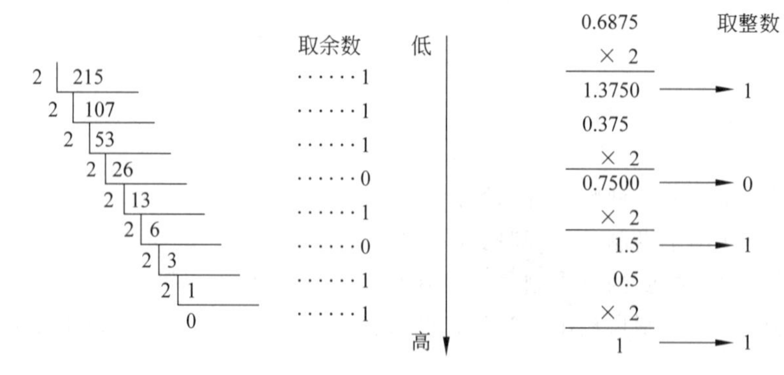

图2.2 $(215)_{10}$ 转换成 $(11010111)_2$ 的过程图

图2.3 $(0.6875)_{10}$转换成$(0.1011)_2$的过程图

注意：第一个整数为最高位，而相对精度要求的最后一个整数为最低位。上面的例子是简单的，通过有限次乘 2 取整过程即可结束。也有许多情况可能是无限的，这就要根据精度的要求选取适当的位数。如果未提出精度的要求，则一般小数部分取 6 位即可。

（2）十进制数转换成八进制数

十进制整数通过"除 8 取余"法可转换成八进制整数。同样，需要注意第一个余数为最低位，最后一个余数为最高位。对于十进制小数则通过"乘 8 取整"法可转换成八进制小数。同样，需要注意，第一个整数为最高位，而相对精度要求的最后一个整数为最低位。

（3）十进制数转换成十六进制数

同理，对于整数部分采用"除 16 取余"法进行转换，顺序规则可概括为"先余为低，后余为高"。对于小数部分则采用"乘 16 取整"法进行转换，顺序规则可概括为"先整为高，后整为低"。

3. 非十进制数之间的转换

（1）二进制数与八进制数之间的相互转换

由于八进制数的一位数相当于二进制的三位数，因此，从二进制数转换成八进制数，只需以小数点为中心，分别向左和向右两边分组，每三位二进制数转换成相应的一位八进制数，即可分别转换成八进制的整数和小数。无论是向左还是向右，最后不是三位二进制数时都用零补足三位。例如，把$(111001010.101010001)_2$转换成八进制：

$$(\underline{111}\ \underline{001}\ \underline{010}\,.\,\underline{101}\ \underline{010}\ \underline{001})_2=(712.521)_8$$

7　1　2 .5　2　1

同理，把八进制数转换成相应的二进制数只是上述方法的逆过程。例如，把$(133.126)_8$转换为二进制数：

$$(133.126)_8=(\underline{001}\ \underline{011}\ \underline{011}.\underline{001}\ \underline{010}\ \underline{110})_2$$

1　3　3.　1　2　6

（2）二进制数与十六进制数之间的相互转换

由于十六进制的一位数相当于二进制的四位数，因此，从二进制数转换成十六进制数，只需以小数点为界，整数部分向左，小数部分向右，每四位二进制数转换成相应的一位十六进制数，即可分别转换十六进制的整数和小数。无论是向左还是向右，最后不足四位二进制数时都用零补足四位。例如，把$(001111010111.10100110)_2$转换成十六进制数：

$$(\underline{0011}\ \underline{1101}\ \underline{0111}.\underline{1010}\ \underline{0110})_2=(3D7.A6)_{16}$$

3　D　7 .A　6

同理，把十六进制数转换成相应的二进制数只是上述方法的逆过程。例如，把$(2E.19B)_{16}$转换成二进制数：

$$(2E.19B)_{16}=(\underline{0010}\ \underline{1110}.\underline{0001}\ \underline{1001}\ \underline{1011})_2$$

2　E.1　9　B

十进制数 0～16 与其他进制数之间的对应关系如表 2.2 所示。

表 2.2　十进制 0～16 与其他进制之间的对应关系

十　进　制	二　进　制	八　进　制	十六进制
0	0	0	0
1	1	1	1
2	10	2	2
3	11	3	3
4	100	4	4
5	101	5	5
6	110	6	6
7	111	7	7
8	1000	10	8
9	1001	11	9
10	1010	12	A
11	1011	13	B
12	1100	14	C
13	1101	15	D
14	1110	16	E
15	1111	17	F
16	10000	20	10

2.3　信息表示

计算机最主要的功能是信息处理，人们生活中常用的信息形式有数值、字符、图形和图像以及声音等。计算机存储、运算、识别和处理的数据是二进制的，所以各种信息都需要转换成二进制数才能被计算机加工处理。这里将详细介绍数值、字符、图形图像和声音的数字化编码方法。

2.3.1　数值的表示

通常，人们都把计算机想象成十分复杂的机器，其实计算机有一个非常简单的事实，那就是它只认识二进制数。

1. 数据的单位

在计算机内部，运算器运算的是二进制数，控制器发出的指令也是二进制数，存储器中存储的数据或指令当然也是二进制数。在计算机内部到处都是由 0 和 1 组成的数据流。

(1) 位

位(bit),音译为比特,简记为 b。位是数据的最小单位。在计算机的二进制数系统中,每个 0 或 1 就是一个位。

(2) 字节

字节(Byte),音译为拜特,习惯上用 B 来表示。一个字节是由 8 位二进制数组成的。在微型计算机中,字节是信息组织和存储的基本单位,通常也是用字节来表示存储器的存储容量,即字节是表示存储容量大小的基本单位。表示存储容量的单位还有千字节(KB)、兆字节(MB)、千兆字节(GB)、万兆字节(TB)等,它们之间的转换关系是:

1B=8b

1KB=1024B=2^{10}B

1MB=1024KB=1024×1024=2^{20}B

1GB=1024MB=1024×1024KB=2^{30}B

1TB=1024GB=1024×1024MB=1024×1024×1024KB=2^{40}B

(3) 字

计算的字长是指 CPU 一次可处理的二进制数的位数,称为一个计算机字,简称为字。它是计算机进行数据处理时一次存取、加工和传送的数据长度。计算机处理数据的速率和字长有关系,字长体现了计算机一次所能处理信息的位数,字长越长,性能越好。

2. 数的编码

在计算机中,数只有 0 和 1。所以数的正负也是由 0 和 1 来表示的。习惯上用 0 表示正数,用 1 表示负数。

一个带符号的二进制数通常是由两部分组成,即数的符号部分和数值部分。通常把一个数的最高位定义为符号位,其他位为数值位。例如,在字长为 16 的计算机中,对于有符号数来说,最高为其符号位,数值只有 15 位;而对无符号来说,16 位全部为数值位。

这种把符号数值化了的数据表示形式称为机器数;而把机器外部由正、负号表示的数称为真值数。

例如,在字长为 8 位的计算机中,一个带符号的数 01010011 表示+1010011,等于十进制数+83。而带符号的数 10010011 表示-10011,等于十进制数-19(如果它是无符号数则等于十进制数 147)。

在计算机中,由于数据的符号也是由 0 和 1 来表示的,如果符号位和数值位同时参与加减运算,有时候会出现错误。为了解决这种问题,在计算机中,机器数的表示有原码、反码与补码之分。对于正数,其原码、反码与补机器码表示是完全相同的;对于负数,其原码、反码和补码有不同的表示形式。除符号位外,将其原码的数值部分求反(即 0 变 1,1 变 0)则可求其反码,由反码的最低位加 1 即可求得其补码。

(1) 原码

一个数的最高位为符号位,其余位表示数值的大小。最高位为 0 表示正数,为 1 表示

负数。例如,机器字长为8时,则+1000111和−1000111的原码分别为:

$[+1000111]_{原}=01000111$　　　　$[-1000111]_{原}=11000111$

另外,在原码中,0的表示方法不唯一,存在二义性,它有两种形式:

$[+0]_{原}=00000000$　　　　$[-0]_{原}=10000000$

原码可以表示的最大数是01111111,即127,原码可以表示的最小数是11111111,即−127。

原码编码方法简单直观,但不能用它直接对两个同号数相减或两个异号数相加,否则会出错。若符号位也参与运算,需要对符号位单独作处理,这样会增加了运算的复杂性。为了简化加减运算,由此引入了反码和补码的编码方法。

(2) 反码

对正数来说,正数的原码、反码和补码都完全相同。对于负数来说,其反码的符号位与原码的相同,即为1,其数值部分是将其原码的数值位按位取反,即0变1,1变0。

例如,机器字长为8时,则+1000111和−1000111的反码分别为:

$[+1000111]_{反}=01000111$　　　　$[-1000111]_{反}=10111000$

在反码中,0的表示方法不唯一,存在二义性,它有两种形式:

$[+0]_{反}=00000000$　　　　$[-0]_{反}=11111111$

可以验证,任何一个数的反码的反码就是其原码本身。反码可以表示的最大数是01111111,即127,反码可以表示的最小数是10000000,即−127。反码运算也不方便,很少使用,通常用作求补码过程的中间形式。

(3) 补码

对于正数来言,其补码与原码、反码完全相同;对于负数来言,其补码等于其反码加1。例如,机器字长为8时,则+1000111和−1000111的补码分别为:

$[+1000111]_{补}=01000111$　　　　$[-1000111]_{补}=10111001$

在补码中,0有唯一的形式,$[+0]_{补}=[-0]_{补}=00000000$。可以验证,任何一个数的补码的补码就是其原码本身。在补码中,由于−0和0是同一个数,即可以用100000000表示−128,所以字长为8位的机器可以表示的补码的范围为−128~127,共256个。

使用补码,一方面可以使符号位能与有效值部分一起参与运算,从而简化运算规则;另一个方面可以使减法运算转换为加法,进一步简化计算机中运算器的线路设计。

3. 小数点的表示

计算机在处理带小数点的实数时,如何表示小数点是一个需要的解决问题。在计算机中,有两种方法来表示小数点,即定点表示法和浮点表示法。

(1) 定点表示法

所谓定点表示法,就是小数点在数中的位置是固定不变的。通常有定点整数和定点小数两种。对定点整数来说,其小数点的位置固定在数值部分的右端(即小数点的位置固定在机器数的最低位置后);对于定点小数来说,其小数点的位置固定在数值部分的左端(即小数点的位置固定在符号位之后,有效数值最高位之前,如0.25、0.035等)。

例如,用8位原码表示定点整数100(十进制数),十进制整数100转换成对应的二进制数的等式如下：

$$(100)_{10}=(01100100)_2$$

则定点整数 100 如图 2.4 所示。

例如，用 8 位原码表示定点小数－0.6875(十进制数)，十进制小数－0.6875 转换成对应的二进制数的等式如下：

$$(-0.6875)_{10}=(-0.1011)_2$$

则定点小数－0.6875 如图 2.5 所示。

图 2.4 定点整数　　图 2.5 定点小数

定点数表示法简单直观，但是数值表示的范围比较小，运算时容易超出其表示范围而溢出。

(2) 浮点表示法

所谓浮点表示法，就是小数点在数中的位置是浮动的。之所以使用浮点数，是因为在处理既有整数部分又有小数部分的数据时，采用定点数就不能满足要求了。在以数值计算为主要任务的计算机中，定点数由于表示数的范围过小而不能满足计算机解决问题的需要，于是就增加了浮点运算功能。浮点数可以表示包括整数和小数部分的实数。与定点表示法相比，在同样字长的情况下，浮点数能表示的数的范围扩大了，不过这是以降低精确度为代价的。

一个浮点数由两部分组成：阶码部分和尾数部分，阶码用二进制定点整数表示，尾数用二进制定点小数，表示如图 2.6 所示。阶码部分由阶符和阶码，尾数部分包括数符和尾数。由尾数部分隐含的小数点位置可知，尾数为总是小于 1 的数字，它给出该浮点数的有效数字。尾数部分的符号位决定浮点数的正负。阶码部分是整数，它决定小数点移动的位数，其符号为正则向右移，符号为负则向左移。

阶符	阶码	数符	尾数

图 2.6 浮点数的格式

阶码的长度决定数的范围，尾数的长度决定数的精度。当计算机中参与运算的数超出了浮点数的表示范围时会发生溢出。为了不损失有效数字，系统通常对浮点数进行规格化处理，即保证尾数的最高位为 1，这可以通过对阶码的调整来实现。

2.3.2 字符的表示

字符编码就是规定使用怎样的二进制码来表示字母、数字以及专门符号。由于这是一个涉及世界范围内有关信息表示、交换、处理、存储的基本问题，因此，都以国家标准或国际标准的形式颁布施行。

在计算机中常用的字符编码是 ASCII 码，ASCII 是 American Standard Code for Information Interchange(美国标准信息交换码)的缩写。它本来只是一个美国的交换码国家标准，但它已被国际标准化组织接收为国际标准。

ASCII码有7位版本和8位版本两种。其中7位版本的ASCII码是用7位二进制编码，其编码范围为0000000～1111111，一共有$2^7=128$个不同的编码值，从而可以表示128个字符，其中包含10个阿拉伯数字(0～9)、52个英文大小写字母(A～Z，a～z)、32个标点符号和运算符以及34个控制码。具体的ASCII可以参见附录。

在ASCII表中，需要知道一些特殊字符的编码及其相互关系。例如，数字字符0的ASCII码值是48，则数字字符1的ASCII码值是49，其他数字可以以此类推；大写字母A的ASCII码值是65，大写字母B的ASCII码值是66，其他大写字母可以如此类推；小写字母a的ASCII码值是97，小写字母b的ASCII码值是98，其他小写字母也可以如此类推。

由于在计算机内部存储和处理通常是以字节为单位的，通常一个字符占用一字节。在7位版本的ASCII码中只是用到一个字节的7位，没有用到这个字节的最高位，通常很多系统就把这个最高位作为校验位，以便提高字符信息传输的可靠性。

在8位版本的ASCII码中，它是7位标准ASCII码的一种扩展，在这种扩展的ASCII码中，使用8位二进制来编码，从而可以表示$2^8=256$种不同的码值，其前128个编码与7位标准ASCII码是一样的，而后128个编码则是有不同的标准。

2.3.3 汉字的表示

英文是拼音文字，一般使用不超过128个字符的字符集，就可满足英文处理的需要，在计算机中对英文的输入和内部处理以及存储使用的是同一种编码(ASCII编码)；而汉字是象形文字，字数多，字形复杂，汉字在计算机中也是使用二进制来表示的。由于汉字的特殊性，计算机在处理汉字时，汉字的输入、存储、处理及输出过程中所使用的汉字代码都不相同。其中用于汉字输入是的输入码，用于计算机存储和处理的是机内码，用于输出显示和打印的是字形码。汉字在处理中需要经过汉字输入码、汉字国标码、汉字机内码和汉字字形码的转换。汉字信息处理的过程如图2.7所示。

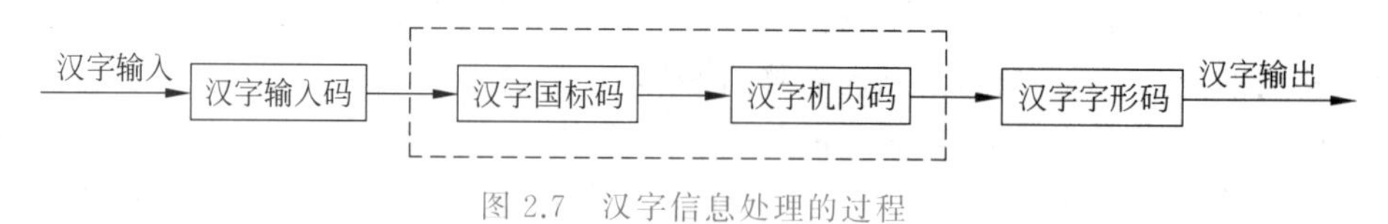

图2.7 汉字信息处理的过程

1. 汉字输入码

汉字输入码就是将汉字输入计算机的编码。汉字输入码的种类很多，目前常用的输入码大致分为两类：一类是以汉字发音进行编码的音码，例如紫光华宇拼音输入法、搜狗拼音输入法等；另外一类是按汉字的书写形式进行编码的形码，例如五笔字型等。

2. 汉字国标码

1981年我国颁布了《信息交换用汉字编码字符集—基本集》(GB 2312—1980)。根据词频统计的结果，选择出6763个常用汉字，并为每个汉字分配了标准代码，以供汉字交换信息使用。因此，汉字国标码又称为汉字交换码，用2字节表示。

根据汉字国标码编码规定，所有的国标汉字和符号组成一个94×94的矩阵，每一行称为一个“区”，每一列称为一个“位”。一个汉字由区号和位号共同构成汉字区位码。在双字节中，用高字节表示区号，低字节表示位号。

3. 汉字机内码

不管哪种输入法，在计算机内部都是以汉字机内码表示的。汉字机内码是计算机内部进行存储、加工处理、传输统一使用的编码，又称汉字内部码或汉字内码。汉字机内码和汉字存在着一一对应的关系。汉字机内码也占2字节，且最高位为1。同一个汉字，在同一种汉字操作系统中的汉字机内码是相同的。汉字国标码、汉字区位码和汉字机内码三者之间的关系：汉字国标码＝汉字区位码＋2020H，汉字机内码＝汉字国标码＋8080H，汉字机内码＝汉字区位码＋A0A0H。

4. 汉字字形码

汉字字形码是指文字信息的输出编码。计算机对各种文字信息的二进制编码处理后，必须通过字形输出码转换为人能看得懂并且能表示为各种字形字体的文字格式，即汉字字形码，然后通过输出设备输出。

汉字字形码通常有两种表示形式：点阵和矢量表示方式。但目前汉字字形的产生方式大多是以点阵方式形成的汉字，因此汉字字形码主要是指汉字字形点阵的代码。常用的点阵有16×16点阵、24×24点阵、32×32点阵、48×48点阵等。点阵越大，分辨率越高，字形越清晰美观，但所占的存储空间也越大。

在点阵形式中的每一个点即是二进制的一个位，由“0”和“1”表示不同的状态，表示字的形和体。所有汉字字形码的集合构成的字符集称为字库，不同字体的汉字需要不同的字库，而且同一种字体不同的点阵需要不同的字库。字库存储了每个汉字的点阵代码，这种字库是存放在外存储器中的，只有当显示的时候才检索字库，输出字模点阵以得到字形。

矢量表示方式存储的是描述汉字字形的轮廓特征，当输出汉字时，通过计算机的计算，由汉字字形描述生成所需大小和形状的汉字点阵。矢量字形描述与最终的显示大小、分辨率无关，因此可以产生高质量的汉字输出。

点阵方式和矢量方式区别是，点阵方式的编码、存储方式简单，无须转换即可直接输出，但字形放大后的效果差；矢量方式的特点正好与前者相反。

2.3.4 图形图像的表示

1. 图形图像的基本知识

图形、图像是人类直接用视觉去感受的一种形象化信息。据统计，一个人获取的信息大约有75%来自视觉。图像是客观对象的一种相似性的、生动性的描述或写真，是人类社会活动中最常用的信息表示。它包含了被描述对象的有关信息，它是人们最主要的信息源。

计算机中可以处理的图有两种：图形(Graphics)和图像(Images)。图形和图像是两个不同的概念，两者产生、处理和存储方式不同。

图形，即为矢量图，又称为向量图，是由一系列数学公式表达的线条，即由矢量轮廓线和矢量色块组成。文件的大小由图形的复杂程度决定，与图形的大小无关。矢量图可以无限放大而不会模糊，色彩不失真。矢量图的原图以及逐步放大后的效果图如图2.8所示。

图2.8　矢量图的原图以及逐步放大后的效果图

图像，即为位图，又称为点阵图、栅格图，是由许多像小方块一样的像素组成的，位图中的像素由其位置值和颜色值表示。将这种图像放大到一定程度，就会看到一个个小方块，即像素。每个像素由若干个二进制位进行描述。由于图像对每个像素都要进行描述，所以数据量比较大，但位图表现力强、色彩丰富。位图及其放大后的效果如图2.9所示。

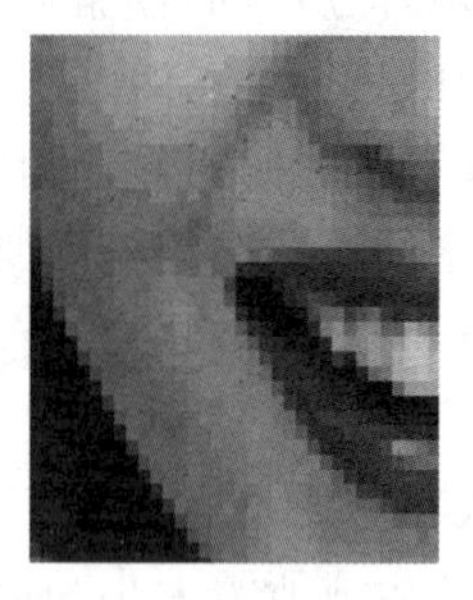

图2.9　位图及其放大后的效果图

位图一般是由扫描仪、数码相机等输入的画面，数字化后以点阵(位图)形式存储。

2. 图像数字化

现实中的图像是一种模拟信号。它的表面是连续的，一种颜色与另一种颜色混合在一起。图像的数字化是指将一幅真实的图像转变成计算机能够接受的数字形式。在计算机中处理图像，必须先把真实的图像(照片、画报、图书、图纸等)通过数字化转变成计算机能够接受的显示和存储格式，然后再用计算机进行分析处理。

与图像有关的两个常用的术语：像素(Pixels)和分辨率(Resolution)。

像素：像素是指基本原色素及其灰度的基本编码，像素是构成数字图像的基本单位。像素可以是点，也可以是方块，没有大小之分。

分辨率：每英寸包含的像素数量。分辨率的高低直接影响图像的效果，使用太低的分辨率会导致图像粗糙，在排版打印时会变得非常模糊。分辨率越高的图像，像素点越多，图像的尺寸和面积越大，所以往往有人会用图像大小和图像尺寸来表示图像的分辨率。

图像数字化是将连续色调的模拟图像经采样量化后转换成数字图像的过程。图像的数字化过程主要包括图像的采样、量化以及压缩编码等三个步骤。

(1) 采样

采样的实质就是用一定数量的点来描述一幅图像，采样结果的质量用图像分辨率来衡量。简单地讲，在计算机中，对二维空间上连续的图像在水平和垂直方向上等间距地分割成矩形网状结构，所形成的微小方格称为像素点。一幅图像就被采样成有限个像素点构成的集合。例如，一幅 640×480 分辨率的图像，表示这幅图像有 640×480=307200 个像素点。

采样频率是指一秒钟内采样的次数，它反映了采样点之间的间隔大小。采样频率越高，得到的图像样本越逼真，图像的质量越高，但要求的存储量也越大。在进行采样时，采样点间隔大小的选取很重要，它决定了采样后的图像能真实地反映原图像的程度。一般来说，原图像中的画面越复杂，色彩越丰富，则采样间隔应越小。

(2) 量化

量化是指要使用多大范围的数值来表示图像采样之后的每一个点。量化的结果是图像能够容纳的颜色总数，它反映了采样的质量。例如，如果以 4 位存储一个点，就表示图像只能有 16 种颜色；若以 16 位存储一个点，则有 $2^{16}=65536$ 种颜色。所以，量化位数越大，表示图像可以拥有更多的颜色，自然可以产生更为细致的图像效果。但是，也会占用更大的存储空间。两者的基本问题是视觉效果和存储空间的取舍。表示量化的色彩值所需的二进制位数称为量化字长。一般可以用 2 位、8 位、24 位等表示图像的颜色。2 位表示黑白两种颜色，8 位可以表示 256 种颜色，即纯黑到纯白以及之间的共 256 种颜色，24 位可以表示 2^{24} 种颜色，也就是真彩色。不同量化位数图像效果如图 2.10 所示。

黑白色：如果一个像素点只有黑白两种颜色，那么只用一个二进制位就可以表示一个像素。这样，480×640 的像素点阵需要 480×640/8B=38400B=37.5KB。黑白色的图像如图 2.11 所示。

256 灰色：一个像素的灰度就是一个像素的亮度，即介于纯黑和纯白之间的各种情况。计算机中采用分级方式表示灰度。例如，对于 256 个不同的灰色级别(可以用 0～255 的数表示)，用 8 个二进制位就能表示。采用灰度方式，需要更大的存储容量。例如，表示 480×640 像素要大约 300KB。

真彩色：任何颜色的光都可以由 RGB(红、绿、蓝)三种基色通过不同强度混合而成。所谓真彩色的图像显示，就是用三个字节表示一个像素点的色彩，其中每个字节表示一种基色的强度，强度被分成 256 个级别。要表示一幅像素为 480×640 的真彩色点阵图像，

图 2.10　不同量化位数的图像效果

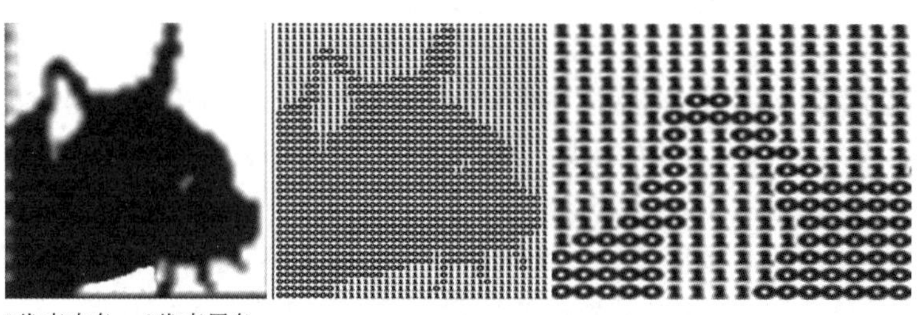

图 2.11　黑白色

需要大约 1MB。

(3) 压缩编码

把一幅模拟的图像经过采样和量化变成数字化的图像，此时数字化后得到的图像数据量十分巨大，必须采用编码技术来压缩其信息量。在一定意义上讲，编码压缩技术是实现图像传输与储存的关键。已有许多成熟的编码算法应用于图像压缩，常见的后缀为 JPG 和 PNG 的图像文件都是经过压缩后的图像文件。

3. 常见的图像文件格式

常见的图像文件有以下几种格式：BMP(Bitmap，位图)、JPEG(Joint Photographic Experts Group，联合图像专家组)、GIF(Graphic Interchange Format，图像交换格式)、PNG(Portable Network Graphic，可移植网络图形)、PSD(Photoshop Document，Photoshop 文件)、PDF(Portable Document Format，可移植文档格式)等。

(1) BMP 格式

BMP 是 Windows 中的标准图像文件格式，它被多种 Windows 应用程序所支持。

BMP 位图格式应用广泛。它以与设备无关的方法描述位图，各种常用的图形图像软件都可以对该格式的图像文件进行编辑和处理。这种格式包含的图像信息较丰富，几乎不进行压缩，因而占用磁盘空间大。

(2) JPEG 格式

该格式是用于连续色调静态图像压缩的一种标准，其文件扩展名为 JPG 或 JPEG。它是最常用的图像文件格式，大多数彩色和灰度图像都使用 JPEG 格式，压缩比很大而且支持多种压缩级别。当对图像的精度要求不高而存储空间又有限时，JPEG 是一种理想的压缩方式。它属于有损压缩格式，能够将图像压缩在很小的储存空间，最大限度地节约网络资源，提高传输速度，因此用于网络传输的图像，在互联网服务和其他网上服务的 HTML 文档中，一般存储为该格式。

(3) GIF 格式

该格式可在各种图像处理软件中通用，是经过压缩的文件格式，因此一般占用空间较小，适合于网络传输，一般常用于存储动画效果图片。

(4) PNG 格式

PNG 格式是许多 Web 浏览器都支持的一种图形文件格式。要压缩和存储图形图像，它是一种非常好的格式。PNG 是一种采用无损压缩算法的位图格式，在解压缩图像时，不会丢失图形图像数据。其设计目的是试图替代 GIF 和 TIFF 文件格式，同时增加一些 GIF 文件格式所不具备的特性。一般应用于 Java 程序或网页中，原因是它压缩比高，生成的文件体积小。

(5) PSD 格式

该格式是 Photoshop 软件中使用的一种标准图像文件格式，这种格式可以存储 Photoshop 中所有的图层、通道、参考线、注解和颜色模式等信息，最大限度地保存数据信息，便于后续修改和特效制作，因此比其他格式的图像文件还是要大得多。一般在 Photoshop 中制作和处理的图像建议存储为该格式。

(6) PDF 格式

该格式是可移植文件格式，具有跨平台的特性，并包括对专业的制版和印刷生产有效的控制信息，可以作为印前领域通用的文件格式。

2.3.5 声音的表示

1. 声音的基本知识

声音是人们生活中常见的一种信息。声音是由物体振动所产生的一种物理现象。当物体振动时，在其周围的大气中产生不断变化的压力，这个高低变化的压力通过大气以波形传播。声音是一种模拟信号，它是一种连续的波，称为声波。人的耳膜感受到声波的振动，通过听神经传给大脑，于是我们就听到了声音。

与声波有关的几个参数：一个是声波的振幅，即声音的大小强弱程度，也称为音量，声波的振幅越大，听到的声音越响；另一个是声波的频率，即声波每秒钟的振动次数，以

Hz 或 kHz 为单位。声波振动的频率越高,听到的音高就越高。通常,正常人的耳朵能听到的声波频率范围是 20～20000Hz。低于 20Hz 的称为次声波,高于 20000Hz 的称为超声波。人耳对于 3000Hz 左右的声波感觉最灵敏;对低于 63Hz 和高于 16000Hz 的声波,即使勉强听得见,反应也很不灵敏。相同强度的声波,如果频率不同,人们听起来感觉响度是不一样的。

2. 声音数字化

计算机中所有的信息都是以数字形式表示的,声音信号也用一系列数字表示的。要把声音信号存储到计算机中,必须把连续变化的波形信号转换成数字信号,从而实现声音的数字化。声音的数字化需要经过三个阶段:采样、量化、编码。

(1) 采样

把声音数字化,首先要对波形信号进行采样。采样是把时间上连续的模拟信号在时间轴上离散化的过程。声音采样的示意图如图 2.12 所示。每隔一个很短的时间对模拟信号取一个样本,获取模拟声音信号在此时的电压。采样频率是指录音设备在一秒钟内对声音信号的采样次数。理论上来说采样频率越高,声音的还原度就越高,声音就越真实。一般要达到比较好的数字化效果,采样频率要在 44000Hz 以上。在多媒体声音技术中,对声音进行采样的 3 个标准分别是:11.025kHz(语音效果)、22.05kHz(音乐效果)、44.1kHz(高保真效果)。常见的 CD 激光唱盘所采用的采样频率为 44.1kHz。采样率为 44.1kHz 的声卡,每秒钟能对输入的模拟信号进行 44100 次采样,并将其转换为数字信号。

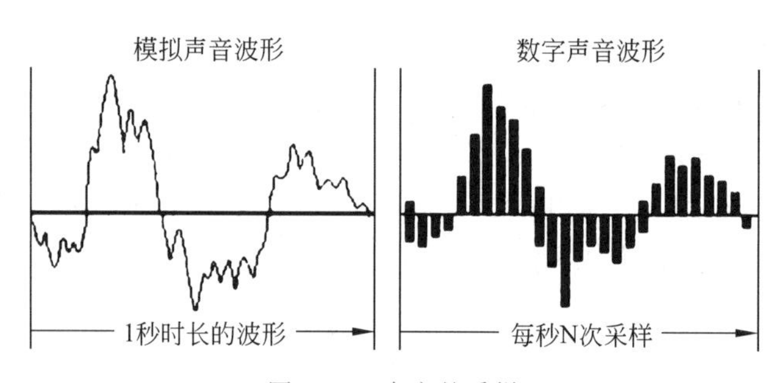

图 2.12　声音的采样

(2) 量化

量化的主要工作就是将幅度上连续取值的每一个样本转换为离散值表示。其量化过后的样本是用二进制表示的,要表示存储、记录声音振幅,需要使用一定的二进制位数。量化位数决定音频幅值采样的精度。量化位数一般有 8 位、16 位、32 位等。8 位量化是把声音的音量从最小值到最大值之间分成 256 个等级,用一个字节来表示,每个采样样本的音量对应 256 个等级中的一个。16 位量化则是把音量分为 65536 个等级。量化位数越大,质量越好,需要的储存空间就越大;声音的幅度分辨率也越高,还原时声音的品质也越好,保真度也越高。

(3) 编码

编码是整个声音数字化的最后一步,模拟声音信号经过采样、量化之后虽然已经变为了数字形式，但是为了方便计算机的存储和处理，需要对它进行编码，以减少数据量。

3. 常见的声音文件格式

常见的声音文件格式有 CD 格式、WAV 格式、MP3 格式、MIDI(Musical Instrument Digital Interface，乐器数字接口)格式。

(1) CD 格式

标准 CD 格式也就是 44.1kHz 的采样频率，速率为 88K/s，16 位量化位数，因为 CD 格式是近似无损的，基本上是忠于原声的，因此如果是一个音响发烧友，CD 格式是首选。CD 光盘可以在 CD 唱机中播放，也能用计算机里的各种播放软件来播放。一个 CD 音频文件是一个.cda 文件，这只是一个索引信息，并不是真正的包含声音信息，所以不论 CD 音乐的长短，在计算机上看到的.cda 文件都是 44 字节长。不能直接复制 CD 格式的.cda 文件到硬盘上播放，需要使用软件把 CD 格式的文件转换成 WAV 格式。

(2) WAV 格式

WAV 格式是 Microsoft 公司开发的一种声音文件格式，又称为波形声音文件。用不同的采样频率对模拟声音波形进行采样可以得到一系列离散的采样点，以不同的量化位数(8 位或 16 位)把这些采样点的值转换成二进制数，然后存入磁盘，这就产生了声音的 WAV 文件，即波形文件。它是最早的数字音频格式，是一种通过声卡将真实的声音信号保存起来的数字化信号音频。被 Windows 平台及其应用程序广泛支持。WAV 格式支持许多压缩算法，支持多种音频位数、采样频率和声道。采用 44.1kHz 的采样频率、16 位量化位数的 WAV 文件的音质与 CD 格式的文件相差无几，但 WAV 格式对存储空间需求太大，不便于交流和传播。

(3) MP3 格式

MP3 格式是一种流行的音频文件压缩格式，是由国际上动态图像专家组(MPEC)提出的动态图像压缩标准中的音频部分标准格式。MP3 其实是将 WAV 声音数据进行特殊的数据压缩后产生的一种声音文件格式，所以与庞然大物的 WAV 相比，其体积十分轻盈。MP3 技术起源于 MPEG 技术。一张光盘只能保存十几首 CD，却能够保存上百首 MP3 歌曲。这就是 MP3 短期得以风靡世界的原因，体积小、传输方便且拥有较好的声音质量。现在计算机中大量的音乐都是以 MP3 格式保存的。

(4) MIDI 格式

它是由世界上主要电子乐器制造厂商建立起来的一个通信标准，以规定计算机音乐程序电子合成器和其他电子设备之间交换信息与控制信号的方法。MIDI 文件中包含音符定时和多达 16 个通道的乐器定义，每个音符包括键通道号持续时间音量和力度等信息。所以，MIDI 文件记录的不是乐曲本身，而是一些描述乐曲演奏过程中的指令。简单地说，五线谱大家都了解，MIDI 并不是采集声音数据，而是在计算机中记录“五线谱”，当播放 MIDI 音乐时，其实就是播放器将乐谱演奏出来，就像音乐家对着五线谱演奏一般。正因为 MIDI 不是采集声音数据，而仅仅记录演奏符号，所以文件体积相当小，适合在网络上传播。

立体声是双声道的，声音分成左右两个独立的声道分别进行处理。声道能记录产生的波形。单声道只能记录一个声波信号，而立体声能够同时记录或者播放两个声道的信号，因而能够提供比单声道更好的立体声效果。相应地，其存储容量也是单声道的两倍。CD唱片基本上都是采用双声道进行录音的。

2.4 本章小结

信息有数值、字符、汉字、图形和图像以及声音等形式。掌握信息的概念和信息处理的过程，以及各种常见信息的数字化编码方法是非常重要的。

在本章中首先介绍了信息、信息技术、信息素养等基本概念以及信息处理的基本过程。接着介绍了计算机中常用的数制及其相互转换方法，其中非十进制数转换成十进制数相对比较简单。把十进制数转换成二进制数、八进制数或十六进制数相对难一些，分整数和小数两个部分分别进行转换，两者使用的规则也不相同。另外还介绍了二进制与八进制、二进制与十六进制之间相互转换的基本方法。在本章的最后，重点介绍了几种常见形式信息的数字化编码方法，其中包括了数值的表示、字符的表示、汉字的表示、图形图像的表示和声音的表示。

2.5 习　　题

一、单项选择题

1. 计算机中的数据是以(　　)的形式进行存储和处理的。
   A. 二进制　　B. 八进制　　C. 十进制　　D. 十六进制
2. 在计算机中采用二进制数制的优点是(　　)。
   A. 二进制有逻辑性　　B. 二进制有稳定性　　C. 二进制运算简单　　D. 以上都是
3. 把十进制数127转换为二进制数是(　　)。
   A. 10000000　　B. 01111111　　C. 11111111　　D. 111111110
4. 将二进制数01000111转换成十进制数为(　　)。
   A. 57　　B. 69　　C. 71　　D. 67
5. 以下数据表示有错误的是(　　)。
   A. $(365.78)_{10}$　　B. $(11001.111)_2$　　C. $(B3E1G)_{16}$　　D. $(157)_8$
6. 以下数据表示有错误的是(　　)。
   A. $(11011111)_2$　　B. $(1010)_{10}$　　C. $(ABCD)_{16}$　　D. $(168)_8$
7. 计算机采用的字符编码是美国标准信息交换码，简称为(　　)。
   A. BCD　　B. SOS　　C. ASCII　　D. Unicode
8. 下列与图像有关系的术语是(　　)。
   A. 音高　　B. 像素　　C. 音色　　D. 双声道

9. 图像的最基本组成单元是(　　)。

A. 像素　　B. 色彩空间　　C. 位置　　D. 亮度

10. 计算机中的声音是(　　)的。

A. 二进制　　B. 八进制　　C. 十进制　　D. 十六进制

二、填空题

1. 进行下列数制转换。

(1) 将十进制数转换成二进制数：$(100)_{10}$=(________)$_2$。

(2) 将十六进制数转换成十进制数：$(1DA4)_{16}$=(________)$_{10}$。

2. 1GB=(________)MB=(________)KB=(________)B。

3. 在计算机内部存储和处理通常是以字节为单位的，通常一个字符占用(________)个字节。

4. 1981 年我国颁布了《信息交换用汉字编码字符集—基本集》，国家标准代号 GB 2312—1980。根据词频统计的结果，选择出 6763 个常用汉字，并为每个汉字分配了标准代码，以供汉字交换信息使用。因此，汉字国标码又称为汉字(________)码，用(________)个字节表示。

5. 二维空间上连续的图像在水平和垂直方向上等间距地分割成矩形网状结构，所形成的微小方格称为(________)。

三、简答题

1. 什么是数制？常见的数制有哪几种？每种数制是用哪些符号来表示的？
2. 简述在计算机内部为什么要采用二进制编码来表示？
3. 请谈谈你对位、字节和字长等数据单位的认识。
4. 7 位的 ASCII 码最多可以表示多少个字符？
5. 什么是汉字国标码、汉字区位码和汉字机内码？这三者之间的关系是怎样的？
6. 常见的汉字输入码有哪些？
7. 什么是矢量图？什么是位图？各有什么样的特点？
8. 分别使用多少个二进制位来表示黑白色、256 灰色以及真彩色？
9. 常见的图像格式有哪些？
10. 正常的人耳可以听到的声波频率范围是多少？
11. 采样频率的次数对声音的什么方面有影响？
12. 常见的声音格式有哪几种？

第3章 信息传输

信息是对现实世界事物的存在方式或运动状态的一种综合反映，从本质上看，信息是对社会、自然界的事物特征、现象、本质及规律的描述。信息技术是完成信息获取、传输、处理、存储、输出和应用的技术。信息传输是从一端将命令或状态信息经信道传送到另一端，并被对方所接收。

信息的传输离不开计算机网络，本章从计算机网络的基本概念入手，介绍计算机网络的分类、计算机网络的拓扑结构、计算机网络的性能、计算机网络的体系结构、因特网以及因特网应用技术等。

3.1 计算机网络

1946年，世界上第一台数字电子计算机ENIAC由美国宾法西尼亚大学研制成功，当时轰动了整个世界，同时也宣告了信息革命的开始。1954年，一种具有收发功能的终端诞生，利用该终端，人们可以通过电话线把数据发送到远端计算机，这标志着计算机开始与通信技术相结合。此后，这种结合越来越紧密，最初的计算机中心的服务模式逐渐被计算机网络的服务模式所取代。目前，计算机网络已经在工业、通信、文化教育、交通运输、科研、航空航天、政府机关、金融、国防等领域得到了广泛的应用。今天，网络对人类社会信息化产生的影响越来越大。人们在这个精彩的网络世界里进行远程教学、网上办公、电子购物、浏览网页、电子查询、视频点播等各项活动。那么究竟什么是计算机网络，它们是如何定义和分类的？

3.1.1 计算机网络的定义

计算机网络是将分布在不同地理位置的多台独立的计算机（一般称为主机(Host)或工作站(Station)）通过传输介质按一定几何拓扑结构连接在一起所组成的计算机系统。而在不同地理范围的计算机网络还可以通过互连设备和传输介质在更大范围被连接到一起组成互联网络，在网络软件系统（包括网络通信协议、网络操作系统与网络应用软件）的控制下，连接在网络上的各台计算机之间可以实现相互通信、资源共享、分布式处理等，从而大大提高系统的可靠性与可用性。

在计算机网络发展过程的不同阶段中，人们对计算机网络提出了不同的定义。这些定义可以分为3类。

(1) 资源共享的观点

以能够相互共享资源的方式连接起来，并且各自具有独立功能的计算机系统的集合。该观点准确地描述计算机网络的基本特征，这也是计算机网络最突出的优点。

(2) 广义的观点

计算机技术与通信技术相结合，实现远程信息处理或进一步达到资源共享的系统。该观点定义了计算机通信网络。

(3) 用户透明的观点

存在一个能为用户自动管理资源的网络操作系统，由它来调用完成用户任务所需要的资源，而整个网络像一个大的计算机系统一样对用户是透明的。该观点定义了分布式计算机系统。

综上所述，我们将计算机网络定义为：利用通信设备和通信线路将地理位置不同的、功能独立的多个计算机系统互连起来，在网络软件的支持下，如通信协议、信息交换方式以及网络操作系统等，来实现网络中信息传递和资源共享的系统。

3.1.2 计算机网络的分类

1. 按网络覆盖范围划分

根据计算机网络所覆盖的地理范围不同，通常将计算机网络分为局域网(Local Area Network，LAN)、城域网(Metropolitan Area Network，MAN)、广域网(Wide Area Network，WAN)三种。

局域网用于将有限范围内，如一个实验室、一幢大楼、一个校园、一个公司的各种计算机、终端与外部设备互连成网络，其覆盖距离一般不超过10km，可大可小。局域网技术发展迅速，应用日益广泛，是计算机网络中最活跃的领域之一。典型的应用如学校的教学信息管理系统、选课管理系统、综合办公信息管理系统、财务信息管理系统、生产销售信息管理系统等。

城市地区网络常简称为城域网。城域网是介于广域网与局域网之间的一种高速网络，是在一个城市范围内所建立的计算机通信网络。城域网设计的目标是要满足几十km范围内的大量企业、机关、公司的多个局域网互联的需求，以实现大量用户之间的数据、语音、图形与视频等多种信息的传输功能。典型的应用如城域教育网、城域党政信息网、公用宽带城域网等。

广域网也称为远程网。广域网是连接不同地区局域网或城域网计算机通信的远程网络。通常跨越很大的物理范围，它所覆盖的地理范围从几十km到几千km。广域网可覆盖一个国家、地区或横跨几个洲，形成国际性的远程网络。广域网将分布在不同地区的计算机系统互连起来，达到资源共享的目的。典型的应用如中国公用计算机互联网(CHINANET)、中国教育科研网(CERNET)、因特网等。

2. 根据网络中各个结点之间的关系划分

根据网络中各个结点之间的关系，可以把计算机网络分成对等网络（Peer to Peer，P2P）和客户机/服务器（Client/Server，C/S）网络。

Peer 在英语里有“对等者、伙伴、对端”的意义。P2P 可以理解为对等计算或对等网络。对等连接是指两台主机在通信时并不区分哪一个是服务请求方还是服务提供方。在对等网络环境中，彼此连接的多台计算机之间都处于对等的地位，各计算机有相同的功能，无主从之分。一般来说整个网络不依赖专用的集中服务器，也没有专用的工作站。网络中的每一台计算机既能充当网络服务的请求方，又可对其他计算机的请求做出响应，提供资源和服务。

C/S 网络通常采取两层结构，服务器负责数据的管理，客户机负责完成与用户的交互任务。在 C/S 网络中，客户机是服务的请求方，服务器是服务的提供方，服务器是网络的核心，客户机从服务器获得所需要的网络资源。C/S 结构在技术上已经很成熟，它的主要特点是交互性强、具有安全的存取模式、响应速度快、有利于处理大量数据。

3. 按网络的拓扑结构划分

在研究计算机网络组成结构时，可以采用拓扑学中一种研究与大小形状无关的点、线特性的方法，即抛开网络中的具体设备，把工作站、服务器等网络单元抽象为“点”，把网络中的电缆等通信介质抽象为“线”。这样，从拓扑学的观点看，计算机网络就变成了点和线组成的几何图形。我们称它为网络的拓扑结构。网络中的结点有两类：

（1）转接结点，只转接和交换信息的结点。

（2）访问结点，是信息交换的源结点和目标结点。

网络的拓扑类型主要分为总线型、星型、环型、树型、网状型等，如图 3.1 所示。

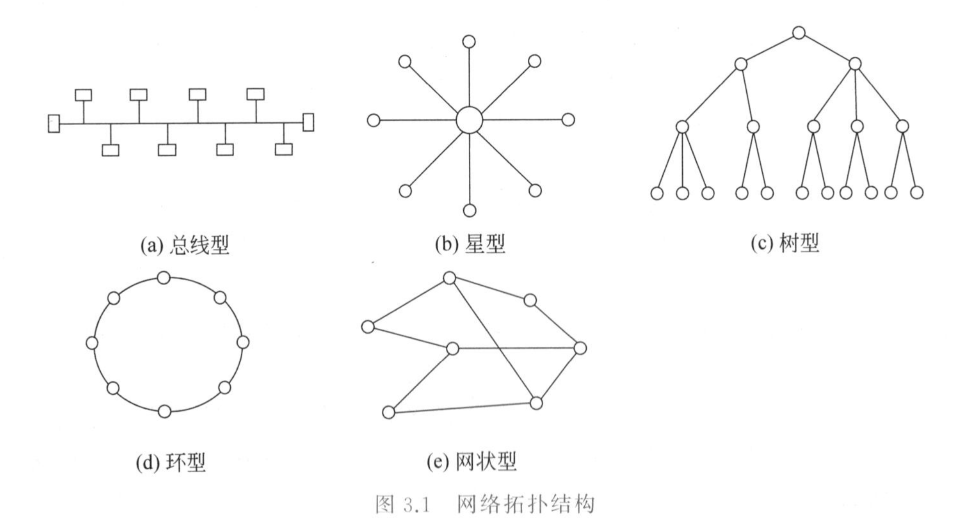

图 3.1　网络拓扑结构

（1）总线型拓扑结构

总线型拓扑结构的网络是将各个结点与一根总线相连，如图 3.2 所示。总线型网络中的所有结点都通过总线进行信息传输，任何一个结点的信息都可以沿着总线沿两个方向传输，并被总线中任何一个结点所接收。

总线型网络的主要优点是：结构简单灵活，对结点设备的装卸非常方便，可扩充性好。当某个工作结点出现故障时不会造成整个网络的故障，因而可靠性高。

总线型网络的主要缺点是：对通信线路(总线)的故障敏感。任何通信线路的故障都会使得整个网络不能正常运行。总线型网络结构是最传统的、也是最广泛使用的一种网络结构。

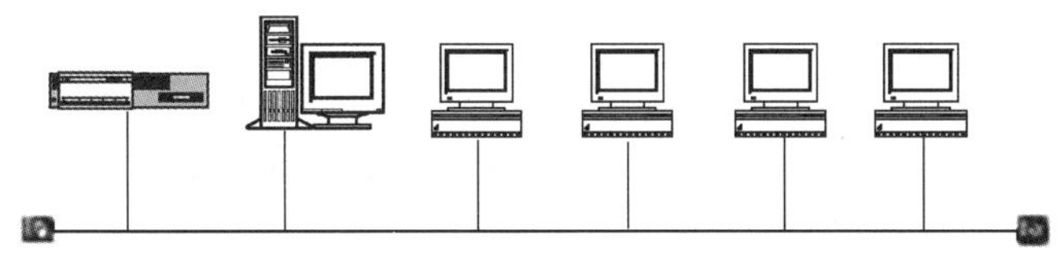

图 3.2 总线型拓扑结构

(2) 星型拓扑结构

星型拓扑结构的网络是以中央结点为中心与各个结点连接组成，中央结点多采用集线器或交换机连接其他结点，如图 3.3 所示。如果一个工作站需要传输数据，它首先必须通过中央结点，中央结点接收各结点的信息再转发给相应结点，因此中央结点相当复杂，负担比其他结点重得多。中心站超负荷或者发生故障时，整个网络将停止工作。

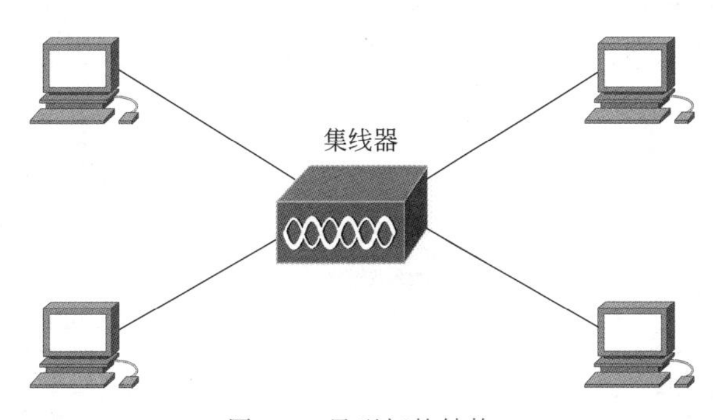

图 3.3 星型拓扑结构

星型网络的主要优点是：结构简单，建网容易，便于控制和管理。其缺点是：中央结点负担重，故容易在中央结点上形成系统的“瓶颈口”。

(3) 环型拓扑结构

环型拓扑结构的各结点连接在一条首尾相连的闭合环型线路中，如图 3.4 所示。环型网络中的信息传送是单向的，即沿一个方向从一个结点传到另一个结点。由于信息按固定方向单向流动，两个结点之间仅有一条通路，系统中无信道选择的问题。

在环型网络中，环路上任何结点均可以请求和发送信息，当信息流中的目的地址与环中的某个结点的地址相符时，信息被该结点接收。环型网络根据不同的控制方法，决定信息不再继续往下传送或信息继续流向下一个结点，一直回到发送该信息的结点为止。因此，任何结点的故障均能导致环路不能正常工作。

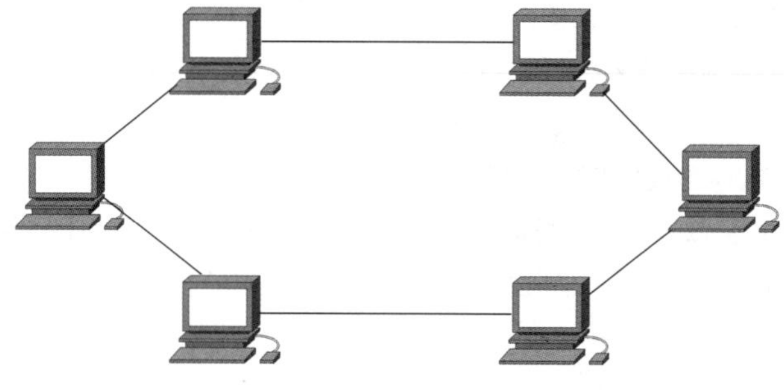

图 3.4　环型拓扑结构

环型网络的主要优点是：结构简单，由此使得路径选择、通信接口、软件管理都比较简单，所以实现起来比较容易。

环型网络的主要缺点是：当结点过多时，影响传输效率，使网络响应时间变长；另外，在加入新的工作站时必须使环路暂时中断，故不利于系统扩展。

目前的一些环型网络对此也有了改进办法，如建立双环结构等。环型结构也是常用的网络拓扑结构之一。

(4) 树型拓扑结构

树型拓扑结构是一种分级结构，如图 3.5 所示。与星型网络比较，其线路总长度较短，成本较低，但其结构比星型网络更复杂。在树型网络中，任意两个结点之间不会产生回路，每条通路都支持双向传输。两个结点之间的通路，有时需要经过中间结点才能连通。

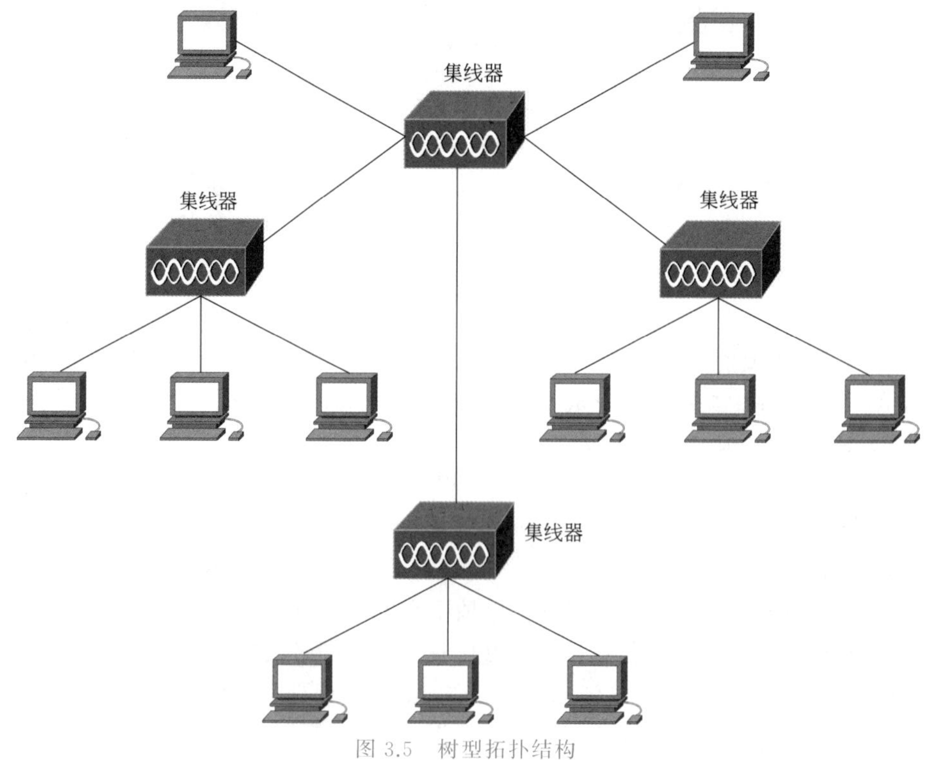

图 3.5　树型拓扑结构

树型网络的主要优点：扩展方便、灵活，成本低，易推广；天然的分级结构使得这种网络比较适用于分主次或分等级的层次型管理系统；易于隔离故障，如果某一线路或某一分支结点出现故障，它主要影响局部区域，因而能比较容易地将故障部位跟整个系统隔离开。

树型网络的主要缺点：各个结点对根结点的依赖性太大，如果根结点发生故障，则整个网络都不能正常工作。

(5) 网状型拓扑结构

网状型拓扑结构又称不规则型结构，网络中各结点的连接没有一定的规则，一般是在结点的地理位置分散的远程网中使用。对于这种结构的网络，其中任何一个结点都至少和其他两个结点相连，因此这种网络结构可用性比较好，可靠性高，但是网络布线复杂，特别是在相距比较远的多结点之间。

网状网络的主要优点有：网络可靠性能高，网络可组建成各种形状，采用多种通信信道，多种传输速率，网内结点共享资源容易，可选择最佳路径，传输延迟小。

网状网络的缺点是：网络控制和软件功能配置复杂，建网较难，线路费用高，不易扩展。

3.1.3 计算机网络的性能

影响网络性能的因素有很多，如传输的距离、使用的线路、传输技术、带宽等。对用户而言，则主要体现在所获得的网络速度。计算机网络的主要性能指标包括速率、带宽、误码率、吞吐量和时延等。

1. 速率

计算机发送出的信号都是数字形式的。比特(bit)是计算机中数据量的单位，英文单词 bit 来源于 binary digit，意思是一个“二进制数字”，因此一个比特就是二进制数字中的一个 1 或 0。网络技术中的速率指的是连接在计算机网络上的主机在数字信道上传送数据的速率，它也称为数据率(data rate)或比特率(bit rate)。速率是计算机网络中最重要的一个性能指标。速率的单位是 bps(比特每秒)(即 bit per second)，或者是 kbps、Mbps、Gbps 等。比特率越高，表示单位时间传送的数据就越多。

2. 带宽

在局域网和广域网中，都使用带宽(Bandwidth)来描述它们的传输容量。带宽有以下两种不同的意义。

- 带宽本来是指某个信号具有的频带宽度。信号的带宽是指该信号所包含的各种不同频率成分所占据的频率范围。例如，在传统的通信线路上。传送的电话信号的标准带宽是 3.1kHz(从 300Hz 到 3.4kHz，即话音的主要成分的频率范围)。这种意义的带宽的单位是 Hz(或 kHz、MHz、GHz 等)。
- 在计算机网络中，带宽用来表示网络的通信线路所能传送数据的能力，因此网络带宽表示在单位时间内从网络中的某一点到另一点所能通过的“最高数据率”。本书一般说到的带宽就是指这个意思。这种意义的带宽的单位通常是“比特每秒”，记为 bps。

3. 误码率

在数据通信中，在一定时间内收到的数字信号中发生差错的比特数与同一时间所收到的数字信号的总比特数之比，就称为“误码率”，也可以称为“误比特率”。误码率是衡量数据在规定时间内数据传输精确性的指标。

误码率＝接收出现差错的比特数÷总的发送的比特数

误码率是最常用的数据通信传输质量指标。如果发送的信号是 1，而接收到的信号却是 0，这就是“误码”，也就是发生了一个差错。例如，一万位数据中出现一位差错，即误码率为万分之一，即 10^{-4}。

数字信号在传输过程中不可避免地会产生差错，误码的产生是由于在信号传输中，衰变改变了信号的电压，致使信号在传输中遭到破坏，产生误码。例如在传输过程中受到外界的干扰，或在通信系统内部由于各个组成部分的质量不够理想而使传送的信号发生畸变等。当受到的干扰或信号畸变达到一定程度时，就会产生差错。噪声、交流电或闪电造成的脉冲、传输设备故障及其他因素都会导致误码。

4. 吞吐量

吞吐量(Throughput)表示在单位时间内通过某个网络(或信道、接口)的数据量。吞吐量经常用于在现实世界中对网络数据的一种测量，以便知道实际上到底有多少数据量能够通过网络。吞吐量受网络的带宽或网络的额定速率的限制。

由于诸多原因使得吞吐量常常远小于所用介质本身可以提供的最大数字带宽。决定吞吐量的因素有网络互连设备、所传输的数据类型、网络的拓扑结构、网络上的并发用户数量、用户的计算机、服务器和拥塞等。

5. 时延

时延(Delay 或 Latency)是指一个报文或分组从一个网络(或一条链路)的一端传输到另一端所需的时间。通常来讲，时延是由以下几个不同的部分组成的。

(1) 发送时延

发送时延是结点在发送数据时使数据块从结点进入传输介质所需的时间，也就是从数据块的第一个比特开始发送算起，到最后一个比特发送完毕所需的时间，又称为传输时延。

(2) 传播时延

传播时延是电磁波在信道上需要传播一定的距离而花费的时间。信号传输速率(即发送速率)和信号在信道上的传播速率是完全不同的概念。

(3) 处理时延

处理时延是指数据在交换结点为存储转发而进行一些必要的处理所花费的时间。

(4) 排队时延

结点缓存队列中分组排队所经历的时延。排队时延的长短往往取决于网络中当时的通信量。

数据经历的总时延就是发送时延、传播时延、处理时延和排队时延之和：

总时延＝发送时延＋传播时延＋处理时延＋排队时延

3.1.4 计算机网络的组成

无论是哪一种类型的计算机网络，一般都是由通信子网(简称子网)、资源子网和网络协议三大部分组成的。网络中各计算机之间通过传输介质、通信设备进行数字通信，在此基础上各计算机可以通过网络软件共享其他计算机上的硬件资源、软件资源和数据资源。

从网络硬件上看，计算机网络包括通信子网和资源子网两大部分，如图 3.6 所示。

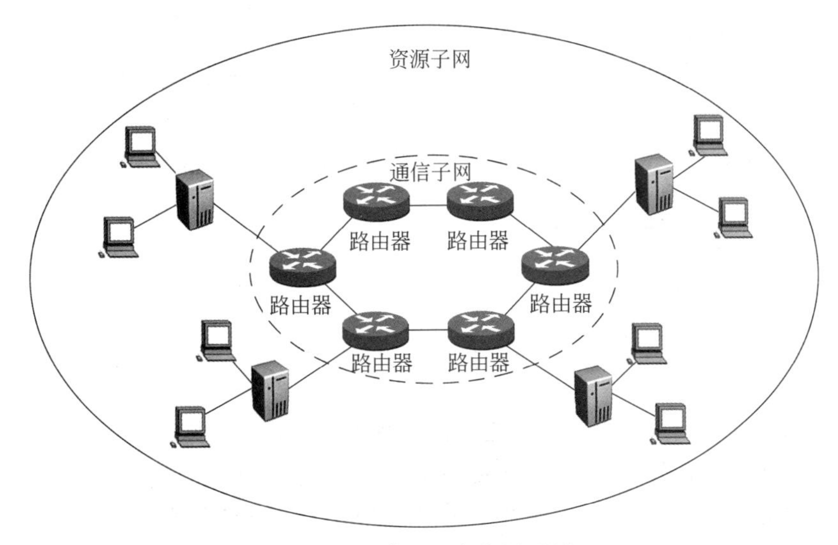

图 3.6 通信子网与资源子网

(1) 通信子网

通信子网提供计算机之间互相传输信息的通路。通信子网由通信控制处理机(如中继器、集线器、网桥、路由器、交换机等硬件设备)通过传输介质组建在一起，承担全网的数据传输、转接、加工和交换等通信处理工作，实现把信息从一台主机传输到另一台主机。

通信控制处理机在网络拓扑结构中被称为网络结点。它一方面作为与资源子网的主机、终端连接的接口，将主机和终端接入网内；另一方面它又作为通信子网中的分组存储转发结点，完成分组的接收、校验、存储、转发等功能，实现将源主机报文准确地发送到目的主机的作用。

通信线路为通信控制处理机与通信控制处理机、通信控制处理机与主机之间提供通信信道。计算机网络采用了多种通信线路，如电话线、双绞线、同轴电缆、光导纤维电缆、无线通信信道、微波与卫星通信信道等。

（2）资源子网

资源子网由主计算机系统、终端、终端控制器、联网外设、各种软件资源与信息资源组成。资源子网主要负责全网的信息处理、数据处理业务，向网络用户提供各种网络资源和网络服务，为网络用户提供资源共享功能等。

主机是资源子网的主要组成单元，它通过高速通信线路与通信子网的通信控制处理机相连接。普通用户终端通过主机接入网内。主机要为本地用户访问网络其他主机设备与资源提供服务，同时要为网络中的远程用户共享本地资源提供服务。

（3）网络协议

为了使网络中的计算机能正确地进行数据通信和资源共享，计算机和通信控制设备必须共同遵循一组规则和约定，这些规则、约定或标准就称为网络协议，简称为协议。

连接在网络上的计算机，其操作系统也必须遵循通信协议来支持网络通信，才能使计算机接入网络。目前，几乎所有操作系统都具有网络通信功能。特别是运行在服务器上的操作系统，它除了具有强大的网络通信和资源共享之外，还负责网络的管理工作（如授权、日志、计费、安全等），这种操作系统称为服务器操作系统或网络操作系统。为了提供网络服务，开展各种网络应用，服务器和终端计算机还必须安装运行网络运用程序，例如电子邮件程序、浏览器程序、即时通信软件、网络游戏软件等，它们为用户提供了各种各样的网络应用。

3.1.5 网络体系结构

1. 网络协议的基本概念

网络上通过通信线路和设备互连起来的各种大小不同、厂家不同、结构不同、系统软件不同的计算机系统，要能协同工作实现信息交换、有条不紊地工作，每个网络结点都必须遵循一些事先约定好的规则，即事先约定好：怎样交流、交流什么及何时交流。网络协议就是为网络进行数据交换而建立的规则、约定或者标准。在网络系统中，为了保证数据通信双方能正确而自动地进行通信，针对通信过程的各种问题，制定了一整套约定，这就是网络协议。网络协议主要由以下 3 个要素组成：

（1）语义。用于解释比特流的每一部分的意义。

（2）语法。是用户数据与控制信息的结构与格式，以及数据出现的顺序的意义。

（3）时序。事件实现顺序的详细说明。

网络中使用很多类型的协议，一些协议用于在电缆中传输比特流，另一些协议用于在计算机屏幕上显示信息。计算机程序使用协议为用户提供服务。协议可以提供自身的服务，或者与程序一起为用户和其他程序提供服务。

2. 网络协议的分层思想

计算机网络协议很复杂，要完成的工作涉及很多步骤，借鉴对复杂问题分析研究的思想，在设计复杂网络协议时，为了减少错误，提高协议实现的有效性和高效性，也为了简化设计，近代的计算机网络都采用了分层结构。分层是对复杂问题处理的基本方法。每一层完成明确的功能并且为上层服务，各层彼此配合共同完成数据的传输工作。这样既能规定不同层所要完成的功能，又能实现层与层之间的改动而不相互影响。分层结构对于理解和设计网络协议有着重要的作用。

在网络中每一层的具体功能都是由该层的实体完成的，这里说的实体可以是软件（如进程），也可以是硬件（如网卡），不同层次中的实体实现的功能互不相同。在概念上可以认为数据在同一层次中的对等实体之间进行虚拟传输，或者理解为逻辑传输。之所以称为虚拟传输，是因为对等实体之间的数据传输，实际上最终要经过底层的物理传输才能实现。因此，数据不是从一台主机的第 N 层直接传给另外一台主机的第 N 层，而是每一层都把它的数据和控制信息交给其相邻的下一层，直到最底层。最底层是物理介质，执行的是真正的物理通信（即信号传输）。

网络体系结构中，相邻层之间都有一个接口。接口定义了下层向上层提供的操作和服务，当设计一个网络时，要决定一个网络应包括多少层，每一层应当做什么，还有一个很重要的设计就是要在相邻层之间定义一个清晰的接口。为了达到这些目的，又要求每一层能够完成一组特定的有明确含义的功能。因此，在计算机网络分层结构中，每一层的功能都是为它的上层提供服务的。也就是说，如果把第 N 层称为“服务提供者”，则 N+1 层则称为“服务用户”，与此同时，第 N 层又利用 N－1 的服务来实现自己向 N+1 层提供的服务，该服务可以包括多种类型。在每个层次内又可以被分成若干子层次，协议各层次有高低之分。

计算机网络各层及其协议的集合就称为网络体系结构，网络体系结构就是对该计算机网络及其部件所要完成的功能的明确定义。

3. OSI 参考模型

在计算机网络发展的初期，各厂商都制定了自己的网络体系结构，但不同网络体系结构构成的网络很难互相通信，在一定程度上阻碍了计算机网络的发展和应用。为帮助和指导各种计算机在世界范围内互联成网，国际标准化组织（ISO）于 1977 年提出了开放系统互联参考模型（Open System Interconnection Reference Model，OSI）及一系列相关的协议。

OSI 从上到下构造了顺序式的七层模型，即应用层、表示层、会话层、传输层、网络层、数据链路层和物理层，不同系统的对等层之间按相应协议进行通信，同一系统不同层之间通过接口进行通信。只有最低层（物理层）完成物理数据传递，其他对等层之间的通信称为逻辑通信。

在 OSI 参考模型中，如果要把数据从网络中的主机 A 传送到主机 B，数据不能直接由发送端到达接收端，这是一个复杂的数据传送过程，整个数据的传送方向如图 3.7 中的箭头所示。数据发送时，需要从应用层传送到物理层，这是一个对数据进行不断封装的过程。在数据接收时，需要从物理层传到应用层，这是一个对数据不断拆分的过程。由于在数据传送过程中需要对数据进行拆分和封装，数据在各个层的形式是不同的，传输层的数据称为报文或段，网络层中的数据称为包或分组，数据链路层的数据称为帧，物理层的数据称为比特流或位流。

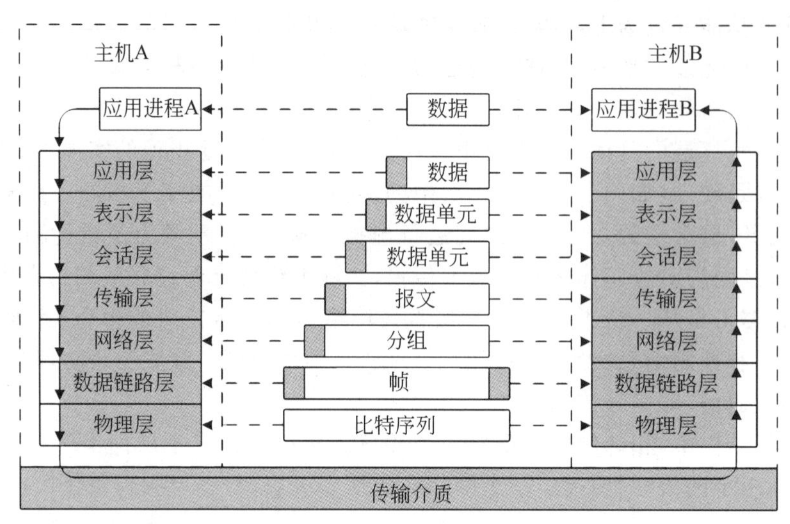

图 3.7　OSI 参考模型

OSI 参考模型的各层的主要功能如下。

(1) 应用层

应用层是 OSI 参考模型的最高层,应用层是用户与网络的接口。该层通过应用程序来完成网络用户的应用需求,如文件传输、收发电子邮件等。

(2) 表示层

表示层用于将计算机内部的多种数据表示格式转换成网络通信中采用的标准表示形式。为应用层用户解决用户信息的语法问题,它包括数据格式交换、数据加密与解密、数据压缩与解压等功能。

(3) 会话层

会话层得名的原因是它很类似于两个实体间的会话,在两个结点之间建立端连接,为两端的应用程序之间提供对话控制机制。会话层主要功能是管理和协调不同主机上各种进程之间的通信(会话),即负责建立、管理和终止应用程序之间的会话。

(4) 传输层

传输层传送的协议数据单元称为段或报文。传输层的作用是为会话层用户提供端到端的可靠和透明的数据传输服务,包括全双工或半双工、处理差错控制和流量控制等问题。传输层向高层屏蔽了下层数据通信的细节,因此,它是计算机通信体系结构中关键的一层。

(5) 网络层

网络层是为传输层提供服务的,传送的协议数据单元称为数据包或分组。该层的主要作用是负责使分组以适当的路径通过通信子网,解决如何使数据包通过各结点传送的问题,即通过路径选择算法(路由)将数据包传送到目的地。另外,为避免通信子网中出现过多的数据包而造成网络阻塞,需要对流入的数据包数量进行控制(拥塞控制)。当数据包要跨越多个通信子网才能到达目的地时,还要解决网际互联的问题。

(6) 数据链路层

数据链路层是为网络层提供服务的，解决两个相邻结点之间的通信问题，传送的协议数据单元称为数据帧。数据帧中包含物理地址、控制码、数据及校验码等信息。该层的主要作用是通过校验、确认和反馈重发等手段，将不可靠的物理链路转换成对网络层来说无差错的数据链路。此外，数据链路层还要协调收发双方的数据传输速率，即进行流量控制，以防止接收方因来不及处理发送方来的高速数据而导致缓冲器溢出及线路阻塞。

(7) 物理层

物理层处于 OSI 参考模型的最低层。物理层的主要功能是利用物理传输介质为数据链路层提供物理连接，该层定义了与物理链路的建立、维护和拆除有关的机械、电气、功能和规程特性，包括信号线的功能、0 和 1 信号的电平表示、数据传输速率、物理连接器规格及其相关的属性等。

综上所述，物理层、数据链路层和网络层是网络支持层；会话层、表示层和应用层是用户支持层；传输层链接网络支持层与用户支持层。

物理层协调在物理传输介质上传送比特流所需的各种功能；数据链路层负责将数据单元无差错地从一个站交付到下一个站；网络层负责将包通过多条网络链路进行从源站到目的站的交付；传输层负责将完整的报文从源端到目的端的传递；会话层在相互通信的设备之间建立和维持交互，并保证它们的同步；表示层通过将数据转换为彼此都同意的格式，确保在相互通信的设备之间的互操作性；应用层使用户能够接入到网络。

4. TCP/IP 参考模型

20 世纪 80 年代中期以来，因特网已经飞速发展，并逐渐覆盖了全世界相当大的范围。虽然到 20 世纪 90 年代初，整套的 OSI 国际标准已经制定出来，但因特网并没有完全使用 OSI 标准的协议，而是采用美国国防部提出的 TCP/IP 协议系列。如今，因特网成为世界规模最大、覆盖范围最广的计算机网络，TCP/IP 协议已经在各种类型的计算机网络中得到了普遍采用。TCP/IP 参考模型也成为了“事实上”的国际标准，即现实生活中被广泛使用的网络参考模型。

TCP/IP(Transmission Control Protocol/Internet Protocol，传输控制协议/网际协议)是能够在多个不同网络间实现信息传输的协议族，是一个含有四层的分层体系结构。高层为传输控制协议，它负责聚集信息或把文件拆分成更小的包。低层是网际协议，它处理每个包的地址部分，使这些数据包正确到达目的地。TCP/IP 协议不仅仅指的是 TCP 和 IP 两个协议，而是指一个由 FTP、SMTP、TCP、UDP、IP 等协议构成的协议族，因为在 TCP/IP 中 TCP 和 IP 最具代表性，所以被称为 TCP/IP。

TCP/IP 在一定程度上参考了 OSI 的体系结构。OSI 模型共有七层，从下到上分别是物理层、数据链路层、网络层、传输层、会话层、表示层和应用层。这显然有些复杂，所以在 TCP/IP 协议簇中，它们被简化为了四个层次。图 3.8 给出了 TCP/IP 参考模型与 OSI 参考模型的层次对应关系。TCP/IP 参考模型分为四个层次：应用层、传输层、互联网络层(网际层)和网络接口层。

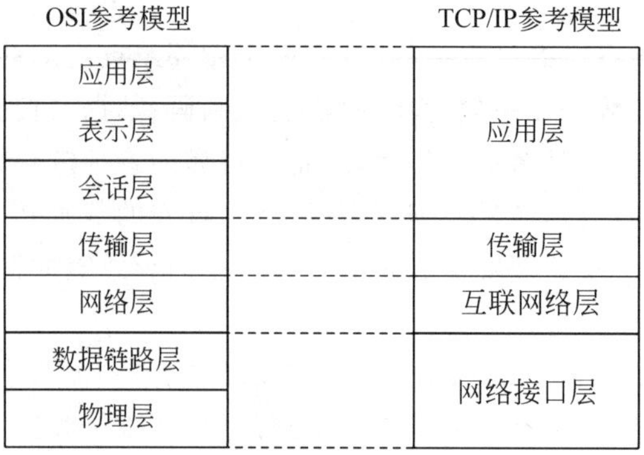

OSI参考模型	TCP/IP参考模型
应用层	应用层
表示层	
会话层	
传输层	传输层
网络层	互联网络层
数据链路层	网络接口层
物理层	

图 3.8　TCP/IP 参考模型与 OSI 参考模型的层次对应关系

（1）应用层

应用层为网络通信提供高级协议用户和应用程序。应用层将数据传递给传输层，传输层协议将数据排序成消息或字节流，以利于在网络上传输。TCP/IP 协议族包括下列应用层协议：远程登录协议（Telnet）、文件传送协议（FTP）、简单邮件传输协议（SMTP）、简单网络管理协议（SNMP）、域名系统（DNS）、超文本传送协议（HTTP）。

（2）传输层

传输层的主要功能是在互联网的源主机与目的主机的对等实体间建立用于会话的端-端连接。传输层有两个重要的协议：传输控制协议（TCP）和用户数据报协议（UDP）。

TCP 是一种面向连接的协议，可为应用层提供可靠、有序的数据传送。UDP 为不需要可靠数据传送服务的应用程序提供面向事务的端到端的高效服务。当应用程序对传送速度的需要高于对传送可靠性的需要，或应用程序本身可提供可靠性支持时，就可以使用 UDP 进行数据传送。UDP 是一种不可靠的无连接协议。

（3）互联网络层

互联网络层相当于 OSI 参考模型网络层。该层的 IP 提供"尽力而为"、无连接的网络分组传输服务。互连网络层的主要功能是处理来自传输层的分组发送请求、处理接收到的数据报；处理互连的路由选择、流量控制与拥塞问题。

（4）网络接口层

网络接口层是参考模型的最低层，负责通过网络发送和接收 IP 数据报。网络接口层协议定义了确定主机如何访问局域网的规则、定义了主机如何连接到网络。网络接口层没有规定使用哪一种协议，它采取开放的策略，允许使用广域网、城域网、局域网的各种协议。任何一种低层传输协议都可以与网络层接口。允许主机连入网络时使用多种现成的与流行的协议，如局域网的 Ethernet、令牌网等。

3.1.6　常见网络设备

计算机网络互连时，需要考虑的问题是在物理上如何把两种网络连接起来，一种网络如何与另一种网络实现互访与通信，如何解决它们之间协议方面的差别，如何处理速率与带宽的差别。为解决这些问题，就需要网络设备之间的连接。常用的网络设备很多，主要有网卡、中继器、集线器、交换机、网桥、路由器和网关等。

1. 网卡

网卡（Network Interface Card，NIC）又称网络适配器，如图 3.9 所示。在局域网中，网卡起着重要的作用。网卡是局域网中连接计算机和传输介质的接口，不仅能实现与局域网传输介质之间的物理连接和电信号匹配，还涉及帧的发送与接收、帧的封装与拆封、介质访问控制、数据的编码与解码以及数据缓存等功能。网卡一般都有自己的驱动程序，还有缓冲存储器，以便存储数据。

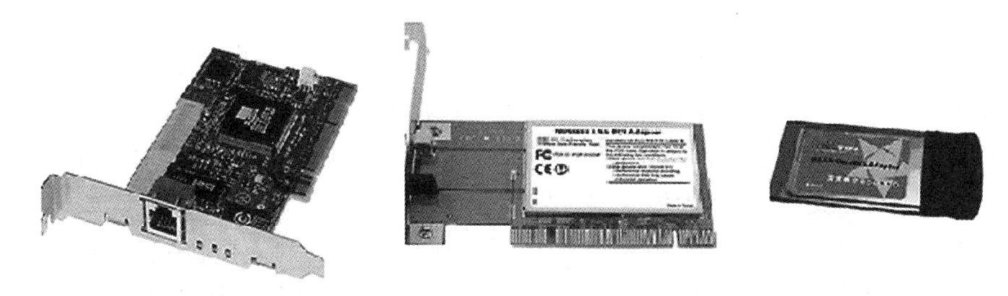

图 3.9　台式机有线网卡、台式机无线网卡、笔记本电脑无线网卡实物

2. 中继器

中继器（Repeater）又称重发器，是一种最简单但也是使用最多的网络互连设备，如图 3.10 所示。中继器仅适用于以太网，可以将两段或两段以上以太网互连起来。中继器工作在 OSI 体系结构的物理层，主要完成物理层的功能，包括负责在两个结点的物理层上按位传递信息，完成信号的复制、调整和放大。

图 3.10　中继器

由于传输线路存在损耗，因此在线路上传输信号时，信号的功率会逐渐衰减，衰减到一定程度时将造成信号失真，导致接收错误。中继器就是为解决这一问题而设计的，它完成物理线路的连接，对衰减的信号进行放大，保持与原数据相同功率以此来延长网络的长度，实现长距离通信。

中继器可用来扩充电缆段的距离，但中继器不具备检错和纠错的功能，因此错误的数据经中继器后仍被复制到另一电缆段。中继器没有隔离和过滤功能，它不能阻挡含有异常的数据包从一个分支传送到另一个分支。中继器只能用来连接具有相同物理层协议的网段。

3. 集线器

集线器（Hub）又称集中器，如图 3.11 所示。集线器是一种以星型拓扑结构将通信线路集中在一起的设备，相当于总线，工作在物理层，是局域网中应用最广的连接设备。集线器大多数的时候用在星型与树形网络拓扑结构中，通过 RJ-45 接口与各主机相连。集线器实际上就是中继器的一种，只不过集线器能够提供更多的端口服务，所以集线器又称为多端口的中继器。

集线器属于数据通信系统中的基础设备，它与双绞线等传输介质一样，是一种不需要软件支持或只需很少管理软件进行管理的硬件设备。

4. 交换机

交换机(Switch)是一种专门为计算机之间能够相互高速通信且独享带宽而设计的网络设备。交换机主要解决建立数据链路、差错控制、流量控制以及纠错问题。

交换机可以被看成是一种智能化的集线器，将数据帧从一个网段转发到另一个网段。交换机不是共享带宽，而是实现了多结点之间的数据并发传输，交换机在同一时刻可进行多个端口之间的数据传输。每一个端口都可视为独立的网段，连接在其上的网络设备独自享有全部的带宽，无需同其他设备竞争使用。

交换机分为两种：广域网交换机和局域网交换机。广域网交换机主要应用于电信领域，提供通信用的基础平台。而局域网交换机则应用于局域网络，用于连接终端设备，如 PC 及网络打印机等。从传输介质和传输速率上可分为以太网交换机、每秒千兆位以太网交换机等。最常见的交换机是以太网交换机，如图 3.12 所示。

图 3.11　集线器

图 3.12　以太网交换机

5. 网桥

网桥(Bridge)是一种工作在数据链路层的互连设备，常用于连接两个或多个局域网，网桥是连接局域网之间的桥梁，网桥的作用是扩展网络和通信手段，在各种传输介质中转发数据信号，扩展网络的距离，同时又有选择地将有地址的信号从一种传输介质发送到另一种传输介质，并能有效地限制两个介质系统中无关紧要的通信。

网桥还可以把一个大网分成多个小的网段以降低数据的“交通瓶颈”，这样可以平衡各网段的负载，减少网络通信问题；采用网桥还可以分隔两个网络之间的通信量，减少每个网络的信息量，提高网络性能，增强网络的安全性。

网桥可分为本地网桥和远程网桥。本地网桥是指在传输介质允许长度范围内连接网络的网桥；远程网桥是指连接的距离超过网络的常规范围时使用的远程桥，通过远程桥连接的局域网将成为城域网或广域网。网桥可以是专门硬件设备，也可以由计算机加装的网桥软件来实现，这时计算机上会安装多个网络适配器(网卡)。

6. 路由器

路由器(Router)是一种工作在网络层的互连设备,如图3.13所示。路由器是用于连接多个逻辑上分开的网络,为用户提供最佳的通信路径。

两台计算机终端之间,可能存在着多条不同的数据传输路径,路由器负责选择一个合适的路径进行数据的发送。路由器利用路由表为数据传输选择路径,路由表包含网络地址以及各地址之间的距离的清单,路由器利用路由表查找数据包从当前位置到目的地址的正确路径。路由器使用最少时间算法或最优路径算法来调整信息传递的路径,如果某一网络路径发生故障或堵塞,路由器可选择另一条路径,以保证信息的正常传输。路由器可进行数据格式的转换,成为不同协议之间网络互连的必要设备。网络层互连主要是解决路由选择、拥塞控制、差错处理与分段技术等问题;如果网络层协议相同,则互连主要是解决路由选择问题;如果网络层协议不同,则需使用多协议路由器。

图3.13　路由器

7. 网关

网关(Gatway)又称网间连接器、协议转换器,网关工作在OSI参考模型的传输层及以上的层中,是多个网络间提供数据转换服务的计算机系统或设备。在日常生活中,从一个房间走到另一个房间,必然要经过一扇门。同样,从一个网络向另一个网络发送信息,也必须经过一道门,网关就类似这道门。网关可以用于广域网互连,也可以用于局域网互连。在一个计算机网络中,当连接不同类型而协议差别又较大的网络时要选用网关。它将协议进行转换,将数据重新分组,以便在两个不同类型的网络系统之间进行通信。

在使用不同的通信协议、数据格式或语言,甚至体系结构完全不同的两种系统时,网关就是一个翻译器,网关对收到的信息要重新打包,以适应目的系统的需求,同时起到过滤和安全的作用。

在一个大型网络中,为了减少不必要的干扰,可把整个网络划分为许多子网,即网段。不同网段之间信息传输的“房门”就是网关。子网中的任何一台计算机都必须通过自己的网关与其他子网的网关之间转发之后才能与不同网段中的计算机通信。网关也阻止了与自己子网无关的信息进入子网,即网关是局域网内部计算机跟外部网络通信的桥梁。所有网络通信的信息都要经过网关才能流入和流出局域网系统。

3.2 因 特 网

3.2.1 因特网概述

因特网(Internet)是建立在TCP/IP协议族基础上的全球性的互联网络。它是一个将全球成千上万的计算机网络连接起来而形成的全球性的计算机网络系统。它使得各网络之间可以交换信息或共享资源。因特网以相互交流信息资源为目的,基于一些共同的协议,并通过许多路由器和公共互联网而成,它是一个信息资源和资源共享的集合。

1. 因特网的起源和发展

1969年,因特网源于美国,美国国防部高级研究计划署(Advance Research Project Agency,ARPA)开始建立一个名为ARPAnet的网络,当时只有4个结点,人们普遍认为这就是因特网的雏形。随后接入网络的结点迅速增加,1972年该网络的结点已经覆盖了全美国,它成为用来连接承接国防部军事项目的研究机构与大专院校的工具。

1983年,ARPAnet分成军用和民用两个独立的部分,一部分仍称为ARPAnet,用于进一步的科学研究工作;另一部分主要用于军用领域,即MILnet。

1986年,美国国家科学基金会(National Science Foundation,NSF)利用TCP/IP通信协议,把分布在全美的5个科研教育服务超级计算中心用通信线路连接起来,组成全国性规模的计算机NSFnet广域网,很多大学和研究机构纷纷把自己的局域网加入NSFnet中,主要用于科研和教育领域,使得普通科技人员也能利用该网络。如今,NSFnet已成为因特网的重要骨干网之一。

1989年,由CERN开发的万维网(World Wide Web,WWW)诞生了,为因特网实现广域网的超媒体信息的截取和检索奠定了基础。从此,因特网应用更加方便,并推动了因特网的迅速发展。

20世纪90年代,由于因特网在美国的巨大成功,许多国家纷纷以TCP/IP协议族连接到该网络上,逐渐发展形成目前规模宏大的因特网,从而使因特网成为全球性的网络。随着网络覆盖地区的增加,人们开始把这个相互连接的网络集合称为互联网。

随着商业网络和大量商业公司进入因特网,网上商业应用取得高速发展,同时也使因特网能够为用户提供更多的服务,使因特网迅速普及和发展起来。因特网已经发展成为一个名副其实的"全球网"。任何人只要进入了因特网,就可以利用网络和各计算机上的丰富资源。

因特网的兴起,标志着社会进入信息时代,信息技术成为一个新的热点。目前因特网正在向世界各地延伸,不断增添新成员,成为覆盖全球的计算机超级网络。计算机网络使用户能够摆脱计算机系统场地的限制,在网络范围内访问远程的计算机,在世界范围内共享计算机的资源。因特网所具备的这种特征与能力,使它赢得了全球几乎所有的计算机用户,并得到飞速的发展。

2. 因特网在中国的发展

1987 年 9 月 14 日，发出了中国第一封电子邮件："越过长城，走向世界"(Across the Great Wall we can reach every corner in the world)，揭开了中国人使用互联网的序幕。

1988 年，中国科学院高能物理研究所采用 X.25 协议使该单位的 DECnet 成为西欧中心 DECnet 的延伸，实现了计算机国际远程联网以及与欧洲和北美地区的电子邮件通信。

1989 年 11 月，中关村地区教育与科研示范网络(简称 NCFC)正式启动，由中国科学院主持，联合北京大学、清华大学共同实施。

1992 年 12 月底，清华大学校园网(TUNET)建成并投入使用，是中国第一个采用 TCP/IP 体系结构的校园网。主干网首次成功采用 FDDI 技术，在网络规模、技术水平以及网络应用等方面处于国内领先水平。

1992 年底，NCFC 工程的院校网，即中科院院网(CASNET，连接了中关村地区三十多个研究所及三里河中科院院部)、清华大学校园网(TUNET)和北京大学校园网(PUNET)全部完成建设。

1994 年 4 月 20 日，NCFC 工程通过美国 Sprint 公司接入因特网的 64kbps 国际专线，实现了与因特网的全功能连接。从此，中国被国际上正式承认为真正拥有全功能因特网的第 77 个国家。1994 年 5 月 21 日，在钱天白教授和德国卡尔斯鲁厄大学的协助下，中国科学院计算机网络信息中心完成了中国国家顶级域名(CN)服务器的设置，改变了中国的 CN 顶级域名服务器一直放在国外的历史。

为了发展国际科研合作的需要，我国先后成立 4 大骨干网：中国互联网(ChinaNET)、中国科学技术网(CSTNET)、中国教育科研网(CERNET)以及中国金桥信息网(GBNET)。它们之间既内部互联又各自具有独立的国际出口，分别与美国、欧洲和中国香港等地的因特网直接相联。后来，我国又开通了中国联通互联网(UNINET)、中国网通公用互联网(CNCNET)、中国移动互联网(CMNET)、中国国际经济贸易互联网(CIETNET)、中国铁通互联网(CRNET)和中国长城网(CGWNET)等。

1998 年，CERNET 研究者在中国首次搭建 IPv6 试验床。

2000 年，李彦宏在中关村创建了百度公司，同年，中国三大门户网站搜狐、新浪、网易在美国纳斯达克挂牌上市。

2001 年，下一代互联网地区试验网在北京建成验收。

2002 年，第二季度，搜狐公司率先宣布盈利，宣布互联网的春天已经来临。

2003 年，下一代互联网示范工程 CNGI 项目开始实施。

2007 年，电商服务业确定为国家重要新兴产业。

2008 年，中国网民数量首次超过美国。

2009 年，SNS 社交网站活跃，人人网(校内网)、开心网、QQ 等是 SNS 平台的代表。

2011 年，微博迅猛发展，对社会生活的渗透日益深入，政务微博、企业微博等出现井喷式发展。

2012 年，手机网民规模首次超过台式机微信朋友圈上线。

2016 年，互联网直播、网红等热词"风靡全国"。

2018 年 12 月 10 日，工业和信息化部向中国电信、中国移动、中国联通发放了 5G 系统中低频段试验频率使用许可。

2020 年年初，新冠肺炎疫情暴发，国内进入隔离阶段。一方面是线下门店停业，另一方面却是线上平台的爆发。线上办公、线上购物、线上学习、线上就诊等“云作业”成为企业们角逐头部生态战略的重要战场；云办公成为 2020 年工作者们的首选办公方式，这也使得国内阿里钉钉、腾讯会议及国外 ZOOM 等线上办公软件和线上学习软件迎来了喷井式发展。

因特网在我国的发展非常迅速，全国已建起具有相当规模和技术水平的国家公用数据通信骨干网络，还有许多诸如金融、海关、外贸、旅游、气象、交通和科技等专用网络。这些网络先后为社会提供了各种信息服务，积极地开展各具特色的业务。网络已成为人们工作、生活和学习中不可缺少的一部分。

3. 因特网接入服务

因特网接入服务是指利用接入服务器和相应的软硬件资源建立业务结点，并利用公用电信基础设施将业务结点与因特网骨干网相连接，为各类用户提供接入因特网的服务。普通用户的计算机实际是通过本地的因特网服务提供商(Internet Service Provider，ISP)连接到因特网中的。ISP 是为用户提供因特网接入服务和提供各种类型的信息服务的公司和机构。不同的 ISP 提供的接入服务质量不同，资费标准也不同，不同的 ISP 连接到因特网时的拨通率和连接速度也会有所不同。用户可以选定一个合适的 ISP，并从 ISP 那里申请一个网络账号。如果 ISP 接受用户的请求，会为用户提供上网的账号、密码等基本信息。

常见的因特网接入方式主要有拨号接入方式、专线接入方式、无线接入方式和局域网接入方式等。

3.2.2 网络编址

1. IP 地址

TCP/IP 协议规定，连接在 Internet 上的每台计算机必须有一个唯一的地址，即 IP 地址。这样通信双方的计算机之间才能实现通信。IP 地址是 IP 协议提供的一种统一的地址格式，它为互联网上的每一台主机或网络设备分配一个逻辑地址，以此来屏蔽物理地址的差异。

根据用途和安全性级别的不同，IP 地址大致分为两类：公有 IP 地址和私有 IP 地址。公有 IP 地址在 Internet 中使用，可以在 Internet 中随意访问。私有 IP 地址只能在内部网络中使用，只有通过地址转换设备才能与 Internet 通信。

在 Internet 里，目前采用的是 IPv4 版本，其 IP 地址是一个 32 位的二进制地址，为了便于记忆，一般将每个 IP 地址分成四段，每段为 8 位二进制数，用一个 0～255 的十进制数来表示，各段之间用圆点来分隔，如 211.71.149.53 就是一个 IP 地址。

IP 地址可确认网络中的任何网络和计算机。由于互联网是由许多小型网络构成的，每个网络上有许多主机，这样便构成了一个有层次的结构。IP 地址在设计时就考虑到地址分配的层次特点，将每个 IP 地址都分割成网络号和主机号两部分，以便于 IP 地址的寻址操作。IP 地址按照层次结构划分为 A、B、C、D、E 类共 5 类，其中常用的是 B 类和 C 类，如图 3.14 所示。

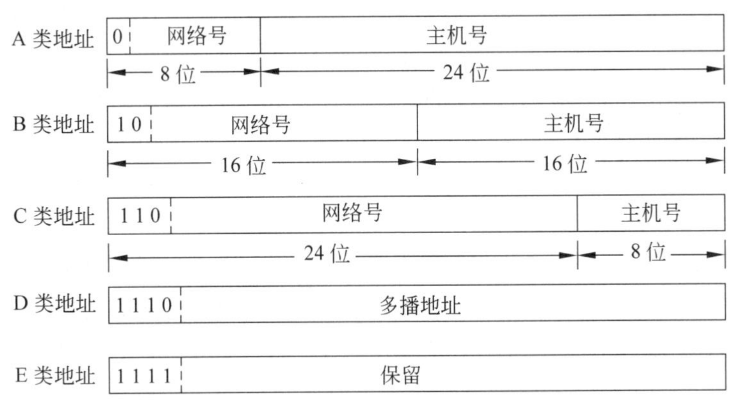

图 3.14　IP 地址分类

(1) A 类 IP 地址

一个 A 类 IP 地址由 1 字节的网络地址和 3 字节的主机地址组成，网络地址的最高位必须是 0。A 类地址的范围为 1.0.0.0～127.255.255.255。由于网络地址的长度是 7 位，可以有 $2^7=128$ 个网络。网络号为全 0 和全 1 的两个地址保留用于特殊目的，因此实际允许有 126 个不同的 A 类网络。A 类地址适用于有大量主机而局域网络个数较少的大型网络。

A 类网络中主机号长度为 24 位，因此主机地址数量理论上多达 2^{24} 个，可以连接的最大主机数为 16777216 个。TCP/IP 协议规定，32 位 IP 地址中均为 0 的地址表示本地网络的地址，32 位 IP 地址中均为 1 的地址被解释为广播地址，因此实际允许连接 16777214 个主机。

(2) B 类 IP 地址

一个 B 类 IP 地址由 2 字节的网络地址和 2 字节的主机地址组成，网络地址的最高位必须是 10。B 类 IP 地址的范围：128.0.0.0～191.255.255.255。由于网络地址长度为 14 位，允许有 $2^{14}=16384$ 个不同的 B 类网络，实际允许连接 16382 个网络。主机号长度为 16 位，每个 B 类网络的主机地址理论数为 $2^{16}=65536$，实际允许连接 65534 个主机或路由器($2^{16}-2=65534$，因为主机号的各位不能同时为 0 和不能同时为 1)。B 类网络地址适用于中等规模的网络。

(3) C 类 IP 地址

一个 C 类地址是由 3 字节的网络地址和 1 字节的主机地址组成，网络地址的最高位必须是 110。C 类 IP 地址的范围：192.0.0.0～223.255.255.255。C 类 IP 地址中网络的标识长度为 24 位，主机号的长度为 8 位，每个 C 类地址可连接 254(2^8-2，这是因为主机号的各位不能同时为0和不能同时为1)台主机,Internet有2097150($2^{21}-2$)个C类地址段。C类网络地址数量较多,适用于小规模的局域网络,如公司、企业、高校和研究机构等。

(4) D类IP地址

TCP/IP协议规定,凡IP地址中的第一个字节以“1110”开始的地址都称为多播地址。它是一个专门保留的地址,它并不指向特定的网络。目前这一类地址被用在多点广播中。多播地址用来一次寻址一组计算机,它标识共享同一协议的一组计算机。D类的IP地址不用于标识网络,D类IP地址的范围:224.0.0.0～239.255.255.255。

(5) E类IP地址

IP地址中的第一个字节以“11110”开始,为备用的IP地址。保留用于将来和实验使用。

IPv6版本的是128位的地址。现有的互联网是在IPv4协议的基础上运行的。IPv6版本是下一代互联网的协议。随着互联网的迅速发展,IPv4定义的有限地址空间将被耗尽,为了扩大地址空间,IPv6采用128位地址长度,几乎可以不受限制地提供地址。

2. 媒体访问控制地址

在局域网中,任意两台计算机之间实现通信,必须要求局域网中的每台计算机都要有一个唯一的地址。IEEE802标准为局域网的每一台设备规定了一个48位的全局地址,即媒体访问控制地址(Media Access Control,MAC)。MAC地址用于在网络中唯一标示一个网卡,一台设备若有一或多个网卡,则每个网卡都需要有一个唯一的MAC地址。MAC地址也称为物理地址,它是用来确认网络设备的位置。MAC地址就如同我们的身份证号码,具有全球唯一性。MAC地址集成在网卡中,由48位的二进制数字组成,通常表示为12个十六进制数,每2个十六进制数之间用冒号隔开,例如08:01:00:2A:10:C3。

网卡中的物理地址是由网卡生产厂家写入网卡的芯片中的,它存储的是传输数据时真正赖以标识发出数据的计算机和接收数据的主机的地址。在MAC地址的12位十六进制数中,前6位表示网络硬件制造商的编号,后6位是制造商分配给网卡的唯一号码。

想要获取本机的网卡物理地址,可以使用Windows自带的ipconfig /all命令。

3. 域名服务

因特网上每一台主机都有一个用32位二进制数表示的IP地址,这是真正的唯一地址,能够唯一地标识网络上的计算机,但IP地址是一长串数字,不直观,而且不方便用户记忆。为此,TCP/IP设计了一种字符串型的计算机命名机制,即域名系统(Domain Name System,DNS),这个系统使用人们熟悉的符号和字符去标识一台计算机,即域名(Domain Name)。IP地址和域名是一一对应的,这份域名地址的信息存放在域名服务器DNS的主机内。

域名系统是在层次型命名机制的原理上建立的一种网络名字标识系统,其核心是域名。使用者只需了解易记的域名地址,其对应转换工作就留给了域名服务器。域名服务器就是提供IP地址和域名之间的转换服务的服务器,使人们更方便地访问互联网,而不用去记住能够被机器直接读取的 IP 地址数字串。

(1) 域名空间

因特网中的域名空间(也称名字空间)被设计成树状层次结构的命名方法,如图 3-15 所示。其中的每个结点都有一个域名,每台主机的名字就是从这个树形结构的树叶到树根路径上的所有结点的名字序列。它由以圆点"."隔开的若干级子域名组成,从左至右,域表示的范围逐步扩大,分别是顶级域名、二级域名、三级域名等。Internet 主机域名的一般格式是:

主机名.单位名.类型名.国家或地区名

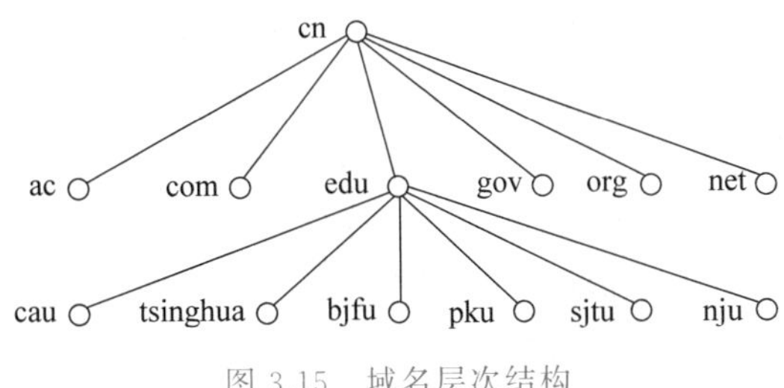

图 3.15　域名层次结构

例如,bjfu.edu.cn,这里的 bjfu 代表北京林业大学(Beijing Forestry University),它在教育机构 edu 下,同时 edu 又在 cn 下,这就表示北京林业大学是中国的一个教育机构。

域名只是个逻辑概念,并不代表计算机所在的物理地点。域是根据网络中主机的组织性质或者地理位置关系进行划分的。为了保证域名系统的通用性,因特网定义了一些最高级别的域,称为顶级域名。顶级域名分为国家或地区顶级域名和通用顶级域名。国家或地区顶级域名如.cn 表示中国,de 表示德国,uk 表示英国,jp 表示日本等。通用顶级域名如 com 表示商业组织,net 表示网络服务机构,org 表示非营利性组织,edu 表示教育机构,gov 表示政府部门,mil 表示军事部门,int 表示国际组织等,如表 3.1 所示。

表 3.1　顶级域名及其含义

域　名	域名类型	域　名	域名类型
com	商业组织	hk	中国香港
edu	教育机构	cn	中国
gov	政府部门	de	德国
int	国际组织	fr	法国
mil	军事部门	jp	日本
net	网络服务机构	uk	英国
org	各种非营利性组织	de	德国
au	澳大利亚	ru	俄罗斯
ca	加拿大	tw	中国台湾

（2）域名服务器

所谓域名服务器，指的是在计算机中运行了一种称为 DNS 的程序，在该服务器中保存了一张域名和与之相对应的 IP 地址的表，以解析消息的域名。因特网上的 DNS 域名服务器是按照层次安排的，每一个域名服务器只对域名体系中的一部分进行管辖。

（3）域名解析

域名是一种层次结构的地址形式，但在网络传输中，数据包中地址的标识采用的是 IP 地址，因此就存在从域名地址到 IP 地址的映射问题，也就是域名解析。域名解析包括正向解析（从域名到 IP 地址）和逆向解析（从 IP 地址到域名）。

本地域名服务器向根域名服务器的查询通常是采用迭代查询。当根域名服务器收到本地域名服务器发出的迭代请求报文时，于是就告诉本地域名服务器下一步应该向哪一个域名服务器进行查询。然后，本地域名服务器进行后续的查询。

根域名服务器通常是把自己知道的顶级域名服务器的 IP 地址告诉本地域名服务器，让本地域名服务器再向顶级域名服务器进行查询。顶级域名服务器在收到本地域名服务器的查询请求后，一般是告诉本地域名服务器下一步应当向哪一个权限域名服务器进行查询。本地域名服务器就这样进行迭代查询。最后，知道了所要解析的域名的 IP 地址，然后把这个结果返回给发起查询的主机，域名解析过程如图 3.16 所示。

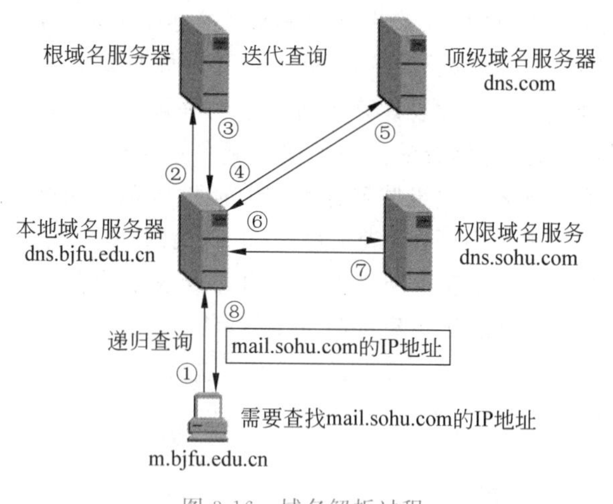

图 3.16　域名解析过程

3.3　因特网服务

Internet 的价值在于其所蕴涵的海量的信息资源和方便快捷的通信方式。Internet 向用户提供了各种各样的服务，这些服务都是基于向用户提供不同的信息而实现的。Internet 向用户提供的这些服务也被称为“互联网的信息服务”或“互联网的资源”。这些服务常见的有万维网（WWW）、文件传输（FTP）、电子邮件（E-mail）、搜索引擎、即时通信、远程登录等，遍布于世界各国的因特网提供商可以向用户提供的服务多种多样。

3.3.1 万维网

万维网(World Wide Web,WWW)也可以简称为Web,兴起于20世纪90年代,是一个集文本、图像、声音、影像等多种媒体的最大信息发布服务,是目前用户获取信息的最基本手段。万维网用链接的方法,能非常方便地从因特网上的一个站点访问另一个站点,从而主动地获取网络上丰富的信息。万维网采用客户端/服务器端模式,万维网由Web服务器、Web浏览器、超文本置标语言、超文本传输协议和Web网页等组成。

1. 万维网的基本组成

(1) Web服务器

Web服务器也称为WWW服务器,主要功能是提供网上信息浏览服务。当Web浏览器(客户端)连到服务器上并请求文件时,服务器将处理该请求并将文件发送到该浏览器上,附带的信息会告诉浏览器如何查看该文件(即文件类型)。服务器使用超文本传输协议进行信息交流。Web服务器不仅能够存储信息,还能在用户通过Web浏览器提供的信息的基础上运行脚本和程序。最常用的Web服务器是Apache和Microsoft的因特网信息服务器(Internet Information Server,IIS)等。

(2) Web浏览器

Web客户端可以通过各种浏览器来实现,常用的Web浏览器有Microsoft Internet Explorer和Netscape Navigator等。浏览器的主要任务是承接用户计算机的Web请求,并将这些请求发送给相应的Web服务器,当接收到服务器返回的Web信息时,负责将这些信息显示给用户。

(3) 超文本置标语言

超文本置标语言(Hyper Text Markup Language,HTML)是万维网的描述语言。HTML是一种置标语言,用以标记信息的表示方式,它告诉浏览器如何显示信息、如何进行链接等。HTML命令不仅可以说明文字、图形、图像、声音、动画等多媒体信息,还可以说明指向其他对象的超链接。超链接不仅可以按照线性方式搜索,还可以按照交叉方式访问。当用户浏览网页时,只需单击网页中的超链接就可以轻松地从一个网页跳转到另一个网页。

用HTML编写的超文本文件称为HTML文件,能独立于各种操作系统平台。HTML文档也称为网页,包含HTML标签和纯文本。Web浏览器的作用是读取HTML文档,并以网页的形式显示出它们。浏览器不会显示HTML标签,而是使用标签来解释页面的内容。

(4) 超文本传输协议

超文本传输协议(Hyper Text Transfer Protocol,HTTP)是客户端浏览器或其他程序与Web服务器之间的应用层通信协议。HTTP是因特网上应用最为广泛的一种网络协议,所有的万维网文件都必须遵守这个协议。在因特网的Web服务器中存放的都是超文本信息,客户端需要通过HTTP传输所要访问的超文本信息。HTTP包含命令和传输信息，不仅可以用于 Web 访问，也可以用于其他因特网/内联网应用系统之间的通信，从而实现对各类应用资源的访问。

HTTP 定义了 Web 服务器和浏览器之间信息交换的格式规范。运行在不同操作系统上的浏览器程序和 Web 服务器程序通过 HTTP 实现彼此之间的信息交流和理解。

(5) Web 网页

Web 网页是采用 HTML 格式形成的文件。每一个 Web 页面可以由多个对象构成，一个对象是可以由单个 URL 指定的文件，如 HTML 文件、JPG 图像、GIF 图像、Java 程序、语音片段等。大多数 Web 页面由一个基本的 HTML 文件和若干个所引用的对象构成。

HTML 文档又分静态和动态文档。静态 HTML 文档由标准的 HTML 语言构成，并不需要通过服务器或浏览器即时运算或处理生成。也就是说，当用户对一个静态 HTML 文档发出访问请求后，服务器只是简单地将该文档传输到客户端。而动态 HTML 文档是在用户请求 Web 服务的同时由两种方式即时产生的，一种方式是 Web 服务器解读来自用户的 Web 服务请求，并通过运行相应的处理程序，之后生成相应的 HTML 响应文档，并返回用户；另一种方式是服务器将生成动态 HTML 网页的任务留给浏览器，在响应用户的 HTML 文档中嵌入相应的程序，由浏览器解释并运行这部分程序以生成相应的动态页面。

2. 万维网的工作模式

万维网采用客户端/服务器端的工作模式，工作流程具体如下：

① 用户使用浏览器或其他程序建立客户端与服务器连接。

② 客户端向服务器提出请求。

③ 服务器接收请求，并根据请求返回相应的文件作为应答。

④ 客户端关闭与服务器的连接。

图 3.17 描述了万维网的基本组成和工作过程。实现 Web 服务的组成部分主要包括提供 Web 信息服务的 Web 服务器、从 Web 服务器获取各种 Web 信息的浏览器、服务器和浏览器之间交换数据的信息规范的 HTTP，以及 Web 服务器所提供的网页文件。

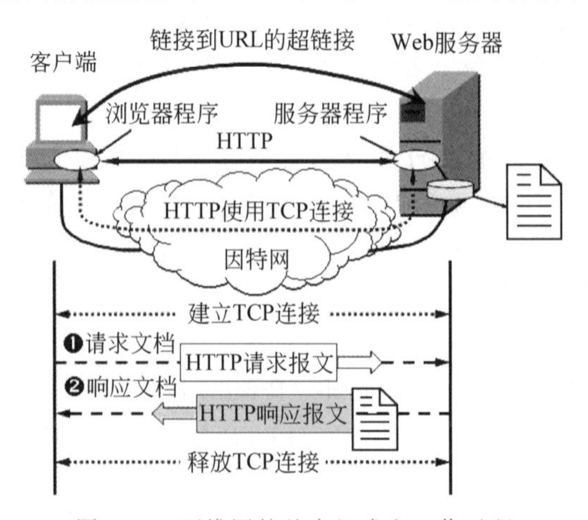

图 3.17　万维网的基本组成和工作过程

3. 统一资源定位器 URL

由于在 Internet 上存在众多 Web 服务器，在每台服务器上又有众多网页，因此需要对网页进行定位。URL(Uniform Resource Locator)是一种通用的网页定位方法。URL 完整地描述了 Internet 上超媒体文档的地址。当用户需要访问某个网页时，只需在浏览器地址栏中输入该网页的 URL 即可。

URL 的一般语法格式为：

协议://主机名(:端口号)/文件路径和文件名

URL 由三部分的内容构成，第一部分是访问信息所采用的协议，如 HTTP 表示使用超文本传输协议访问 HTML 文件；第二部分是 Web 服务器的域名(或主机名)；第三部分是所访问服务器的端口号、文件路径和文件名。各种传输协议都有默认的端口号，如果输入时省略，则使用默认端口号。有时候出于安全或其他考虑，可以在服务器上对端口进行重定义，此时 URL 中就不能省略端口号这一项。

例如 http://www.bjfu.edu.cn/index.html，通过这个 URL 可以使用 HTTP 访问北京林业大学的 Web 服务器上的 index.html 文档。这里的 http 表示所采用的协议是 HTTP。www.bjfu.edu.cn 表示所要访问的 Web 服务器的域名；index.html 表示所要访问的网页文件名。

再如 http://202.204.128.70：80/test/index.htm，表示的是使用 HTTP 访问 IP 地址为 202.204.128.70 的 Web 服务器上端口号为 80 下的 test 文件夹中的 index.htm 文件。

3.3.2 文件传输服务

文件传送协议(File Transfer Protocol，FTP)是因特网上使用得最广泛的文件传送协议，也是 Internet 上最早提供的服务之一。FTP 服务器是专门提供文件传输服务的计算机，该服务器的磁盘上装有大量的共享软件或文件供用户使用。只要 FTP 服务器允许，用户就可以通过 FTP 协议将服务器上的文件复制到本地计算机中，这个过程称为下载(Download)。用户也可以将本地文件复制到 FTP 服务器上，这个过程称为上传(Upload)。FTP 提供交互式的访问，允许用户指明文件的类型与格式，并允许文件具有存取权限。FTP 屏蔽了各计算机系统的细节，因而适合于在异构网络的任意计算机之间传送文件。

1. 登录 FTP

登录 FTP 服务器必须要取得登录的授权许可，即用户必须提供有效账号和口令后才能获得相应的使用权限。为了方便用户使用，在许多 FTP 服务器上提供匿名(anonymous)服务，即用户不需要任何密码便可成功登录并使用 FTP 服务，可以使用浏览器和专门的工具来上传和下载文件。

(1) 直接使用FTP下载和上传文件

双击计算机桌面上的“此电脑”图标，打开磁盘对话框，在路径栏中输入“ftp://FTP服务器IP地址”，例如“ftp://211.71.149.53”，然后回车即可进入验证界面，如图3.18所示。也可以在浏览器的地址栏中直接输入FTP服务器的地址，然后以匿名的方式登录或者使用已有的用户名和密码登录。

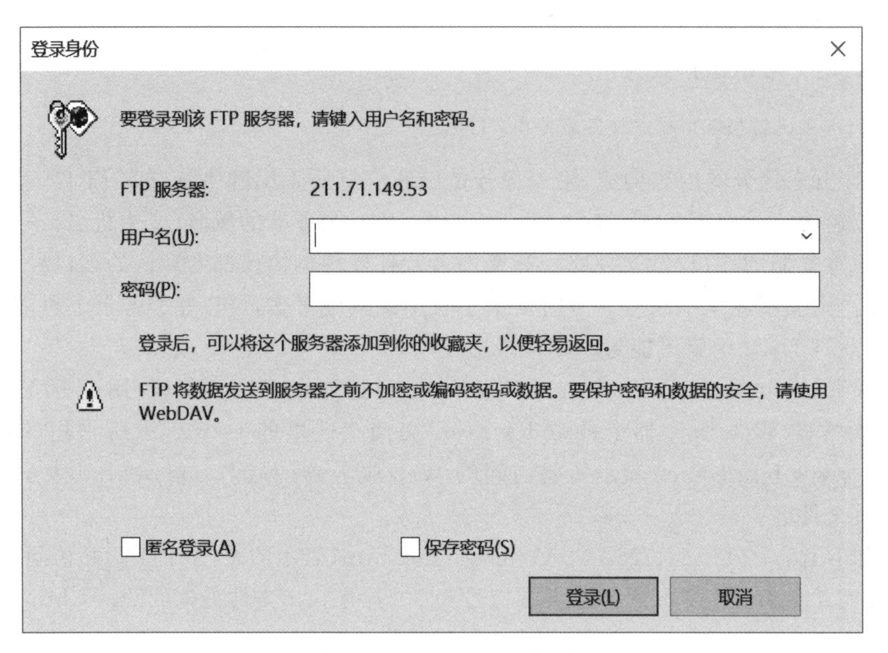

图3.18 登录FTP服务器

(2) 利用FTP工具下载和上传文件

直接使用FTP协议上传与下载文件时没有断点续传功能。专用的FTP工具软件不但具有下载和上传功能，而且还具有断点续传功能。图3.19所示的是FTP工具FileZilla软件的工作界面。其左边窗口模拟本地资源管理器，右边窗口模拟服务器端的资源管理器。要想从服务器端下载文件，只需要从右边服务器端窗口中选择所要下载的文件或文件夹，拖到左边本地某个文件夹下即可实现；要想上传文件，首先从左边本地窗口中找到想要上传的文件，然后把它拖到右边服务器窗口的某个文件夹中即可实现。

2. FTP的工作模式

FTP服务采用的是客户端/服务器端模式，如图3.20所示。FTP客户端由三部分组成：用户接口、控制进程和数据传送进程；FTP服务器端由两部分组成：控制进程和数据传送进程。FTP使用并行的两个TCP连接来完成文件传输，一个是控制连接，用于在FTP客户端与服务器端之间传送控制信息，例如，命令、用户名和口令等；另一个是数据连接，用于在FTP客户端与服务器端之间传送文件。控制连接在服务器端的TCP连接使用端口21，数据连接在服务器端的TCP连接使用端口20。

FTP是一个交互式会话系统，客户端每次调用FTP，便与服务器建立一个会话。一

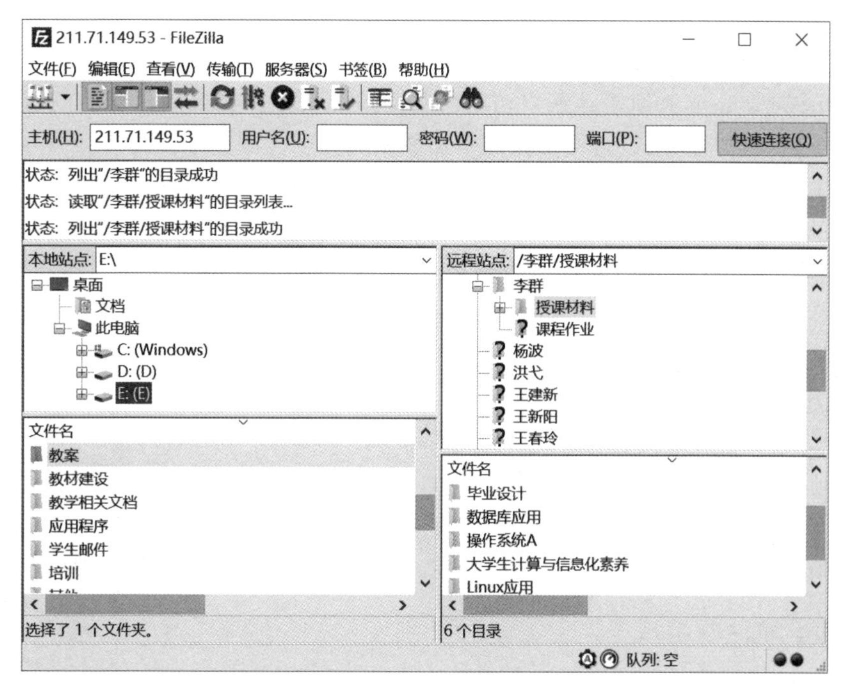

图 3.19 FileZilla 工作界面

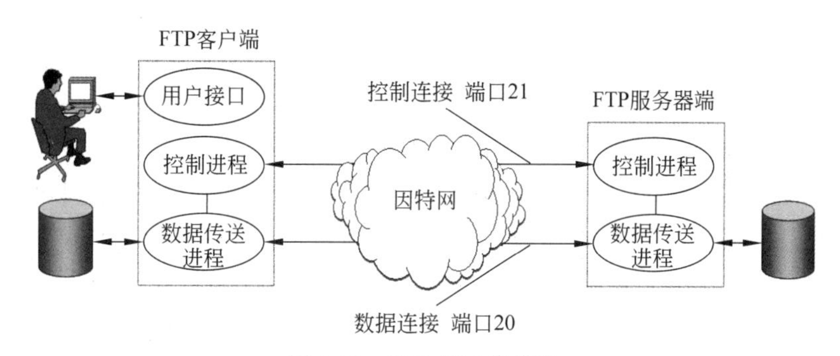

图 3.20 FTP 的工作模型

个 FTP 会话，需要建立一个控制连接和若干个数据连接，控制连接负责传送控制信息，数据连接负责传送文件。会话以控制连接来维持，会话保持期间，连接控制一直存在。数据连接的建立用于每一次文件的传送，当一次文件传送结束后，该数据连接就撤销。因此，FTP 的执行过程至少需要经过 5 个步骤：建立控制连接、建立数据连接、数据传输、释放数据连接、释放控制连接。

3. FTP 的访问机制

FTP 访问可以分为严格的 FTP 访问和匿名 FTP 访问两种方式。严格的 FTP 访问要求客户给出文件所在主机上的一个合法账号，包括登录名和口令，才能访问文件。匿名访问为用户提供了一种方便的访问方式，它是一种非严格的访问控制，但 FTP 服务器通常将匿名访问限制在某一个目录下的公共文件。

匿名 FTP 服务的实质是：提供服务的机构在它的 FTP 服务器上建立一个公开账户（一般为 anonymous），并赋予该账户访问公共文件的权限。如果用户要访问这些提供匿名服务的 FTP 服务器，可以直接访问而不需要密码。

常用的 FTP 客户程序有 3 种类型：传统的 FTP 命令行、Web 浏览器、FTP 下载工具。传统的命令行是最早的 FTP 客户程序，使用时需进入 Windows 的命令提示符窗口；Web 浏览器方式是在 URL 地址栏中输入如"ftp://211.71.149.53"等服务器地址；FTP 下载工具需要下载一些程序并进行安装使用。

3.3.3 电子邮件

电子邮件（Electronic Mail，简称 E-mail）是因特网为用户提供的最基本的服务，也是因特网上最广泛的应用之一。在因特网的早期，ARPAnet 上就提供了电子邮件服务。现在的电子邮件系统已经包含附件、超链接、文本与图片，也能传输语音和视频。

1. 电子邮件的组成

电子邮件由信封和内容两部分组成，电子邮件的传输程序根据邮件信封上的信息来传送邮件，用户在从自己的邮箱中读取邮件时才能见到邮件的内容。在邮件的信封上，最重要的就是收件人的地址。

TCP/IP 体系的电子邮件系统规定电子邮件地址的格式如下：

收件人邮箱名@邮箱所在主机的域名

例如，电子邮件地址 xinxi@sohu.com，其中，xinxi 表示用户名，这个用户名在该域名的范围内是唯一的；符号"@"读作"at"，表示"在"的意思；sohu.com 表示邮箱所在的主机的域名，该域名在全世界必须是唯一的。

2. 电子邮件的申请与使用

(1) 申请电子邮箱

不同的邮件服务器建立邮箱的方法略有不同。下面以 163.com 电子邮箱为例，说明如何申请一个免费邮箱。

首先，输入网址 https://email.163.com/，进入网易邮件登录和申请界面，如图 3.21 所示。

单击"注册新账号"，进入邮箱注册界面，在邮箱注册界面中，输入一个合法的用户名，并确保该用户名在此前没有被申请过，否则需要重新输入用户名，直到不重复为止。此外，在邮箱注册界面中还需要填写一些用户信息。在这些信息中，要输入密码和手机号码主要用于确认用户身份。在信息输入完成后，单击"立即注册"按钮，显示免费邮箱申请成功。

(2) 使用浏览器在线收发邮件

在浏览器地址栏输入 https://email.163.com/后，重新回到电子邮件登录界面，输入用

图 3.21 邮箱登录和注册界面

户名和密码，单击“登录”按钮，进入电子邮箱，如图 3.22 所示，在“收件人”文本栏中输入收件人的 E-mail 地址；如果要同时发给多人，不同电子邮件地址之间用逗号分隔开。在“主题”文本栏中输入电子邮件的主题、摘要或关键字(也可以不输入)。在“正文”区域中输入邮件正文。如果要把其他文件作为该邮件的附件，则可单击“添加附件”按钮，然后选定附件。填好以上各项内容后，单击“发送”按钮，即可把电子邮件发送给收件人。如果要查看已收到的邮件，可以单击“收件箱”，进入邮件列表，单击对应的超链接，即可阅读邮件。

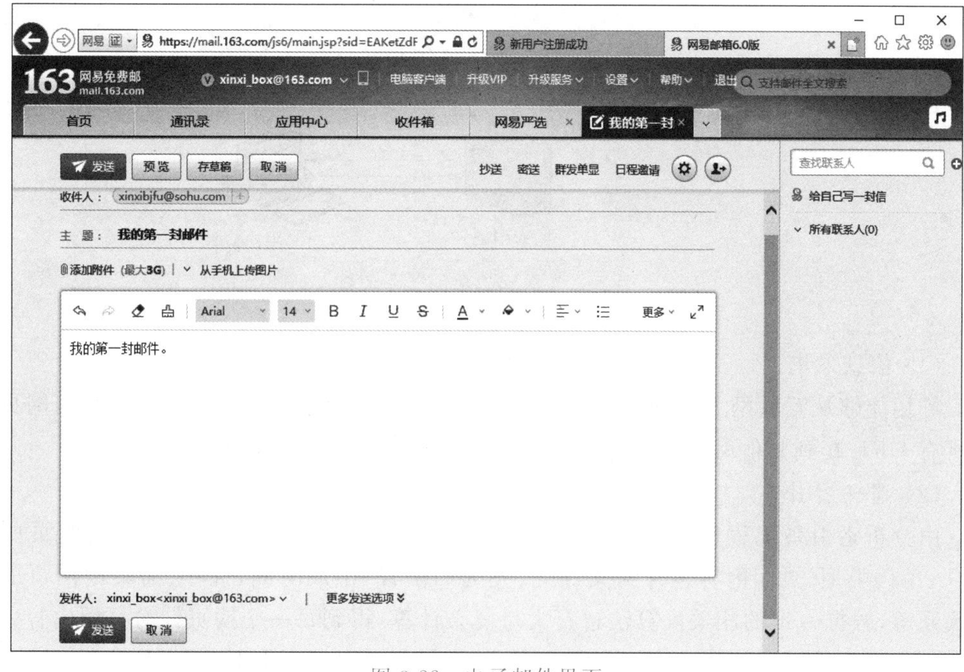

图 3.22 电子邮件界面

3.3.4 信息检索

在因特网中，如果已经知道了某个网页的确切地址，就可以直接在浏览器的地址栏中输入网址并浏览该网页。面对浩如烟海并且仍在不断快速增长的网络信息，快速而有效地获取信息，已经成为信息时代人们生活与工作的必备技能。目前已经发展了各种不同的信息检索技术，其中搜索引擎是目前使用最多、最方便的信息查询技术，也是因特网上专门提供的网络搜索工具。

搜索引擎是指根据一定的策略、运用特定的计算机程序从互联网上采集信息，在对信息进行组织和处理后，为用户提供检索服务，将检索的相关信息展示给用户。

搜索引擎通常是一类专门提供信息检索功能的网站，具有庞大的数据库，里面存放许多信息，包括随时收集的其他网站的链接信息，甚至是其他网站网页的副本。用户可以利用 HTTP 访问这些数据库。当用户需要查找某种信息时，只要打开该网站，在搜索词提示框中输入要搜索的关键词，则搜索引擎会将数据库中所有与该关键词相关的网页按相关度依次排序，并呈现在结果网页中。通过结果页面中的简介和相关超链接，用户就可以找到所需信息，从而起到信息查找的目的。

1. 搜索引擎的工作原理

搜索引擎的整个工作过程大体可以分为 4 步：信息采集、建立索引、信息搜索与排序、用户接口，如图 3.23 所示。

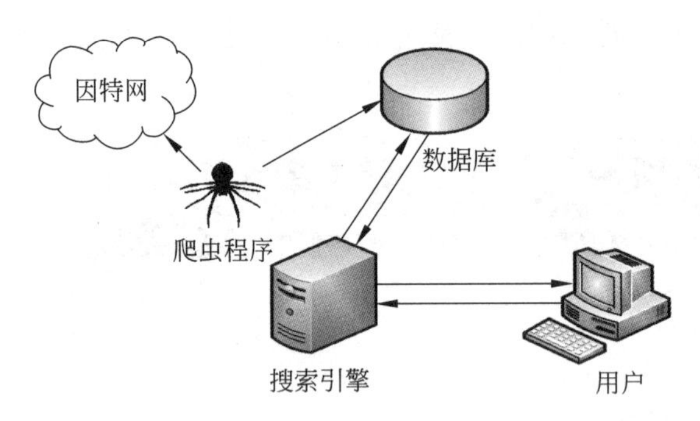

图 3.23 搜索引擎的工作原理

(1) 信息采集

利用能够从互联网上自动收集网页的爬虫程序，自动访问互联网，并沿着任何网页中的所有 URL 爬到其他网页，重复这过程，并把爬过的所有网页收集起来。

(2) 建立索引

由分析索引系统程序对收集的网页进行分析，提取相关网页信息，包括网页所在 URL、编码类型、页面内容包含的关键词、关键词位置、生成时间、大小、与其他网页的链接关系等，根据一定的相关度算法进行大量复杂计算，得到每一个网页针对页面内容中及超链中每一个关键词的相关度，然后用这些相关信息建立网页索引数据库。

(3) 信息搜索与排序

当用户输入关键词搜索时，由搜索系统程序从网页索引数据库中找到符合该关键词的所有相关网页。因为所有相关网页针对该关键词的相关度早已计算好，所以只需按照现成的相关度排序即可，相关度越高，排名越靠前。

(4) 用户接口

所有相关网页针对该关键词的相关信息在索引库中都有记录，只需综合相关信息和网页级别，由页面生成系统将搜索结果的链接地址和页面内容摘要等内容组织起来返回给用户。

2. 搜索引擎的分类

从功能和原理上搜索引擎大致可分为全文搜索引擎、元搜索引擎、垂直搜索引擎和目录搜索引擎等 4 大类。全文搜索引擎是广泛应用的主流搜索引擎，国内有著名的百度等，国外有 Google 等。

(1) 全文搜索引擎

全文搜索引擎是通过把从互联网提取的各个网站的信息存储到自己的数据库中，并在该数据库中，检索与用户查询条件匹配的相关记录，然后按一定的排列顺序将结果返回给用户。例如，百度是国内最大的商业化全文搜索引擎，其功能完善，搜索精度高，在中文搜索支持方面已经超过了 Google，其主页如图 3.24 所示。全文搜索方式方便、简捷，并容易获得所有相关信息。但搜索到的信息庞杂，用户需要逐一浏览并甄别出所需信息。在用户没有明确检索意图情况下，这种搜索方式非常有效。

图 3.24　百度主页

(2) 元搜索引擎

全文搜索引擎适用于广泛、准确地收集信息。不同的全文搜索引擎由于其性能和信息反馈能力差异，导致其各有利弊。元搜索引擎的出现恰恰解决了这个问题，有利于各基本搜索引擎间的优势互补。元搜索引擎是通过一个统一的用户界面帮助用户在多个搜索引擎中选择和利用合适的搜索引擎来实现检索操作，是对分布于网络的多种检索工具的全局控制机制。

(3) 垂直搜索引擎

垂直搜索引擎是针对某一个行业的专业搜索引擎，是根据特定用户的特定搜索请求，对网站库中的某类专门信息进行深度挖掘与整合后，再以某种形式将结果返回给用户。垂直搜索是相对通用搜索引擎的信息量大、查询不准确、深度不够等提出来的搜索引擎服务模式，适用于有明确搜索意图情况下进行检索。例如，用户购买机票、火车票、汽车票时，或想要浏览网络视频资源时，都可以直接选用行业内的专用搜索引擎，以准确、迅速获得相关信息。

（4）目录搜索引擎

目录搜索引擎是网站内部常用的检索方式，是以人工方式或半自动方式搜集信息，由编辑员查看信息之后，人工形成信息摘要，并将信息置于事先确定的分类框架中。目录搜索引擎的信息大多面向网站，提供目录浏览服务和直接检索服务。用户完全可以不用进行关键词查询，按照分类目录即可找到所需要的信息。该类搜索引擎因为加入了人的智能，所以信息准确、导航质量高，缺点是需要人工介入、维护量大、信息量少、信息更新不及时。

3.3.5 即时通信服务

即时通信（Instant Messaging，IM）通常是指互联网上进行实时通信的系统，即时通信是继电话、电子邮件之后，目前在因特网上最为流行的通信方式之一。即时通信系统允许两人或多人使用网络实时传递信息。随着软件技术的不断提升以及相关网络配套设施的完善，即时通信软件的功能也日益丰富，除了具有基本通信功能以外，逐渐集成了电子邮件、博客、音乐、电视、游戏和搜索等多种功能，而这些功能也使得即时通信已经不再是一个单纯的聊天工具，已经成为具有交流、娱乐、商务办公、客户服务等特性的综合化信息平台。

随着移动互联网的发展，互联网也在向移动即时通信化扩张。目前的 IM 软件有 QQ、微信、MSN Messenger 等。即时通信系统允许两人或多人使用网络实时地传递文字消息、文件、语音和视频，甚至一些官方机构也将其作为信息发布和与民众沟通的重要方式。

大多数即时通信软件是基于客户端/服务器端模式工作的，只是遵循的协议不同。微软、AOL、Yahoo、UcSTAR 等重要即时通信提供商都提供通过手机接入互联网即时通信的业务，用户可以通过手机与其他已经安装了相应客户端软件的手机或计算机收发消息。

3.4 移动通信

移动通信是通信双方的一方或两方处于运动中的通信，包括陆、海、空移动通信。移动体可以是人，也可以是汽车、火车、轮船、收音机等在移动状态中的物体。移动通信是无线通信的现代化技术，这种技术是电子计算机与移动互联网发展的重要成果之一。

3.4.1 移动通信技术

随着网络技术的发展，无线网络技术已经成为一种重要的接入方式，移动通信网络是其中一种重要的方式。移动通信特别是蜂窝技术的迅速发展，使用户彻底摆脱终端设备的束缚，实现完整的个人移动通信。目前，移动通信技术已经发展到第五代（5G，5Generation），移动通信技术逐渐演变成社会发展和进步的必不可少的工具。移动通信技术从1G到5G，就是从第一代到第五代，主要区别在于速率、业务类型、传输时延，以及各种移动通信等采用了不同的技术，遵循不同的通信协议。

1. 第一代移动通信技术

第一代移动通信技术（1G），是在20世纪80年代初提出的，它完成于20世纪90年代初，如NMT和AMPS，NMT于1981年投入运营。1G是基于模拟传输的，其特点是业务量小、质量差、安全性差、没有加密和速度低。1G主要基于蜂窝结构组网，直接使用模拟语音调制技术，传输速率约2.4kbps。不同国家采用不同的工作系统。

图3.25　使用模拟通信技术的“大哥大”

1G是模拟通信系统时代。俗称的“大哥大”（如图3.25所示）使用的就是1G，即模拟通信技术。中国于1987年，为了迎接全运会，在广东省建立了中国首个移动通信网络，标志着中国的移动通信正式开始。

2. 第二代移动通信技术

第二代移动通信技术（2G），起源于20世纪90年代初期。目前仍在当前全球范围内普遍采用。2G业务比模拟移动业务提供的容量更多，在相同数量的频谱中，因使用了复用接入技术，可承载更多的语音流量。世界最流行的两种2G空中接口是全球移动通信系统（UGSM）和码分多址系统（CDMA）。

2G是数字网络的开始。从这一代开始数字传输取代了模拟传输。也一定程度上解决了1G的缺陷，技术的成熟和进步，带来了通信质量的提升，从此手机上网也成为了现实，虽然速度极慢，发短信从此也得以实现。

3. 第三代移动通信技术

第三代移动通信技术（3G），也称IMT 2000，其最基本的特征是智能信号处理技术，智能信号处理单元是基本功能模块，支持话音和多媒体数据通信，可提供各种宽带信息业务，如高速数据、慢速图像与电视图像等。例如，WCDMA的传输速率在用户静止时最大为2Mbps，在用户高速移动是最大支持144kbps，频带宽度5MHz左右。

3G的通信标准共有WCDMA、CDMA2000和TD-SCDMA三大分支，共同组成一个IMT 2000家庭，成员间存在相互兼容的问题，因此已有的移动通信系统不是真正意义上的个人通信和全球通信。

3G是高速IP数据网络时代。从这一代开始使用互联网技术，各种数据通过移动互联网高速传输，如音频、视频、各种多媒体文件等。移动互联网速度大幅提升，移动高速上网成为现实。

4. 第四代移动通信技术

第四代移动通信技术(4G)是集 3G 与 WLAN 于一体,并能够传输高质量视频图像以及图像传输质量与高清晰度与电视不相上下的技术。4G 系统能够以 100Mbps 的速度下载,比拨号上网快 2000 倍,上传的速度也能达到 20Mbps,并能够满足几乎所有用户对于无线服务的要求。

4G 的关键技术包括信道传输;抗干扰性强的高速接入技术、调制和信息传输技术;高性能、小型化和低成本的自适应阵列智能天线;大容量、低成本的无线接口和光接口;系统管理资源;软件无线电、网络结构协议等。

4G 是全 IP 数据网络时代,是目前正在被广泛使用的一代。4G 网络数据传输速度比 3G 更快,基于高速数据传输的应用越来越多。4G 网络目前在世界各国广泛覆盖,终端数量规模庞大。

5. 第五代移动通信技术

第五代移动通信技术(5G)是一个真正意义上的融合网络,以融合和统一的标准,提供人与人、人与物以及物与物之间高速、安全和自由的联通。与 4G、3G、2G 不同的是,5G 并不是独立的、全新的无线接入技术,而是现有无线接入技术的演变,以及一些新增的补充性无线接入技术集成后的解决方案的总称。

5G 是移动互联网、车联网、物联网的接入。在 5G 时代,我们不仅需要继续改善人与人之间的通信,还需要考虑物与物、人与物之间的通信。基于高速数据传输的 AR、VR、物联网等技术的诞生和普及,将随着 5G 的到来高速涌现。图 3.26 为 5G 应用远景。

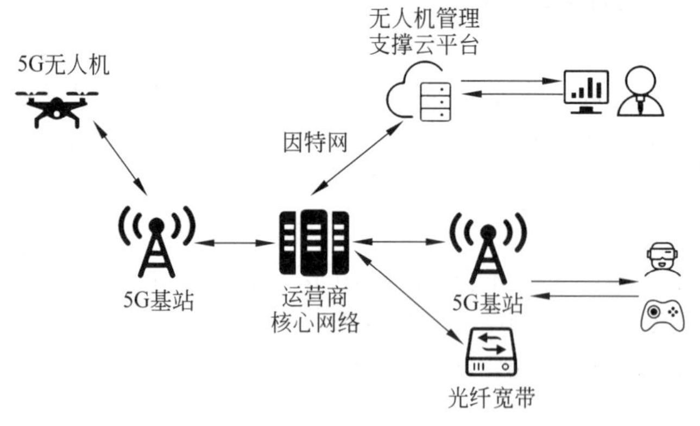

图 3.26　5G 应用远景

在 2015 年 3 月的全国两会上提出一个概念,称为“互联网+”,指出互联网将与传统产业和实体经济进行深度融合,进入“互联网+”时代。大家期待着互联网从消费互联网向产业互联网的转变,期待着这个蓝海的出现。5G 作为新一代的技术,产生的蝴蝶效应可能会远超我们的想象,我们的生活会产生巨大的变化。

3.4.2 移动通信的未来

网络优化是一个长期的过程，它贯穿于网络发展的全过程。随着人们对移动通信技术需求的不断提升，更高质量的通信信号、更加稳定的通信传输，已经成为了移动通信技术未来发展的主要方向。目前，我国的4G已经完全覆盖，这一技术与智能终端设备的连接，将世界的移动系统，打造成了一张看不见的通信网络，改变了人们生活的方方面面。

目前，我国的5G正在高速发展，5G已经成为世界通信业和学术界探讨的热点。中国已经成为5G标准的制定者之一。5G的到来，标志着移动终端设备，将真正取代计算机等有线通信网络，进行实时的语音传输、视频传输，并保障用户的隐私安全，为用户提供更加真实、智能、自动化的信息传输服务。

随着移动通信技术的发展和移动业务的不断创新，具有“移动性、个人性、实时性、安全性”优势的移动信息化技术将会深入到各行各业，将会改变人们传统的思维观念和生活工作方式。随着移动网、互联网、媒体网的不断发展与融合，网络合作共赢的合作理念将继续发展，而新的网络信息产业生态圈，也将融入更多的新元素，衍生出更多的合作新模式，为和谐信息社会建设做出积极贡献。

3.5 本章小结

本章介绍了计算机网络的相关知识。根据计算机网络所覆盖的地理范围不同，通常将计算机网络分为局域网、城域网、广域网。计算机网络的主要性能指标包括速率、带宽、误码率、吞吐量、时延等。计算机网络的拓扑结构：总线型、星型、环型、树型、网状型等。计算机网络的组成部分包括通信子网、资源子网和网络协议。TCP/IP协议规定，因特网上的每台主机都有一个唯一的32位IP地址，IP地址分为A、B、C、D、E类，常用的是A类、B类和C类。在一个TCP/IP架构的网络环境中，域名系统DNS是一个非常重要而且常用的系统。DNS的主要功能就是将人易于记忆的域名与人不容易记忆的IP地址进行转换，也就是域名解析。网络互连是指将分布在不同地理位置的网络、设备相连接，以构成更大规模的互连网络系统，实现互连网络资源的共享。常用的互连设备有网卡、中继器、集线器、交换机、网桥、路由器和网关等，这些网络设备工作在不同的层次。

万维网是一个大规模的、联机式的信息储藏所。万维网用链接的方法能非常方便地从因特网的一个站点跳转到另一个站点，从而主动地获取网络上丰富的信息。万维网采用客户端/服务器端模式，万维网由Web服务器、Web浏览器、超文本置标语言、超文本传输协议和Web网页组成。文件传送协议FTP是因特网上使用最广泛的文件传送协议。FTP服务采用的是客户端/服务器端模式。FTP使用并行的两个TCP连接来完成文件传输，一个是控制连接，用于在FTP客户端与服务器端之间传送控制信息；另一个是数据连接，用于在FTP客户端与服务器端之间传送文件。即时通信通常是指互联网上用以进行实时通信的系统，允许两人或多人使用网络实时地传递文字信息、文档、语音与视频。

随着网络技术的发展,无线网络技术已经成为一种重要的接入方式,移动通信网络是其中一种重要的方式。移动通信技术从1G到5G,就是从第一代到第五代,主要区别在于速率、业务类型、传输时延,以及各种移动通信等采用了不同的技术,遵循不同的通信协议。

3.6 习　　题

一、单项选择题

1. 计算机网络最突出的优点是(　　)。

A. 运算速度快　　B. 运算精度高　　C. 存储容量大　　D. 资源共享

2. 在计算机网络中,LAN指的是(　　)。

A. 局域网　　B. 广域网　　C. 城域网　　D. 以太网

3. 计算机通过点到点的链路与中心结点相连,这种网络拓扑结构是(　　)。

A. 星型　　B. 环型　　C. 总线型　　D. 树型

4. 下列网络属于广域网的是(　　)。

A. 因特网　　B. 校园网　　C. 企业内部网　　D. 以上都不是

5. 在OSI参考模型中,(　　)负责使分组以适当的路径通过通信子网。

A. 表示层　　B. 传输层　　C. 数据链路层　　D. 网络层

6. 因特网使用的主要通信协议是(　　)。

A. SMTP/POP3　　B. TCP/IP　　C. HTTP　　D. WINSOCK

7. 按照TCP/IP协议族,接入因特网的每一台计算机都有一个唯一的地址标识,这个地址标识为(　　)。

A. 主机地址　　B. 网络地址　　C. IP地址　　D. 端口地址

8. 给定一个用二进制数表示的IP地址为11010111 00111100 00011111 11000000,那么如果用点分十进制表示应该是(　　)。

A. 211.60.31.120　　B. 215.64.31.120

C. 215.60.31.192　　D. 211.64.31.192

9. 201.205.10.1是一个(　　)类IP地址。

A. A　　B. B　　C. C　　D. D

10. 在网络互连中,在网络层实现互连的设备是(　　)。

A. 中继器　　B. 网桥　　C. 路由器　　D. 网关

11. 文件传送协议的英文简称是(　　)。

A. HTTP　　B. SMTP　　C. IMPA　　D. FTP

12. DNS指的是(　　)。

A. 文件传送协议　　B. 用户数据报协议

C. 简单邮件协议　　D. 域名系统

13. 因特网中，域名与 IP 地址之间的翻译是由(　　)来完成的。

A. 用户计算机　　B. 代理服务器　　C. 域名服务器　　D. 因特网服务商

14. 因特网中，URL 的含义是(　　)。

A. 统一资源定位器　　B. 因特网协议

C. 简单邮件传输协议　　D. 传输控制协议

15. 域名中表示机构所属类型为(　　)的符号是 gov。

A. 军事机构　　B. 政府机构　　C. 教育机构　　D. 商业公司

16. 互联网上的服务都基于一种协议，万维网服务基于(　　)协议。

A. POP3　　B. SMTP　　C. HTTP　　D. TELNET

二、填空题

1. 计算机技术和(________)技术相结合，就出现了计算机网络。
2. 广域网和局域网是按照(________)来划分的。
3. OSI 参考模型的最高层是(________)。
4. 因特网上专门提供网上搜索的工具称为(________)。
5. 因特网中，WWW 的中文名称是(________)。
6. IP 地址可以标识因特网上的每台计算机，但是很难记忆，为了方便，我们使用(________)给主机赋予一个用字母代表的名字。
7. 在因特网的域名中，代表计算机所在国家或地区的符号 cn 是指(________)。
8. 根据 IPv4 的规定，网络上使用的 IP 地址是一个(________)的二进制地址。

三、简答题

1. 什么是计算机网络？它包括哪几个部分？
2. 从网络的覆盖范围来看，计算机网络如何分类？
3. 什么是网卡？它有什么作用？
4. 什么是因特网？因特网常见的网络服务有哪些？
5. 常用的网络互连设备是哪些？它们相应的作用是什么？
6. 什么是 IP 地址？它有什么样的格式？
7. DNS 是什么意思？它的作用是什么？
8. 什么是搜索引擎？举出 3 个你常用的搜索引擎的名字。

第4章 信息安全

信息安全是为数据处理系统建立和采用的技术，其目的是保护计算机硬件、软件、数据不因偶然和恶意的原因而遭到破坏、更改和泄露。本章主要介绍信息安全的概念与技术，包括信息安全及其意义、网络入侵防护、数据加密技术、数字签名技术、数字信封技术等，以及信息安全法律法规及道德规范。

4.1 信息安全概述

4.1.1 信息安全的内涵

信息安全是一门涉及计算机科学、网络技术、通信技术、密码技术、信息安全技术、信息论等多种学科的综合性学科，因此，信息安全涉及的领域相当广泛。信息安全可分为狭义安全与广义安全两个层次，狭义的信息安全是以密码论为基础的计算机安全，早期我国的信息安全专业通常以此为基准，辅以计算机技术、通信网络技术与编程等方面的内容；从广义来说，凡是涉及网络上信息的保密性、完整性、可用性、真实性和可控性的相关技术和理论，都是信息安全所要研究的领域。

1. 信息安全的含义

信息安全是指信息系统(包括硬件、软件、数据、人、物理环境及其基础设施)受到保护，不受偶然的或者恶意的原因而遭到破坏、更改、泄露，系统连续可靠正常地运行，信息服务不中断，最终实现业务连续性。信息安全应具有保密性、完整性、可用性三个方面的特征。

(1) 保密性

确保机密信息不被窃听、不被泄露，不被非授权的个人、组织和计算机程序使用。

(2) 完整性

确保数据的一致性，即信息在存储或传输过程中没有遭到篡改、破坏和丢失，以及数据未经授权不能进行修改。

(3) 可用性

确保拥有授权的合法用户或程序可以及时、正常使用信息，即当需要时应能存取所需的信息。网络环境下拒绝服务、破坏网络和有关系统的正常运行等都属于对可用性的攻击。

信息安全与网络安全息息相关。广义的网络安全就是信息处理和信息传输的安全。它包括硬件系统的安全和可靠运行、操作系统和应用软件的安全、数据库系统的安全、电磁信息泄露的防护等。

2. 网络安全技术

21 世纪全世界的计算机都通过因特网联到一起，信息安全的内涵也就发生了根本的变化。信息安全不仅从一般性的防卫变成了一种非常普通的防范，还从一种专门的领域变成了无处不在。在人类步入 21 世纪信息社会和网络社会的时候，我国已经建立起一套完整的网络安全体系。网络安全技术指致力于解决诸多如何有效进行介入控制，以及如何保证信息数据传输的安全性的技术手段。

网络安全技术研究的基本问题包括网络防攻击、网络安全漏洞与对策、网络中的信息安全保密、网络内部安全防范、网络防病毒、网络数据备份与灾难恢复等。各个方面都要综合考虑安全防护的物理安全、信息安全、Web 安全、媒体安全等。

网络防病毒系统通常是由系统中心、服务器端、工作站、管理控制台等子系统组成。网络防病毒技术主要包括以下 3 个方面。

（1）病毒预防技术

病毒预防技术就是通过一定的技术手段对病毒的规则进行分类处理，而后在程序运作中凡有类似的规则出现，则认定是计算机病毒，阻止计算机病毒进入系统内存或阻止计算机病毒对磁盘的操作，尤其是写操作。

（2）病毒检测技术

病毒检测技术是指通过技术手段判定出特定的计算机病毒。它包括两种：一种是根据病毒的特征及感染方式等，在特征分类的基础上建立的病毒检测技术；另一种是不针对具体病毒程序的自身校验技术。

（3）病毒清除技术

病毒清除技术是计算机病毒感染程序的一种逆过程。目前，病毒清除大都是在某种病毒出现后，通过对其进行分析研究而研制出来的具有相应杀毒功能的软件。

为了保障计算机信息和网络安全，可采用多种网络安全技术手段，常用的技术主要有防火墙、身份认证、访问控制、加密、安全路由等。

4.1.2 恶意代码

恶意代码又称恶意软件，是指故意编制或设置的、对网络或系统会产生威胁或潜在威胁的计算机代码。恶意代码是一种程序，它通过把代码在不被察觉的情况下嵌入到另一段程序中，从而达到破坏被感染计算机数据、运行具有入侵性或破坏性的程序、破坏被感染计算机数据的安全性和完整性的目的。恶意代码能够从一台计算机传播到另一台计算机，从一个网络传播到另一个网络。最常见的恶意代码有计算机病毒（简称病毒）、特洛伊木马（简称木马）、计算机蠕虫（简称蠕虫）、逻辑炸弹、间谍软件、流氓软件等。

恶意代码具有3个特征：恶意的目的、本身是计算机程序、通过执行发生作用。有些恶意代码是自启动的蠕虫和嵌入脚本，本身就是软件，这类恶意代码对人的活动没有要求。一些像特洛伊木马、电子邮件蠕虫等恶意代码，利用受害者的心理操纵他们执行不安全的代码。还有一些是哄骗用户关闭保护措施来安装恶意软件。这些软件可能是广告软件、间谍软件或恶意共享软件。恶意代码在未明确提示用户或未经用户许可的情况下，在用户计算机或其他终端上安装运行，侵犯用户合法权益的软件。

1. 恶意代码的分类

根据按传播方式的不同，恶意代码可以分成以下几类。

(1) 计算机病毒(Virus)

计算机病毒是一种人为制造的、在计算机运行中对计算机信息或计算机系统起破坏作用的特殊程序。这种病毒通常会进行一些恶意的破坏活动或恶作剧，使用户的网络或信息系统遭受浩劫，具有相当大的破坏性。例如，格式化用户的硬盘、删除程序文件、破坏磁盘上的目录和FAT表，甚至摧毁计算机硬件和软件等。

计算机病毒不仅能破坏计算机系统，还能够传播并感染其他系统，使计算机病毒传播范围最广的媒介是互联网。计算机病毒通常隐藏在其他看起来无害的程序中，能复制自身并通过网络或其他传播介质，将其插入到其他的程序中以执行恶意的行动。按感染对象分为文件病毒、引导扇区病毒、多裂变病毒、秘密病毒、异形病毒和宏病毒；按破坏程度分为良性病毒、恶性病毒、极恶性病毒和灾难性病毒。

(2) 特洛伊木马(Trojan Horse)

特洛伊木马与一般的病毒不同，它不会自我繁殖，也并不“刻意”地去感染其他文件，它通过将自身伪装来吸引用户下载执行，为施种木马者提供打开被种者计算机的门户，使施种者可以任意毁坏、窃取被种者的文件，甚至远程操控被种者的计算机。特洛伊木马可以分为3种模式：潜伏在正常的程序应用中，附带执行独立的恶意操作；潜伏在正常的程序应用中，但是会修改正常的应用进行恶意操作；完全覆盖正常的程序应用，执行恶意操作。

(3) 计算机蠕虫(Worm)

计算机蠕虫病毒利用网络从一个系统传递到另外一个系统，它不仅可以扩散，而且可以自我复制，不需要借助其他程序宿主在系统内，蠕虫程序被激活后，就可以像其他计算机病毒一样运作，还可以向系统植入特洛伊木马，或者执行一些破坏性的操作。

(4) 逻辑炸弹(Logic Bomb)

逻辑炸弹是指在满足特定逻辑条件时实施破坏的计算机程序。该程序触发后可能造成计算机数据丢失、计算机不能从硬盘或者软盘引导，甚至会使整个系统瘫痪，并出现物理损坏的虚假现象。逻辑炸弹引发时的症状与某些病毒的作用结果相似，并会对社会引发连带性的灾难。与其他病毒相比，它强调破坏作用本身，而实施破坏的程序不具有传染性。

(5) 间谍软件(Spyware)

间谍软件是一种能够在用户不知情的情况下，在其计算机上安装后门、收集用户信息的软件。它能够削弱用户对其使用经验、隐私和系统安全的控制能力；使用用户的系统资源，包括安装在他们计算机上的程序；或者搜集、使用并散播用户的个人信息或敏感信息。

（6）流氓软件（Rogue Software）

流氓软件是指介于病毒和正规软件之间的软件。如果计算机中有流氓软件，可能会出现以下几种情况：用户使用计算机上网时，会有窗口不断弹出；计算机浏览器被莫名修改和增加了许多工作条；当用户打开网页时，网页会变成不相干的奇怪画面，甚至是黄色广告。

2. 恶意代码的传播手段

恶意代码的编写者一般利用三类手段来传播恶意代码：软件漏洞、用户本身或者两者的混合。

利用软件漏洞的恶意代码有 Code Red、KaK 和 BubbleBoy 等。它们利用软件产品的缺陷和弱点，如溢出漏洞，在不适当的环境中执行任意代码。还有利用 Web 服务缺陷的攻击代码，如 Code Red、Nimda 等。

恶意代码编写者的一种典型手法是把恶意代码邮件伪装成其他恶意代码受害者的感染报警邮件，恶意代码受害者往往是邮件地址簿中的用户或者是缓冲区中 Web 页的用户，这样做可以最大可能地吸引受害者的注意力。一些恶意代码的编写者还表现了高度的心理操纵能力，一般用户对来自陌生人的邮件附件越来越警惕，而恶意代码的编写者就设计一些诱饵来吸引受害者的兴趣，使受害者放松警惕。邮件附件的使用通常会受到网关过滤程序的限制和阻断，但恶意代码的编写者也会设法绕过网关过滤程序的检查。

3. 恶意代码的传播趋势

恶意代码的传播具有如下的趋势。

（1）Windows 操作系统

Windows 操作系统更容易遭受恶意代码的攻击，它也是病毒攻击最集中的平台，病毒总是选择配置不好的网络共享和服务作为进入点。

（2）多平台攻击

恶意代码利用多平台进行攻击，有些恶意代码对不兼容的平台都能够发生作用。来自 Windows 的蠕虫可以利用 Apache 服务器的漏洞，而 Linux 蠕虫会派生 EXE 格式的特洛伊木马。

（3）恶意代码种类更加模糊

恶意代码的传播不单纯依赖软件漏洞的某一种，而可能是它们的混合。比如，蠕虫产生寄生的文件病毒，包括特洛伊木马程序、口令窃取程序、后门程序等，进一步模糊了蠕虫、病毒和特洛伊木马的区别。

（4）使用销售技术

更多的恶意代码开始使用销售技术。例如，恶意代码不仅利用受害者的邮箱实现最大数量的转发，更重要的是引起受害者的兴趣，让受害者进一步对恶意文件进行操作，并且使用网络探测、电子邮件脚本嵌入和其他不使用附件的技术来达到自己的目的。

4.1.3 常见信息安全问题

在高度信息化的社会，日常生活及工作环境都与数据信息息息相关，每一个计算机用户都可能面临各种信息安全问题。信息安全问题是指某个人、物、事件或概念对信息资源的保密性、完整性、可用性或合法使用所造成的危险。这些问题不仅会造成物质和经济损坏，还可能给社会稳定造成一定影响。信息安全问题与环境密切相关，不同信息安全的威胁及重要性是随环境的变化而变化的。下面介绍一些常见的信息安全问题。

1. 信息存储安全

信息存储安全是要保证静态存储在联网计算机中的信息不会被未授权的网络用户非法使用。在高度信息化的今天，信息存储已演变为多个系统共享的一种资源。存储设备可能会通过网络连接到多个系统上，因此，必须保护各个系统上的有价值的数据和信息，防止未授权网络用户访问数据或破坏数据。

(1) 非授权访问

没有预先经过同意，就使用网络或计算机资源被看作非授权访问。例如，有意避开系统访问控制机制，对网络设备及资源进行非正常使用，或擅自扩大权限，越权访问信息。它主要有以下几种形式：假冒、身份攻击、非法用户进入网络系统进行违法操作、合法用户以未授权方式进行操作等。

(2) 信息泄露

信息泄露是将有价值的和高度机密的信息泄露给非授权的实体。具有严格分类的信息系统不应该直接连接因特网，但还有一些其他类型的机密信息，虽然不足以禁止系统连接网络，例如私人信息、健康信息、公司计划和信用记录等，都具有一定程度的机密性，必须给予保护。

2. 信息传输安全

信息传输安全是要保证信息在网络传输的过程中不被泄露与不被攻击。网络攻击技术通常利用网络或系统存在的漏洞和安全缺陷进行攻击，最终以窃取目标主机的信息或破坏系统为主要目的。人为的恶意攻击是目前计算机网络所面临的最大威胁。信息在存储、处理和网络传输和交换过程中，都存在泄露或被截获、窃听、篡改和伪造信息的可能性。

(1) 截获信息

截获信息的示意图如图 4.1 所示。

(2) 窃听信息

窃听信息的示意图如图 4.2 所示。

(3) 篡改信息

篡改信息的示意图如图 4.3 所示。

(4) 伪造信息

伪造信息的示意图如图 4.4 所示。

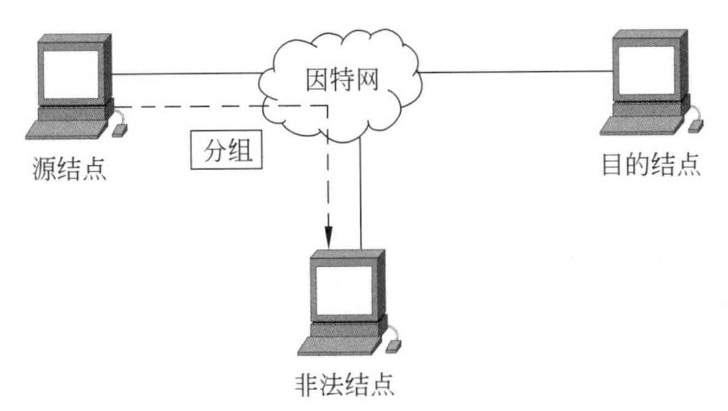

图 4.1　截获信息示意图

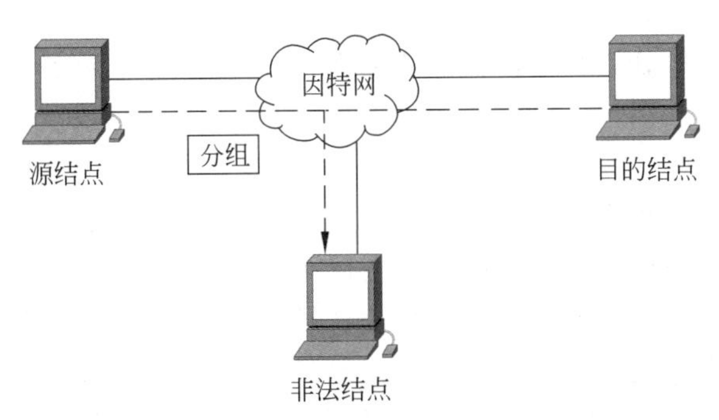

图 4.2　窃听信息示意图

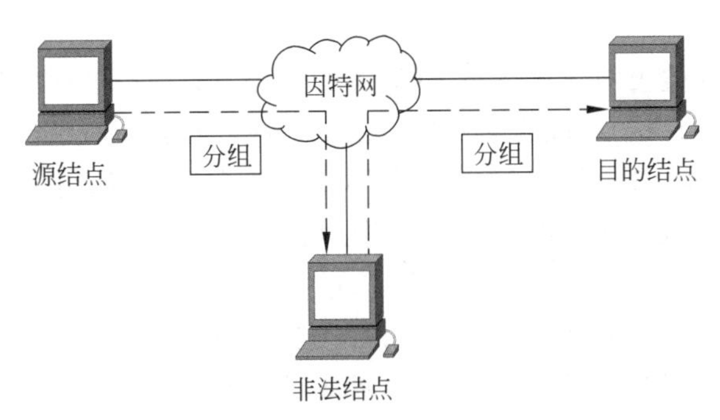

图 4.3　篡改信息示意图

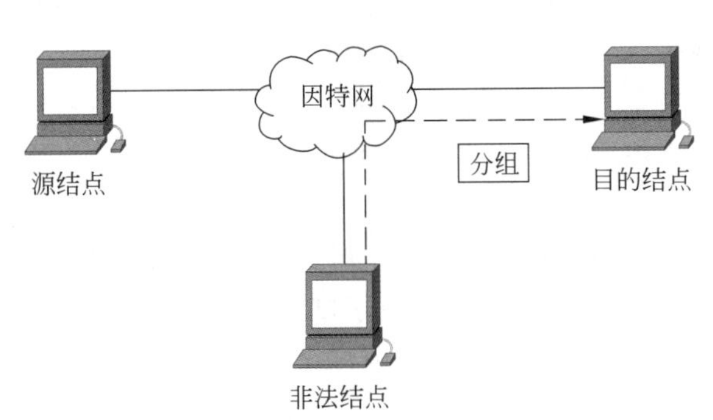

图 4.4　伪造信息示意图

3. 黑客入侵方法

黑客，最初是指拥有熟练计算机技术、水平高超的人，尤其是程序设计人员。黑客精通各种编程语言和各类操作系统。这个单词本身并没有明显的褒义或贬义。现在黑客一词在信息安全范畴的普遍含义是指对计算机系统的非法入侵者。随着时代的发展，网络上出现了越来越多的黑客，他们利用自己在计算机方面的技术，设法在未授权的情况下，恶意破解商业软件、恶意入侵别人的网站、破坏网络安全甚至造成网络瘫痪，给人们带来巨大的经济和精神损失。黑客入侵常用方法如下。

（1）口令入侵

口令入侵，就是指用一些破解软件来解开口令文档，还有采用可以绕开或屏蔽口令保护的程序来完成这项工作。黑客利用这些破解软件可以轻松破解用户的账号和密码等信息。

（2）端口扫描

端口扫描是计算机解密高手喜欢的一种方式。一个端口就是一个潜在的通信通道，同时也就是一个入侵通道。对目标计算机进行端口扫描，能得到许多有用的信息，从而发现系统的安全漏洞。端口扫描包括向每个端口发送消息，一次只发送一个消息。接收到的回应类型表示是否在使用该端口并且可由此探寻弱点。端口扫描软件并不是一个直接攻击网络漏洞的程序，但它能帮助黑客发现目标主机的某些内在的弱点，帮助查找目标主机的漏洞。

（3）网络监听

网络监听是一种监视网络状态、数据流等的管理工具，它可以将网络界面设定成监听模式，并且可以截获网络上所传输的信息。也就是说，当黑客登录网络主机并取得超级用户权限后，使用网络监听便可以有效地截获网络上的数据，例如用来获取用户密码等，这是黑客常用的方法。但是网络监听只能应用于连接同一网段的主机。

（4）特洛伊木马

特洛伊木马这个名字来源于古希腊传说。它可以由黑客在目标机上直接安装，或它将自身伪装成一个无害的程序（例如实用工具或者可爱的游戏），吸引用户下载、安装和运行，一旦被运行，暗藏的病毒就会感染并驻留在目标主机中，向黑客提供打开目标主机的门户，这样黑客就可以任意毁坏、窃取目标主机上的文件，甚至远程操控目标主机。完整的木马程序一般由两个部分组成：一个是服务端（指目标主机），一个是客户端（黑客）。“中了木马”就是指安装了木马的服务端程序。若你的计算机被安装了这种服务端程序，则黑客就可以通过网络控制你的计算机，为所欲为。

（5）电子邮件攻击

电子邮件的发件人利用某些特殊的电子邮件软件，在短时间内不断重复地将电子邮件寄给同一个收件人，这种破坏方式称为电子邮件攻击，也称为邮件炸弹，是目前商业应用最多的一种商业攻击。邮件炸弹对某个或多个邮箱发送大量的邮件，使网络流量加大，占用处理器时间，从而消耗系统资源。黑客可以使用一些邮件炸弹软件或CGI程序向目标邮箱发送大量内容重复、无用的垃圾邮件，从而使目标邮箱被撑爆而无法使用。当垃圾邮件的发送流量特别大时，还有可能造成邮件系统反应缓慢，甚至瘫痪。

(6) WWW 欺骗

WWW 欺骗是在受攻击者和其他 Web 服务器之间设立起攻击者的 Web 服务器，攻击者改写 Web 页中的所有 URL 地址，这样它们指向了攻击者的 Web 服务器而不是真正的 Web 服务器。在网上，用户可以利用 IE 等浏览器进行各种各样的 Web 站点的访问，如阅读新闻、咨询产品价格、订阅报纸、电子商务等。有些时候用户并没有注意到正在访问的网页已经被黑客篡改过，网页上的信息是虚假的。如果黑客将用户要浏览的网页的 URL 改写为指向黑客自己的服务器，当用户浏览目标网页的时候，实际上是向黑客服务器发出请求，那么黑客就可以达到欺骗的目的。

近年来，网络攻击事件频发，互联网上的木马、蠕虫、勒索软件层出不穷，如图 4.5 所示。这对网络安全乃至国家信息安全形成了严重的威胁。2017 年维基解密公布了美国中情局和美国国家安全局的新型网络攻击工具，其中包括了大量的远程攻击工具、漏洞、网络攻击平台以及相关攻击说明的文档。同时，从部分博客、论坛和开源网站，普通的用户就可以轻松获得不同种类的网络攻击工具。互联网的公开性，让网络攻击者的攻击成本大大降低。

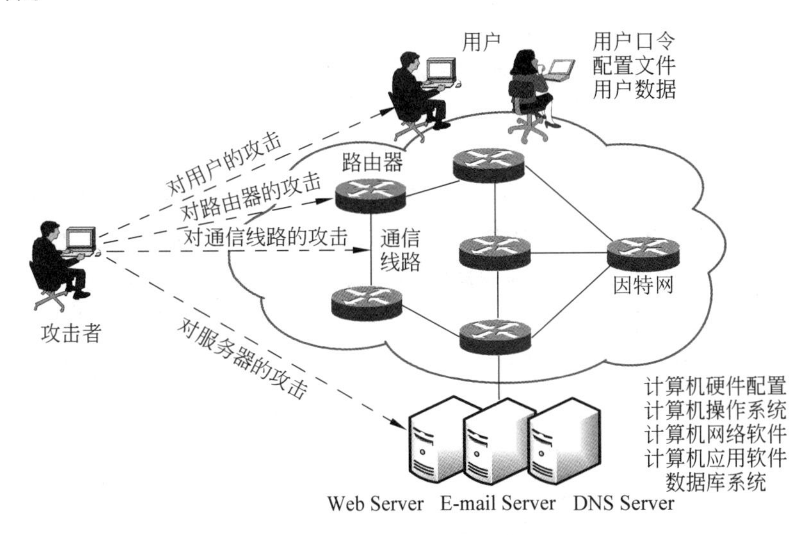

图 4.5　各种网络攻击

因此，信息安全更高层次的是信息战，牵涉到国家的安全问题。信息作为一种资源，它的共享性、增值性、多效用性，使其对于人类具有特别重要的意义。信息安全是任何国家、政府、部门、行业都必须十分重视的问题。网上攻防已经成为维护国家主权的重要一环。

4.1.4 防护策略

1. 防病毒软件

防病毒软件，也称反病毒软件或防毒软件，是用于消除计算机病毒、特洛伊木马和恶意软件等威胁计算机的一类软件。病毒查杀能力是衡量杀毒软件性能的重要因素。用户在选择软件的时候，不仅要考虑可查杀病毒的种类数量，更应该注重其对流行病毒的查杀能力及对新病毒的反应能力。

常见的防病毒软件有瑞星杀毒软件、金山毒霸软件、江民杀毒软件、360 安全卫士、卡巴斯基反病毒软件、诺顿杀毒软件、微点主动防御软件等。

(1) 瑞星杀毒软件

瑞星杀毒软件是目前国内外同类产品中最具实用价值和安全保障的杀毒软件产品之一。瑞星杀毒软件的监控能力是十分强大的，但同时占用系统资源较大。其“整体防御系统”可将所有互联网威胁拦截在用户计算机以外。深度应用“云安全”的全新木马引擎、“木马行为分析”和“启发式扫描”等技术保证将病毒彻底拦截和查杀。再结合“云安全”系统的自动分析处理病毒流程，能在第一时间极速地将未知病毒的解决方案实时提供给用户。

(2) 金山毒霸软件

金山毒霸软件杀毒全面、可靠，占用系统资源较少，是国内少有的拥有自主研发核心技术、自主研发杀毒引擎的杀毒软件。金山毒霸软件融合了启发式搜索、代码分析、虚拟机查毒等经业界证明成熟可靠的反病毒技术，使其在查杀病毒种类、查杀病毒速度、未知病毒防治等多方面达到先进水平。该软件的组合版功能强大，集杀毒、监控、防木马、防漏洞为一体，是一款具有市场竞争力的杀毒软件。

(3) 江民杀毒软件

江民杀毒软件是一款老牌的杀毒软件，是由江民科技开发的系列杀毒产品，在中国杀毒软件中，多年来保持市场占有率领先的地位。江民杀毒软件具有良好的监控系。网络版采用了先进的分布式体系结构，结构清晰明了，管理维护方便。网络管理员只要拥有管理员口令，就可以通过 IE 浏览器，实现对整个网络上所有计算机的集中管理，清楚地掌握整个网络环境中各个结点的病毒状态，既方便管理员管理，又可以有效地减少网络安全风险，最大限度地为用户的网络系统提供了可靠的安全解决方案。

(4) 360 安全卫士

360 安全卫士是一款完全免费的安全杀毒软件，拥有木马查杀、恶意软件清理、漏洞补丁修复、计算机全面体检、垃圾和痕迹清理、系统优化等多种功能。360 安全卫士独创了木马防火墙、360 密盘等功能，依靠抢先侦测和云端鉴别，可全面、智能地拦截各类木马，保护用户的账号、隐私等重要信息。360 安全卫士运行时对系统资源的占用也相对较低，是一款值得普通用户使用的安全防护软件。

(5) 卡巴斯基反病毒软件

卡巴斯基反病毒软件是世界上拥有最尖端科技的杀毒软件之一。卡巴斯基实验室为个人用户、企业网络提供反病毒、防黑客和反垃圾邮件的杀毒产品。经过十多年与计算机病毒的战斗，卡巴斯基获得了独特的知识和技术，使得卡巴斯基成为了病毒防卫的技术领导者和专家。该公司的旗舰产品——著名的卡巴斯基安全软件，主要针对家庭及个人用户，能够彻底保护用户计算机不受各类互联网威胁的侵害。

（6）诺顿杀毒软件

诺顿杀毒软件是一个广泛被应用的反病毒程序。在美国，诺顿是市场占有率第一的杀毒软件，除了传统的严密防范黑客、病毒、木马、间谍软件和蠕虫等攻击之外。诺顿还有防间谍等网络安全风险的功能，动态仿真反病毒专家系统分析识别出未知病毒后，能够自动提取该病毒的特征值，自动升级本地病毒特征值库，实现对未知病毒"捕获、分析、升级"的智能化。

（7）微点主动防御软件

微点主动防御软件是第三代反病毒软件，颠覆了传统杀毒软件采用病毒特征码识别病毒的反病毒理念。微点主动防御软件采用主动防御技术能够自主分析判断病毒，解决了杀毒软件无法防杀层出不穷的未知木马和新病毒的弊端。微点主动防御软件除了采用传统的特征值扫描技术外，还融合了国际领先的虚拟机技术和启发式扫描技术，不仅能够查杀已知病毒，还可以针对未知病毒进行检测。

2. 建立信息安全意识

信息安全意识是人们头脑中建立起来的信息化工作所必需的安全的观念，也就是人们在信息化工作中对各种各样有可能对信息本身或信息所处的介质造成损害的外在条件的一种戒备和警觉的心理状态。建立良好的信息安全意识，我们应该做到以下几个方面。

（1）养成良好的上网习惯

不轻易打开即时通信工具传来的网址，除非是你确认的信息。不访问来源不明的网站，下载软件尽量到大的并且有信誉的网站或者软件官方网站。平常尽量不开放本地磁盘共享；不安装不明来源的软件。

（2）不要关闭防病毒等终端防护系统

经常了解和学习病毒防治的知识，了解病毒的发展形势；经常定期用杀毒软件进行病毒和木马扫描检查硬盘；经常更新和升级杀毒软件的版本、修补系统漏洞等。

（3）设置合理的用户名和强密码

简单的用户名和密码使网站被入侵的可能性增加。设置密码至少包含以下四类字符中的三类：大写字母、小写字母、数字以及键盘上的符号（如 ！、@、# 等），密码长度不少于 8 个字符。此外，应经常更换密码。

（4）警惕邮件附件里埋藏的炸弹

有些病毒程序以邮件附件的形式存在，当收件人打开附件时，病毒就开始发作，当磁盘上出现一些莫名其妙的文件时要小心，不要好奇心太强，随便打开不认识的人发来的附件，坚决删除新增的不认识的人发来的邮件。尽量选用具有查毒和杀毒功能的邮件信箱。

（5）谨慎网上金融交易

在登录电子银行实施网上查询和金融交易时，尽量选择安全性较高的 USB 证书认证方式。不要在公共场所（如网吧）登录网上银行等一些金融机构的网站，防止重要信息被盗。

（6）重要数据经常备份

不要使用桌面和系统默认的目录存放重要文件，对重要数据经常备份。

4.2 信息安全技术

4.2.1 数据加密

所谓数据加密技术，是指将一个信息经过加密密钥及加密函数转换后，变成没有任何规律的密文，而接收方则将此密文经过解密函数、解密密钥还原成明文。

加密技术是网络安全技术的基石，密码学是数据加密和解密的技术基础。密码学包含两个分支：密码编码学和密码分析学。密码编码学是对信息进行编码，实现隐蔽信息；密码分析学是一门分析和破译密码的学问。在网络信息传输过程中，当需要对消息进行保密操作时，就需要利用密码编码对信息进行保密处理。

1. 密码体制

密码体制又称为密码系统，是指能完整地解决信息安全中的保密性、数据完整性、认证、身份识别、可控性及不可抵赖性等问题的。一个密码体制由明文、密文、密钥、加密算法和解密算法这五个基本要素构成，如图 4.6 所示。

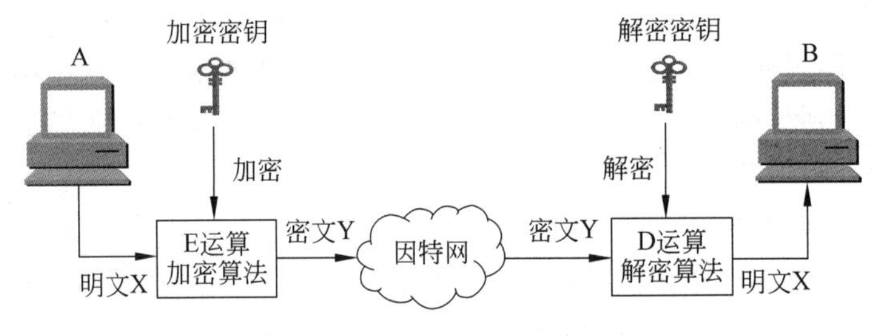

图 4.6 密码体制的构成

(1) 明文

明文就是原始信息。在通信系统中它可能是比特流，如文本、位图、数字化的语音流或数字化的视频图像等。可以简单地认为明文是有意义的字符或比特集，或通过某种公开的编码标准就能获得的消息。

(2) 密文

密文就是加密后的信息或是对明文变换的结果。密文是对明文施加某种伪装或变换后的输出，也可认为是不可直接理解的字符或比特集。

(3) 密钥

密钥是一种参数，它是在明文转换为密文或将密文转换为明文的算法中输入的参数。密钥分为对称密钥与非对称密钥。

(4) 加密算法和解密算法

通常是指加密、解密过程所使用的信息变换规则，是用于信息加密和解密的数学函数。对明文进行加密时所采用的规则称为加密算法，而对密文进行解密时所采用的规则称为解密算法。加密算法和解密算法的操作通常都是在一组密钥的控制下进行的。

2. 对称加密

在对称加密体制中，加密和解密采用相同的密钥，如图 4.7 所示。因为加解密密钥相同，需要通信的双方必须选择和保存共同的密钥，各方必须信任对方不会将密钥泄密出去，这样就可以实现数据的保密性和完整性。密钥是控制加密及解密过程的指令。算法是一组规则，规定如何进行加密和解密。

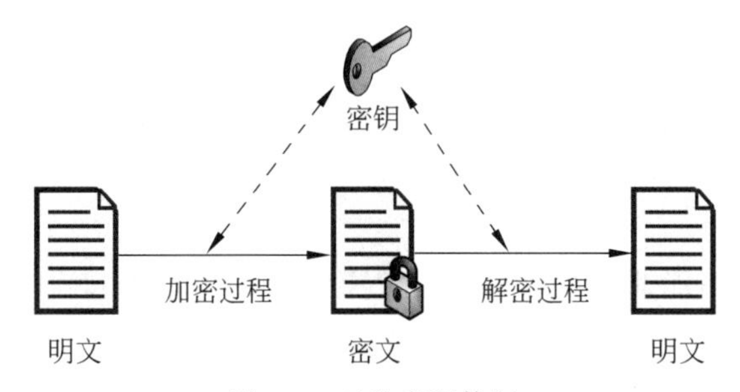

图 4.7　对称密码体制

在对称加密算法中，使用的密钥只有一个，收发双方都使用这个密钥对数据进行加密和解密。因此加密的安全性不仅取决于加密算法本身，密钥管理的安全性也很重要。因为加密和解密都使用同一个密钥，如何把密钥安全地传递到解密者手上就成了必须要解决的问题。具体操作是：在对称加密中，数据发送方将明文（原始数据）和加密密钥一起经过特殊加密算法处理后，使其变成复杂的加密密文发送出去。接收方收到密文后，若想解读原文，则需要使用加密密钥及相同算法的逆算法对密文进行解密，才能使其恢复成可读明文。

对称加密算法的优点是速度快，对称性加密通常在消息发送方需要加密大量数据时使用，算法公开、计算量小、加密速度快、加密效率高；缺点是在数据传送前，发送方和接收方必须商定好密钥，双方都要保存好密钥。如果一方的密钥被泄露，那么加密信息也就不安全了。另外，每对用户每次使用对称加密算法时，都需要使用其他人不知道的唯一密钥，这会使得收发双方所拥有的密钥数量巨大，密钥管理可能成为双方的负担。

3. 非对称加密

非对称密码体制又称为公钥加密技术，该技术就是针对对称密码体制的缺陷被提出来的。在公钥加密系统中，加密和解密是相对独立的，加密和解密会使用两个不同的密钥，加密密钥（公钥）向公众公开，谁都可以使用，解密密钥（私钥）只有解密人自己知道，非法使用者根据公开的加密密钥无法推算出解密密钥，因此称为公钥密码体制。图 4.8 描述了非对称密码体制的工作原理。

非对称密码体制需要一个公钥和私钥密码对，如果一个人选择并公布了他的公钥，另外的任何人都可以用这一公钥来加密传送给那个人的消息。私钥是秘密保存的，只有私

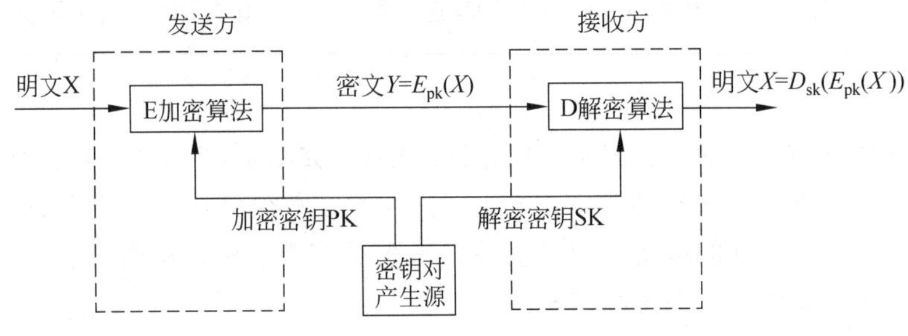

图 4.8　非对称密码体制的工作原理

钥的所有者才能利用私钥对密文进行解密。公钥加密系统除了用于数据加密外，还可用于数字签名。公钥加密系统可提供以下功能。

(1) 保密性

保证非授权人员不能非法获取信息，通过数据加密来实现。

(2) 确认

保证对方属于所声称的实体，通过数字签名来实现。

(3) 数据完整性

保证信息内容不被篡改，入侵者不可能用假消息代替合法消息，通过数字签名来实现。

(4) 不可抵赖性

发送方不可能事后否认他发送过消息，消息的接收方可以向中立的第三方证实所指的发送方确实发出了消息，通过数字签名来实现。

非对称加密算法的优点是公钥密钥的密钥管理比较简单，并且可以方便地实现数字签名和验证；缺点是算法复杂，加密数据的速率较低。

4.2.2　数字签名

1. 数字签名的概念及种类

数字签名(Digital Signature)又称公钥数字签名或电子签章，是以电子形式存储于信息中或逻辑上与之有联系的数据，用于辨识数据签署人的身份，并表明签署人对数据中所包含信息的认可。它是一种类似写在纸上的普通的物理签名，但是使用了公钥加密技术来实现的，是一种用于鉴别数字信息的方法。一套数字签名通常定义两种互补的运算，一个用于签名，另一个用于验证。数字签名是非对称密钥加密技术与数字摘要技术的应用。

基于公钥密码体制和私钥密码体制都可获得数字签名，目前主要是基于公钥密码体制的数字签名。

2. 数字签名的功能

保证信息传输的完整性、发送方的身份认证，防止交易中的抵赖行为发生。数字签名技术是将摘要信息用发送方的私钥加密，与原文一起传送给接收方。最终目的是实现以下6种安全保障功能。

（1）防伪造

私钥只有签名者自己知道，其他人不可能构造出。

（2）防篡改

对于数字签名，签名与原有文件形成了一个混合的整体数据，不可能被篡改，从而保证了数据的完整性。

（3）可鉴别身份

在网络环境中，接收方必须能够鉴别发送方所宣称的身份。

（4）防重放攻击

重放攻击是指攻击者发送一个目的主机已接收过的包，来达到欺骗系统的目的。这种攻击主要用于身份认证过程，破坏认证的正确性。在数字签名中，采用了对签名报文添加流水号、时间戳等技术，以防止重放攻击。

（5）防抵赖

数字签名可以鉴别身份，防止冒充伪造，那么，只要保存好签名的报文，就类似保存好了手工签署的合同文本，也就是保留了证据，签名者就无法抵赖。在数字签名体制中，要求接收方返回一个自己签名的表示已收到的报文，这样使得双方均不可抵赖。

（6）保密性

保密性是指信息不被泄露给非授权的用户、实体或过程。数字签名可以加密要签名的消息，在网络传输中，可以将报文用接收方的公钥加密，以保证信息的保密性。

3. 数字签名的过程

在网络环境中，数字签名可以代替现实中的亲笔签字。数字签名经常采用一种称为摘要的技术，摘要技术主要是采用 Hash（哈希）函数。Hash 函数提供了一种计算过程：输入一个长度不固定的字符串，返回一串定长度的字符串（称为 Hash 值），将一段长的报文通过函数变换，转换为一段定长的报文，即摘要。

发送报文时，发送方用一个 Hash 函数从报文文本中生成报文摘要，然后用自己的私钥对这个摘要进行加密，这个加密后的摘要将作为报文的数字签名和报文一起发送给接收方，接收方首先用与发送方一样的 Hash 函数从接收到的原始报文中计算出报文摘要，接着再用发送方的公钥来对报文附加的数字签名进行解密，如果这两个摘要相同，那么接收方就能确认该数字签名是发送方的，其工作原理如图 4.9 所示。

数字签名能确保消息确实是由发送方签名并发出来的，因为别人假冒不了发送方的签名。数字签名也能确保消息的完整性，因为数字签名的特点是它代表了文件的特征，文件如果发生改变，数字签名的值也将发生变化。不同的文件得到的 Hash 值是不同的，因此数字签名也是不同的。

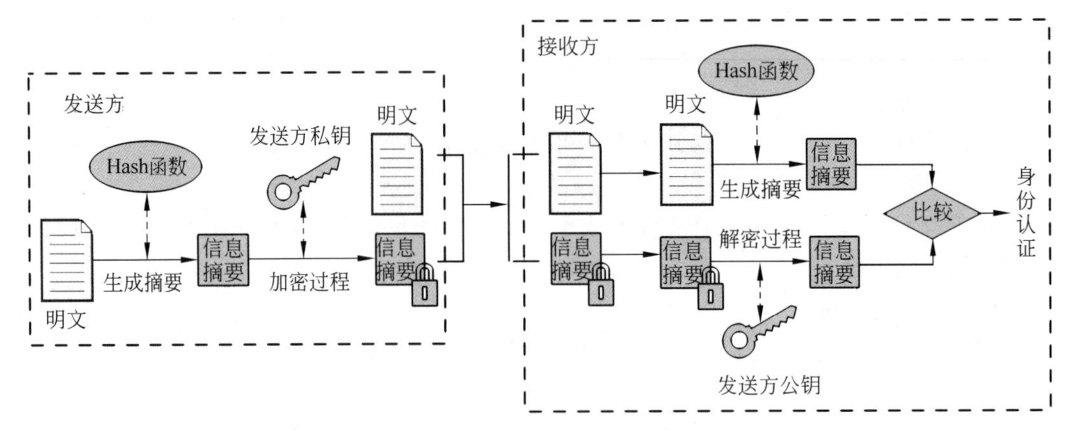

图 4.9　数字签名工作原理示意图

4.2.3　数字信封

数字信封是指发送方使用接收方的公钥来加密对称密钥后所得的数据，其目的是用来确保对称密钥传输的安全性。采用数字信封时，接收方需要使用自己的私钥才能打开数字信封以得到对称密钥。数字信封技术也是实现信息完整性验证的技术。数字信封技术采用将对称密钥通过非对称加密的技术来保证只有规定的特定收信人才能阅读通信的内容。图 4.10 说明了数字信封的工作原理。

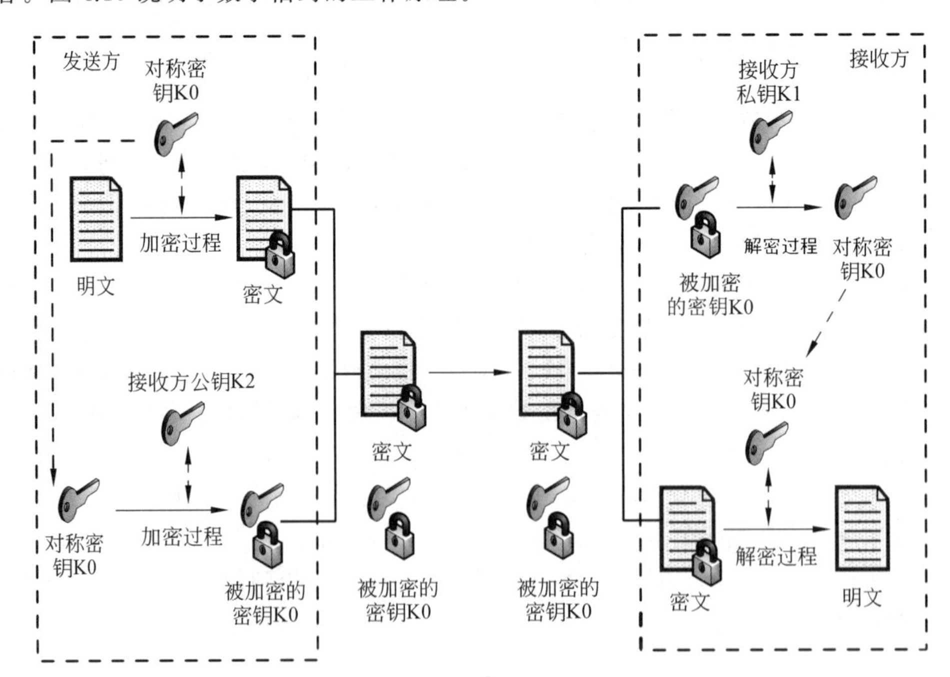

图 4.10　数字信封的工作原理示意图

首先,发送方使用对称密钥对要发送给接收方的明文进行加密,生成密文;然后再使用接收方公钥加密对称密钥,生成数字信封。之后,发送方将数字信封和密文一起发送给接收方。接收方收到发送方的加密信息后,使用自己的私钥打开数字信封,得到对称密钥,然后使用对称密钥对密文进行解密,得到发送方的明文。

数字信封技术结合了对称密钥加密和公钥加密的优点,解决了对称密钥发布的安全问题,以及公钥加密速度慢的问题,提高了安全性、扩展性和效率等。

4.2.4 数字证书

1. 数字证书的概念

在网上电子交易中,商户需要确认持卡人是信用卡或借记卡的合法持有者,同时持卡人也必须能够鉴别商户是否是合法商户,是否被授权接收某种品牌的信用卡或借记卡支付。为处理这些关键问题,必须有一个大家都信赖的机构来发放数字证书。数字证书就是参与网上交易活动的各方(如持卡人、商家、支付网关)身份的代表,每次交易时,都要通过数字证书对各方的身份进行验证。数字证书是由权威公正的第三方机构即证书授权(Certificate Authority,CA)中心签发的,它在证书申请被认证中心批准后,通过登记服务机构将证书发放给申请者。

简单地说,数字证书是一种把身份和凭证绑定在一起的解决方案。也就是权威机构用电子签名让信任这个权威机构的人可以相信这个证书。数字证书是一个经证书授权中心数字签名的包含公钥拥有者信息以及公钥的文件。在获得数字证书后,用户即可利用数字证书实施一些自己想要实施的活动。但每个数字证书都是不同的,且每个证书的可信度也存在一定差异,因此,申请者所获得的数字证书都是唯一的。

2. 查看数字证书

数字证书类别包括个人、其他人、中间证书颁发机构、受信任的根证书颁发机构、受信任的发行者、未受信任的发行者等。例如,要在浏览器中可查看操作系统自带的数字证书,具体操作如下。

① 打开浏览器,选择“Internet 选项”,找到“内容”选项卡,单击“证书”按钮,如图 4.11 所示。

② 在“证书”对话框中,选择“中间证书颁发机构”选项卡,如图 4.12 所示。

③ 任选一个证书的内容进行查看,如图 4.13 所示。

3. 数字证书的作用

数字证书可用于发送安全电子邮件、访问安全站点、网上证券、网上招标采购、网上签约、网上办公、网上缴费、网上税务等网上安全电子事务处理和安全电子交易活动。数字证书的作用如下。

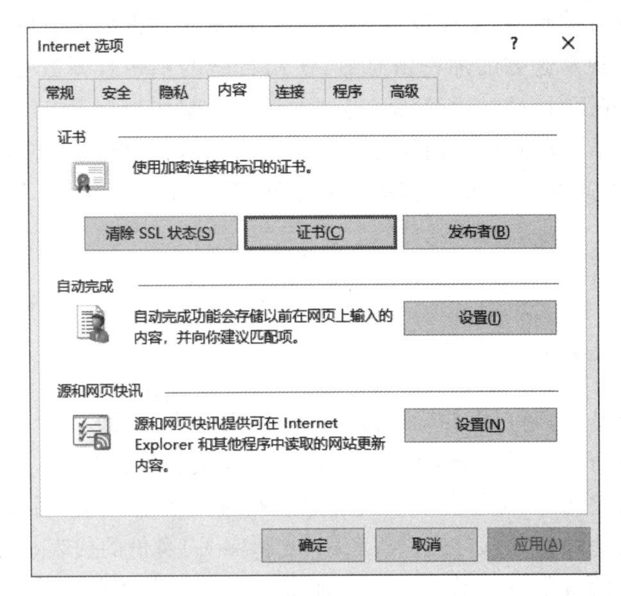

图 4.11 "Internet 选项"对话框

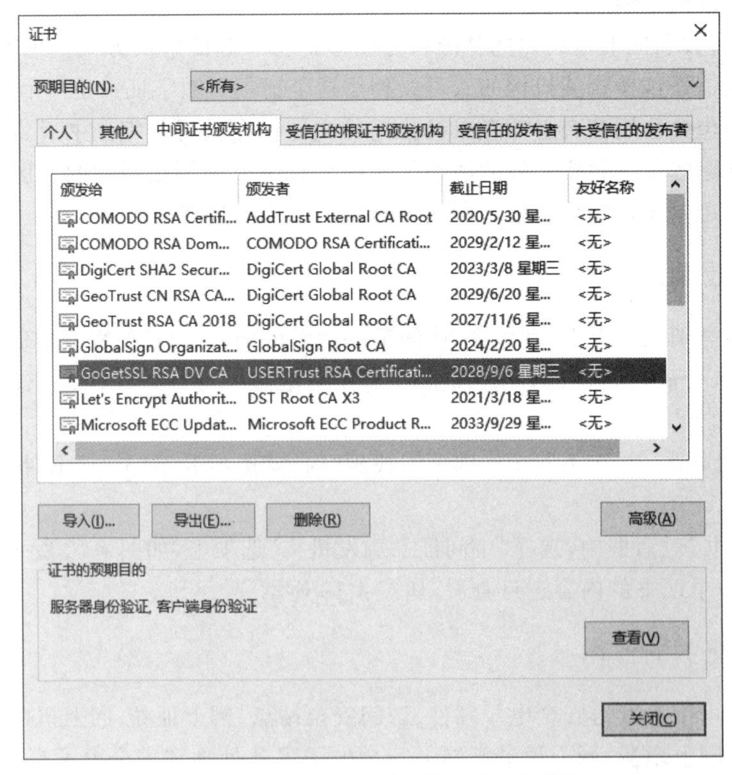

图 4.12 选择"中间证书颁发机构"选项卡

图 4.13　查看证书内容

(1) 身份认证

在网络中传递信息的双方如果不方便见面,利用数字证书可确认双方的身份。由CA中心颁发的电子签名可保证网上交易双方的身份确认,银行和信用卡公司可以通过CA认证确认身份,放心地开展网上业务。

(2) 保密性

通过使用数字证书对信息加密,只有接收方才能阅读加密的信息,从而保证信息不会被他人窃取。例如,信用卡的账号和用户名被人知悉,就可能被盗用,订货和付款的信息被竞争对手获悉,就可能丧失商机,而CA中心颁发的数字安全证书能保证电子商务信息传播中信息的保密。

(3) 完整性

利用数字证书可以校验传送的信息在传递的过程中是否被篡改或丢失。

(4) 防抵赖

利用数字证书进行数字签名,可准确标示签名人身份及验证签名内容,因此签名人对签名及签名内容具有不可否认性,其作用与手写签名具有同样的法律效力。

4.3 信息安全法律法规及道德规范

4.3.1 网络带来的社会问题

信息技术日新月异,网络时代增加了人们生活的便利性,人们无时无刻不在享受着信息技术带来的便利与好处。然而,随着信息技术的深入发展和广泛应用,网络中已出现许多不容回避的道德与法律问题。这些问题主要表现在以下几个方面。

1. 与互联网有关的精神疾病

互联网成瘾综合征,是一种现代的新形式的心理疾病。上网成瘾的网络用户因为缺乏社会沟通和人际交流,将网络世界当作现实生活,脱离时代,与他人没有共同语言,从而出现孤独不安、情绪低落、思维迟钝、自我评价降低等症状,严重的甚至有自杀意念和行为。医学上把这种症状称为"互联网成瘾综合征"(Internet Addiction Disorder,IAD)。

2. 个人隐私的泄露

随着互联网应用的普及和人们对互联网的依赖,互联网上泄露个人信息的安全问题也日益凸显。恶意程序、各类钓鱼和网络欺诈数量高速增长,与各种网络攻击大幅增长相伴的,是大量网民个人信息的被技术性窃取与财产损失的不断增加。

3. 损坏他人利益,窃取商业信息

未经信息所有者同意,擅自秘密窃取或非法使用信息的网络犯罪手段日益多样化和高技术化,如盗窃公司的商业秘密和个人隐私信息,在网上偷窃用户的计算机账号、密码等。这类信息犯罪在经济领域表现尤为突出。

4. 网络色情、暴力

因为当前网络环境下出现的网络色情恶意滋长,网上淫秽色情、暴力低俗的有害信息的传播是影响未成年人上网安全的突出问题。

5. 计算机犯罪

计算机犯罪是在信息活动领域中,利用计算机信息系统或计算机信息知识作为手段,或者针对计算机信息系统,对国家、团体或个人造成危害的犯罪行为。据公安部信息网络中心安全监察局的统计数据显示,近年来计算机网络犯罪案件占有很大比重。

6. 道德的缺失

网络在成为人们社会生活的重要组成部分和社会成员互动的主要方式的同时,也带来了各种道德的缺失问题。在网络中,人们容易忘掉自己的社会角色、社会地位、社会责

任，由于是匿名的，一般很难识别，因此没有了紧张恐惧的犯罪感，甚至做出一些违法犯罪的行为。

4.3.2 信息安全道德规范

我们在充分利用网络提供的历史机遇的同时，也要抵御其负面效应，大力进行信息安全道德规范建设。在信息安全道德规范中，计算机道德和网络道德是当今信息社会最重要的道德规范。计算机道德是用来约束计算机从业人员的言行，是指导其思想的一整套道德规范。网络道德规范是为了维护正常的网络公共秩序而需要共同遵守的基本道德准则。

1. 计算机道德规范

计算机道德指使用计算机时，除遵守法律之外还应当遵守的一些规则。计算机道德规范是在遵守计算机法规的层面上遵守计算机道德，是一个计算机用户在任何网络系统中都“应该”遵循的最基本的行为准则，具体内容如下。

(1) 未经允许，不得进入他人计算机网络或者使用计算机网络资源。

(2) 未经允许，不得对计算机网络功能进行删除、修改或者增加。

(3) 未经允许，不得对计算机网络中存储、处理或者传输的数据和应用程序进行删除、修改或者增加。

(4) 不得故意制作、传播计算机病毒等破坏性的程序。

(5) 不做危害计算机信息安全和网络安全的其他行为。

美国计算机协会希望其成员支持下列一般的伦理道德和职业行为规范：

(1) 为社会和人类做出贡献。

(2) 避免伤害他人。

(3) 要诚实可靠。

(4) 要公正并且不采取歧视性行为。

(5) 尊重包括版权和专利在内的财产权。

(6) 尊重知识产权。

(7) 尊重他人的隐私。

(8) 保守秘密。

2. 网络道德规范

网络作为一种高科技的信息传播途径，在为物质文明建设、精神文明建设服务，为健康、科学、文明的生活方式服务的同时，也传播着一些反动的、不健康的、黄色的、封建迷信的、低级趣味的内容，因而给我们提出了一个严肃的思想政治任务和社会主义精神文明建设任务，我们必须进行网络文明建设。作为当代青年，上网时应该遵守以下网络道德规范。

(1) 要加强思想道德修养，自觉按照社会主义道德的原则和要求规范自己的行为。

(2) 要依法律己,遵守“网络文明公约”,法律禁止的事坚决不做。

(3) 要净化网络语言,坚决抵制网络有害信息和低俗之风,健康合理科学上网。

(4) 严格自律,学会自我保护,自觉远离网吧,并积极举报网吧经营者的违法犯罪行为。

我国公安部公布的《计算机信息网络国际联网安全保护管理办法(2011 修订)》中规定,任何单位和任何个人不得利用国际互联网制作、复制、查阅和传播下列信息:

(1) 煽动抗拒、破坏宪法、法律和行政法规实施的。

(2) 煽动颠覆国家政权、推翻社会主义制度的。

(3) 煽动分裂国家、破坏国家统一的。

(4) 煽动民族仇恨、民族歧视,破坏民族团结的。

(5) 捏造或者歪曲事实、散布谣言,扰乱社会秩序的。

(6) 宣扬封建迷信、淫秽、色情、赌博、暴力、凶杀、恐怖,教唆犯罪的。

(7) 公然侮辱他人或者捏造事实诽谤他人的。

(8) 损害国家机关信誉的。

(9) 其他违反宪法和法律、行政法规的。

3. 计算机道德教育

计算机道德教育是计算机道德实践活动的重要形式之一,是指一定的社会组织或机构,对与计算机软件、硬件或网络的设计、生产、营销、管理和使用有关的个人或团体施以道德影响的活动,以有效地解决计算机使用过程中所引起的道德问题。计算机道德教育包括制定、宣传、落实计算机与网络道德规范,构建有效的道德评价与奖惩机制,积极营造良好的道德氛围,提高有关个人或企业集团的计算机道德水准。

各国家的有关组织与机构都制定了计算机道德和法律规范。我国公安部 2000 年 4 月公布的《计算机病毒防治管理办法》以及 2000 年 9 月公布施行的《互联网信息服务管理办法》对用户在使用过程中的行为做出了规定。美国计算机协会 1992 年 10 月通过的《伦理与职业行为准则》提出了一系列计算机职业伦理准则。美国计算机伦理协会制定了“计算机伦理十戒”,用简明通晓的道德戒律来规范人们的行为。美国加利福尼亚大学的网络伦理声明,明确谴责“六种网络不道德行为”。

4.3.3 信息安全法律法规

1. 信息安全法律法规概述

信息安全法律法规泛指用于规范信息系统或与信息系统行为相关的法律法规,信息安全法律法规具有命令性、禁止性和强制性。

信息安全法律法规具有两大特点:一是具有综合性,如电子签名法、计算机信息系统安全保护条例等,又有散见于各个法律和法规及部门规章之中;二是主体多样性,法律法规本身的制定主体相对统一,但部门规章的制定者涉及多个部位。

信息安全法律法规的保护对象包括以下几方面。

(1) 国家信息安全。突出表现为刑法,包括对国家重要信息资源的保护,对攻击和危害宣传的惩治。

(2) 社会信息安全。涉及社会的安全和稳定。

(3) 市场信息安全。保护涉及维护经济秩序和市场的安全和稳定。

(4) 个人信息安全。为保护公民人身、财产安全等。

2. 我国的信息安全法律法规

随着信息化进程的推进,我国从 20 世纪 80 年代开始了信息安全法律法规体系的建设。1994 年 2 月 18 日,国务院令(第 147 号)颁布了《中华人民共和国计算机信息系统安全保护条例》,赋予了公安机关行使对计算机信息系统的安全保护工作的监督管理职权。这是一件具有重要意义的事情,这是我国第一部保护计算机信息系统安全的专门条例。

1995 年 2 月,全国人大常委会颁布的《中华人民共和国人民警察法》明确了公安机关具有监督管理计算机信息系统的安全的职责,由此促进了信息安全法律法规体系的建设。

信息安全法律法规从性质及使用范围上主要分为:通用性法律法规、惩戒信息犯罪的法律法规、针对信息安全的法律法规、规范信息安全技术及管理的法律法规。以下是常见的关于信息安全相关行政法规与部门规范。

(1)《中华人民共和国计算机信息网络国际联网管理暂行规定》由国务院 1996 年 2 月 1 日国务院令(第 195 号)颁布,1996 年 2 月 1 日起实施,1997 年 5 月 20 日修订。

(2)《计算机信息网络国际联网安全保护管理办法》由公安部 1997 年 12 月 16 日公安部令(第 33 号)颁布,1997 年 12 月 30 日实施,2011 年 1 月 8 日修订。

(3)《计算机信息系统国际联网保密管理规定》由国家保密局颁布,2000 年 1 月 1 日起施行。

(4)《互联网信息服务管理办法》由国务院第 31 次常务会议通过,2000 年 9 月 25 日起施行。

(5)《非经营性互联网信息服务备案管理办法》由信息产业部 2005 年 1 月 28 日会议通过,2005 年 3 月 20 日起施行。

(6)《信息安全等级保护管理办法》由公安部、国家保密局等发布,2007 年 6 月 22 日起施行。

(7)《中华人民共和国保守国家秘密法》由国务院于 2014 年 1 月 17 日发布,自 2014 年 3 月 1 日起施行。

(8)《中华人民共和国国家安全法》由第十二届全国人民代表大会常务委员会第十五次会议通过,2015 年 7 月 1 日起施行。

(9)《中华人民共和国网络安全法》由全国人民代表大会常务委员会于 2016 年 11 月 7 日发布,2017 年 6 月 1 日起施行。

(10)《中华人民共和国电子签名法》由第十三届全国人民代表大会常务委员会第十次会议通过,2019 年 4 月 23 日起施行。

3. 我国信息安全组织机构管理体系

我国已经形成了多方“齐抓共管”的信息安全管理体制。由国信办网络与信息安全组、信息产业部、公安部、国家安全部、国家保密局、国家密码管理委员会等分别执行各自的安全职能，维护国家信息安全。

我国信息安全保障工作的基本思路是：以维护国家利益为根本出发点，服从和服务于国家发展和安全，适应国内改革开放不断深入的形势和全球信息化加速发展的趋势，坚持以人为本、全面协调可持续的科学发展观，突出保障重点，推动自主创新，实现跨越发展，走投入较少、效益较高的中国特色信息安全保障建设和发展之路，为国家发展和社会建设提供有力支撑。坚持用发展、改革和开放的办法解决面临的信息安全问题，从法律、管理、技术和人才等多方面入手，采取多种安全措施动员和组织全社会力量，共同构建国家信息安全保障体系。信息安全问题无忧，国家安全和社会稳定才有可靠的保障。

4.4 本章小结

本章介绍了计算机信息安全的相关知识。计算机信息安全具有保密性、完整性、可用性三个方面的特征。信息安全最基本、最核心的技术是数据加密技术。数据加密技术是将一个信息经过加密密钥及加密函数转换，变成没有任何规律的密文，而接收方则将此密文经过解密函数、解密密钥还原成明文。密码体制又称为密码系统，是指能完整地解决信息安全中的保密性、数据完整性、认证、身份识别、可控性及不可抵赖性等问题的系统。一个密码体制由明文、密文、密钥、加密算法和解密算法五个基本要素构成。信息安全技术的基础是数据加密技术，还包括数字签名、数字信封、数字证书等技术。

本章还介绍了计算机道德规范和网络道德规范等相关知识。计算机道德规范是用来约束计算机从业人员的言行，指导其思想的一整套道德规范；网络道德规范是为了维护正常的网络公共秩序需要共同遵守的基本道德准则。计算机道德教育是计算机道德实践活动的重要形式之一，是指一定的社会组织或机构，对与计算机软件、硬件或网络的设计、生产、营销、管理和使用有关的个人或团体施以道德影响的活动，以有效地解决计算机使用过程中所引起的道德问题。

4.5 习　题

一、单项选择题

1. 网络安全的特征应具有保密性、完整性、(　　)三个方面的特征。

A. 可用性　　B. 合法性　　C. 有效性　　D. 可控性

2. 加密算法若按照密钥的类型划分可以分为(　　)两种。

A. 公钥加密算法和对称密钥加密算法　　B. 序列密码和分组密码
C. 公钥加密算法和算法分组密码　　D. 序列密码和公钥加密算法

3. 采用公钥/私钥加密技术,(　　)。
A. 私钥加密的文件不能用公钥解密　　B. 公钥和私钥相互关联
C. 公钥加密的文件不能用私钥解密　　D. 公钥和私钥不相互关联

4. 以下描述数字证书最好的是(　　)。
A. 等同于在网络上证明个人和公司身份的身份证
B. 浏览器的一标准特性,它使得黑客不能得知用户的身份
C. 网站要求用户使用用户名和密码登录的安全机制
D. 伴随在线交易证明购买的收据

5. 描述数字信息的接收方能够准确验证发送方身份的技术术语是(　　)。
A. 加密　　B. 解密　　C. 对称加密　　D. 数字签名

6. 一个完整的密码体制,不包括(　　)。
A. 明文　　B. 密文　　C. 数字签名　　D. 密钥

7. 基于网络的入侵检测系统的信息源是(　　)。
A. 系统的审计日志　　B. 应用程序的事务日志文件
C. 事件分析器　　D. 网络中的数据包

8. 数字签名技术属于信息系统安全管理中保证信息(　　)的技术。
A. 保密性　　B. 可用性　　C. 完整性　　D. 可靠性

9. 黑客攻击造成网络瘫痪,这种行为是(　　)。
A. 违法犯罪行为　　B. 正常行为　　C. 报复行为　　D. 没有影响

10. (　　)违反计算机信息系统安全保护条例的规定,给国家、集体或者他人财产造成损失的,应当依法承担民事责任。
A. 计算机操作人员
B. 计算机管理人员
C. 除从事国家安全的专业人员以外的任何人
D. 任何组织或者个人

11. 密码学研究的目的是(　　)。
A. 数据加密　　B. 数据解密　　C. 数据保密　　D. 信息安全

12. 关于数字签名技术,下面说法错误的是(　　)。
A. 数字签名技术能够保证信息传输过程中的安全性
B. 数字签名技术能够保证信息传输过程中的完整性
C. 数字签名技术能够对发送者的身份进行认证
D. 数字签名技术能够防止交易中抵赖的发生

13. 网络监听是(　　)。
A. 远程观察一个用户的计算机　　B. 监听网络的状态和传输的数据流
C. 监视 PC 系统运行情况　　D. 监视一个网站的发展方向

14. 信息不泄露给非授权的用户实体或过程,指的是信息的(　　)特征。

A. 保密性　　B. 完整性　　C. 可用性　　D. 可控性

15.（　）不是预防计算机病毒的主要做法。

A. 不使用外来软件

B. 定期进行病毒检查

C. 复制数据文件副本

D. 当病毒侵害计算机系统时，应停止使用，须进行清除病毒

二、填空题

1. 计算机病毒是指具有破坏性的（________）。

2. 信息安全最基本、最核心的技术是（________）。

3. 为了避免冒名发送数据或者发送后不承认的情况发生，可以采取的办法是（________）。

4. 电子邮件的发件人利用某些特殊的电子邮件软件，在短时间内不断重复地将电子邮件寄给同一个收件人，这种破坏方式称为（________）。

5. 使计算机病毒传播范围最广的媒介是（________）。

三、简答题

1. 如何理解信息安全？

2. 黑客入侵常用的方法有哪些？

3. 网络带来了哪些社会问题？

4. 日常上网要保护个人信息的安全性，应该怎么做？

5. 什么是密码体制？密码体制包括哪些内容？

6. 什么是数字证书？数字证书的作用是什么？

第5章 数据管理

研究和制造计算机的最初目的是实现快速的科学计算，但是今天，当计算机已经应用于仓储管理、购物结算、档案资料的查询等领域时，它所面对的则是庞大的数据信息和复杂多样的数据类型。为了有效地管理和利用这些数据，就催生了计算机的数据管理技术。

如何收集有用的信息和数据，如何合理地组织信息，如何筛选所需的数据，以及如何高效地利用数据成为我们今天必须面对的问题。传统的纸面数据在存储效率和传播效率上有很大局限性，由此催生了电子数据，"无纸化办公"已经由概念逐渐应用到多个行业领域，增强了人们的环保意识，也促进了各行业办公模式的不断升级。现代化和信息化建设的步伐不断加快，使得利用计算机技术来安全高效地管理信息和数据成为必然。

数据管理是对数据进行收集、分类、组织、存储、检索和维护的一系统列活动。数据管理的目的是为充分有效地发挥数据的作用，实现数据有效管理的关键是数据的组织。数据库技术和数据库系统是伴随数据管理技术的发展而产生的。数据库技术因其扎实的理论基础和广泛的应用前景，已经成为计算机数据处理与信息管理以及信息化基础设施的核心和基础。

5.1 数据库技术

数据库技术能有效解决计算机信息处理中对批量数据的组织和存储问题，实现数据共享和保障数据安全，实现高效地检索数据和处理数据，并提供科学的技术保障和手段支持。伴随计算机技术和互联网技术的发展，数据库技术也经历了一个由低级到高级的发展过程。

5.1.1 数据库技术概述

1. 数据库技术的发展历程

数据库技术诞生至今已有半个多世纪，随着计算机技术的发展，遵循着数据存储冗余不断减少，数据独立性不断增强，数据操作方式日益方便的发展主线，数据库技术经历了人工管理、文件管理和数据库管理3个阶段。

(1) 人工管理阶段

20 世纪 50 年代中期以前的数据处理是人工管理阶段，没有管理数据的软件。计算机主要用于科学计算，外部存储器只有纸带、卡片和磁带等。这一时期数据管理的主要特点如下。

① 程序直接管理数据。人工管理阶段，应用程序处理数据时，被处理的数据直接写入程序代码中，由程序管理。

② 数据不共享，冗余度大。由于数据是面向特定的应用程序，一组数据只能对应一个应用程序，如图 5.1 所示。即使几个程序要处理的是同一批数据，也无法实现数据共享，只能重复性地把数据写入每个程序中，因此数据冗余度大。

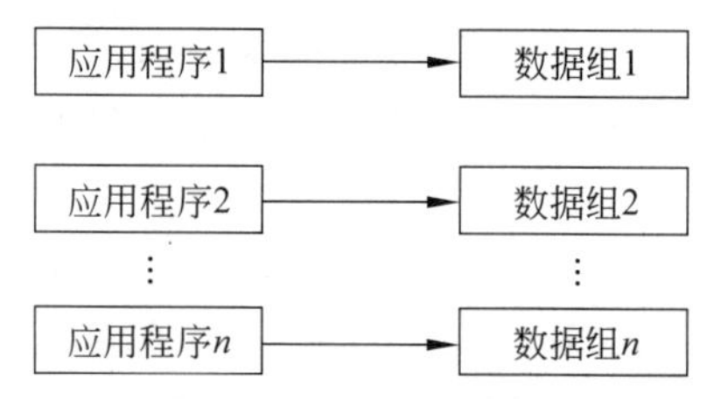

图 5.1　人工管理阶段的应用程序与数据之间的关系

③ 数据缺乏独立性。当数据的逻辑结构和物理结构改变了，应用程序也要改变。

(2) 文件管理阶段

20 世纪 50 年代后期至 60 年代中期，由于磁盘和磁鼓等大容量存储设备的出现，大量数据可以被组织为文件的形式存储在外部存储设备中，并由操作系统提供的软件(一般为文件系统)统一管理。文件管理阶段的主要特点如下。

① 应用程序与数据分开存储。应用程序中不带要处理的数据，被处理的数据均独立地组织成数据文件。应用程序与数据文件被分别存入外存储设备，因此，数据和应用程序之间具有了一定的独立性。

② 数据共享性弱，冗余度大。文件管理阶段，数据不再专属于某一特定程序，同一批数据可为多个应用程序使用，实现了数据以文件为单位的共享，如图 5.2 所示。由于文件系统只能简单存取数据，每个数据文件中存在部分的重复数据，因此数据冗余度仍然很大。

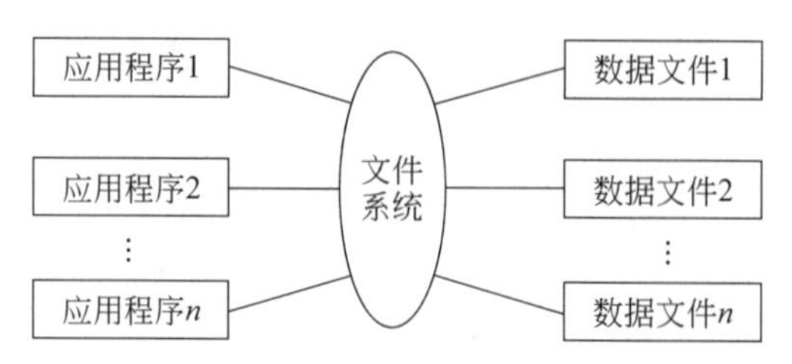

图 5.2　文件管理阶段的应用程序与数据之间的关系

③ 数据不一致。因为数据文件彼此独立和数据的冗余度大，不可避免地会出现数据的不一致，这种不一致性给数据的更新与维护带来困难。

文件管理数据的方式适合处理数据量较小的情况，不适应大规模数据的管理。

(3) 数据库管理阶段

20世纪60年代以后，随着数据处理的规模越来越大，应用范围越来越广，大容量的磁盘出现，数据库技术应运而生，出现了专门对数据库进行统一管理的软件，这就是数据库管理系统。从文件系统阶段到数据库管理阶段，数据管理技术发生了质的飞跃。数据库管理阶段具有以下特点。

① 数据结构化。数据库中的数据是按照一定的数据模型来组织的，可以最大限度减少数据冗余，提高数据的一致性和完整性，降低应用程序的开发和维护代价。

② 应用程序与数据完全独立。应用程序的修改不影响数据，数据的结构及存储位置的改变也不影响应用程序，如图5.3所示。

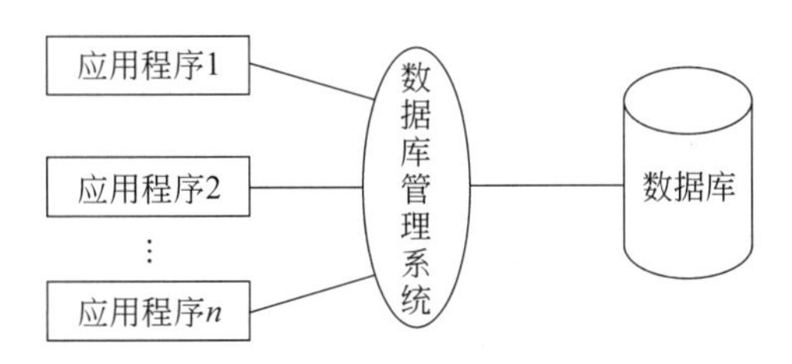

图5.3 数据库管理阶段应用程序与数据之间的关系

③ 数据共享性好。数据不是面向应用程序，而是面向整个系统，任何应用程序都可以使用数据库中其所需要的数据，因此，数据共享性好。

2. 数据库的基本概念

(1) 数据库

数据库(Database，DB)就是用来存放数据的“仓库”，是将数据有组织地存储于计算机的外存设备，是可共享、可统一管理的数据集合。数据库中的数据具有较小的冗余度、较高的数据独立性和可扩展性，可以为不同的应用程序所共享。

(2) 数据库管理系统

数据库管理系统(Database Management System，DBMS)是一种用来操纵和管理数据库的大型软件，用于建立、使用和维护数据库。它是数据库系统的核心组成部分，是用户与操作系统之间，或者应用程序与操作系统之间的系统软件。DBMS能对数据库实施有效地组织和存储，对数据库中存储的数据进行操作，如查询、更新、插入、删除以及各种控制等。

DBMS的基本功能如下。

① 数据定义：DBMS提供数据定义语言(Data Definition Language，DDL)，供用户定义数据库、定义和修改数据库中的表结构以及完整性约束规则等。

② 数据操纵：DBMS提供数据操纵语言(Data Manipulation Language，DML)，供用户实现对数据的插入、删除、更新、查询等操作。

③ 数据库的建立和维护：数据库的建立包括数据库初始数据的输入和转换功能，数据库的维护包括数据库的转储、恢复、重新组织以及性能监控等功能，这些功能分别由一

些实用程序完成。

④ 数据库的运行管理：数据库的所有操作都要在控制程序的统一管理下进行，以保证数据的安全性、完整性，实现多个用户对数据库使用的并发性控制，以及安全性检查和存取限制控制。运行管理还包括运行日志的组织管理、事务的管理和自动恢复等功能。这些功能保证了数据库系统的正常运行。

⑤ 通信：DBMS 具有与操作系统的联机处理，具有分时系统及远程作业输入的相关接口，负责处理数据的传送。对网络环境下的数据库系统，还包括 DBMS 与网络中其他软件系统的通信功能以及数据库之间的互操作功能。

在数据库技术的发展过程中，出现了一些具有代表性的数据库管理系统软件，市场上比较流行的数据库管理系统产品主要是 Oracle、DB2、MySQL、SQL Server、Sybase 和 Access 等。

(3) 数据库系统

数据库系统(Database System，DBS)是由硬件系统、数据库管理系统、数据库、应用程序、管理数据库相关人员等构成的综合体。数据库系统可以简单地理解为是在计算机系统中引入数据库后的系统。应用程序是指利用各种开发工具开发的，能满足特定应用环境的程序。数据库管理员(Database Administrator，DBA)，是负责数据库的建立、使用和维护的专门人员。过去的数据库公司提供的产品仅仅是数据库管理系统，随着数据库公司向面向应用的系统集成转型，现在的数据库系统往往是一整套网络数据库应用解决方案，其中包括数据库管理系统、数据库应用服务器、开发工具套件等。常见的数据库系统组成如图 5.4 所示。

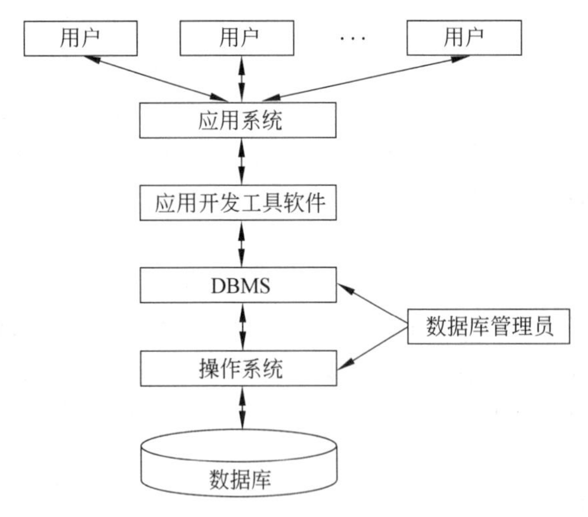

图 5.4　常见的数据库系统组成

5.1.2　数据库体系结构

1975 年，美国国家标准学会/标准计划和需求委员会(ANSI/SPARC)为数据库系统建立了三层体系结构(即三级模式结构)：面向用户或应用程序员的用户级、面向数据库设计和维护人员的概念级、面向系统程序员的物理级，分别称为外模式、概念模式和内模式。为了能够在内部实现数据库的三个抽象层次的联系和转换，DBMS在这三级模式之间提供了两层映射：外模式-模式映射、模式-内模式映射。

1. 外模式

外模式又称子模式或用户模式，是数据库用户看见的局部数据的逻辑结构和特征的描述。外模式是应用程序与数据库系统之间的接口，是保证数据库安全性的一个有效措施。用户可使用数据定义语言(DDL)和数据操纵语言(DML)来定义数据库的结构和对数据库进行操纵。对于用户而言，只需要按照所定义的外模式进行操作，而无需了解概念模式和内模式等的细节。一个数据库可以有多个外模式。

2. 概念模式

概念模式又称模式或逻辑模式，是数据库整体逻辑结构的完整描述。概念模式位于数据库系统模式结构的中间层，不涉及数据的物理存储细节和硬件环境，与应用程序、开发工具及程序设计语言无关。一个数据库只能有一个概念模式。

3. 内模式

内模式又称存储模式，是数据库内部数据存储结构的描述。它定义了数据库内部记录类型、索引和文件的组织方式以及数据控制方面的细节。一个数据库只能有一个内模式。

4. 外模式-模式映射

对应于同一个模式可以有多个外模式。对于每一个外模式，数据库系统都有一个外模式-模式映射，它用于保持外模式与概念模式之间的对应性。当数据库的概念模式改变时，只需要对外模式-模式映射进行修改，而使外模式保持不变。从而使应用程序不必修改，保证了数据与程序的逻辑独立性。

5. 模式-内模式映射

在概念模式和内模式之间存在着模式-内模式映射。数据库只有一个模式，也只有一个内模式，所以模式-内模式映射是唯一的，它用于保持概念模式与内模式之间的对应性。当数据库的存储结构改变时，由数据库管理员对模式-内模式映射做相应修改，可以使概念模式保持不变，从而应用程序不必修改，保证了数据与程序的物理独立性。数据库三级模式结构如图5.5所示。

5.1.3 数据模型

模型是对现实世界特征的模拟和抽象，就像我们在建造一个公园时，总是先绘出建筑

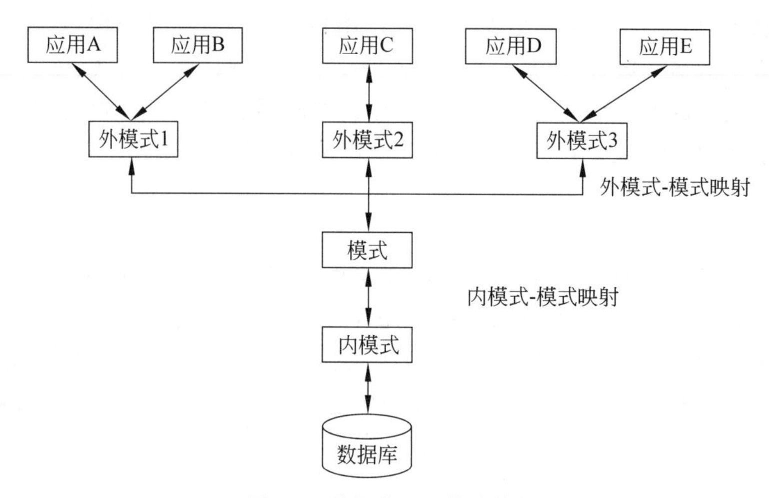

图 5.5　数据库三级模式结构

设计图和制作相应的沙盘一样,需要将想象中的观点和概念用形式化的模型来具体表现。由于计算机不能直接处理现实世界中的具体事物,因此人们必须先把具体事物抽象化为模型,并转换为计算机可以处理的数据形式,从而达到以模拟的方式来表现现实世界和处理实际事物。

数据模型(Data Model,DM)是数据特征的抽象。数据模型所描述的内容有三部分:数据结构、数据操作和数据约束。

数据结构主要描述数据的类型、内容、性质以及数据间的联系等,是目标类型的集合;数据操作主要描述在相应的数据结构上的操作类型和操作方式;数据约束主要描述数据结构内数据间的语法、词义联系、它们之间的制约和依存关系,以及数据动态变化的规则,以保证数据的正确性、有效性和相容性。

数据模型为数据库系统的信息表示与操作提供了一个抽象的框架。数据模型通常满足3个基本要求:能够比较真实地反映现实世界的实际情况;能够比较容易地被人们所理解;能够准确和方便地在计算机中实现。

数据模型以现实世界为基础,要经历两个演变过程:一个是建立概念模型(或信息模型),它是以人的观点来模拟现实世界的模型;另一个是在概念模型的基础上生成基本的数据模型,它是按计算机系统的特征,以计算机能够识别和处理的方式建立数据的结构,直接面向数据库中数据的逻辑结构。

1. 概念模型

概念模型是按照人们对客观事物的认识与理解对数据和信息建模,它的建立不依赖于任何数据库管理系统,但又具有较强的语义表达能力,能够方便、直接地表达应用中的各种语义知识,容易向数据库管理系统支持的逻辑数据模型转换,也利于与用户进行交流。概念模型需要相关术语做语义表达,这些术语是概念模型的基本语义单元。相关术语如下。

(1) 实体(Entity)

实体是现实世界中客观存在的、能相互区别的事物。例如,一个学生、一个班级、一门课程、一件商品等,都可以看作是抽象的实体。概念性的事物,例如商品的价格,也可以看作是抽象的实体。

(2) 属性(Attribute)

实体或实体之间的联系所具有的特性称为属性,一个实体可由若干个属性来描述。属性有“型”“值”两个方面的含义。“型”是属性的名字,型的具体赋值就是属性的“值”。例如,表示一个学生实体时,可以选择“学号”“姓名”“性别”“专业”等属性去描述,而“2019121009”“李丽丽”“女”“电子 19-1 班”,这些属性值的集合具体指定了一个学生。实体的属性也被称为字段。

(3) 实体型(Entity Type)

实体型是对具有相同特征和相同性质的实体的总称,它采用实体名及描述该实体的所有属性名的集合来表示。例如,采用“学号”“姓名”“性别”“专业”四个属性来描述一个名为“学生”的实体,则这个实体型可以表示为:学生(学号,姓名,性别、专业)。

(4) 实体集(Entity Set)

某个实体型的全部实体称为实体集。例如,某个班的所有学生组成一个学生实体集。

(5) 键(Key)

键也称关键字或码,是指能够在实体集中唯一标识一个实体的一个属性或一个属性组(即多个属性)。例如,学号可以作为学生实体的关键字,因为每个学号唯一标识一个学生。这种能够在实体集中唯一地标识一个实体的关键字称为主关键字(或主键),它的值不允许重复,也不允许为空。

(6) 域(Domain)

域是属性的取值范围或值域。域的取值可以是整数、实数、字符串、日期、逻辑的真或假等。

(7) 联系(Relationship)

实体内部或实体之间的相互关系称为联系。组成一个实体的各属性之间是相互联系的,也称为实体的内部联系,借助于这种联系可以组建数据表。实体之间的联系通常是指不同实体集之间的联系,被称为实体的外部联系。

2. 实体-联系方法

实体-联系方法(Entity-Relationship Approach)是概念模型表示法的一种,简称为 E-R 图,利用 E-R 图可以描述客观事物的实体型、实体所具有的属性以及实体间的联系。其中,实体型用矩形表示;实体的每个属性用椭圆形表示,并用线段与对应的实体型连接;联系用菱形表示,用线段连接相关实体来表示它们之间有联系,并在线段旁注明其联系的类型。实体间的联系通常分为 3 种类型:一对一联系、一对多联系和多对多联系。

(1) 一对一联系

当前实体集中的每一个实体在另一个实体集中最多只能找到一个可以与它相对应的实体;反之,在另一个实体集中的每一个实体也最多只能在当前实体集中找到一个相对应的实体，那么这两个实体集之间就存在着一对一的联系，记作 1∶1。例如，一个学校只有一个校长，而这个校长只能在这个学校内任职，那么校长与学校之间就是一对一的联系，可以用图 5.6(a)表示。

（2）一对多联系

当前实体集中的每一个实体在另一个实体集中可以找到多个能够与它相对应的实体；反之，在另一个实体集中的每一个实体，却只能在当前实体集中找到一个与之相对应的实体，那么这两个实体集之间就存在着一对多的联系，记作 1∶n。例如，一个班级里有多个学生，但一个学生只能属于一个班级，那么班级和学生之间就是一对多的联系，可以用图 5.6(b)表示。

（3）多对多联系

当前实体集中的每一个实体在另一个实体集中可以找到多个能够与它相对应的实体；反之，在另一个实体集中的每一个实体也能在当前实体集中找到多个与之相对应的实体，那么这两个实体集之间就存在着多对多的联系，并记作 m∶n。例如，一门课程允许有多个学生选修；反之，一个学生又可以选修多门课程，那么课程与学生之间就是多对多的联系，可以用图 5.6(c)表示。

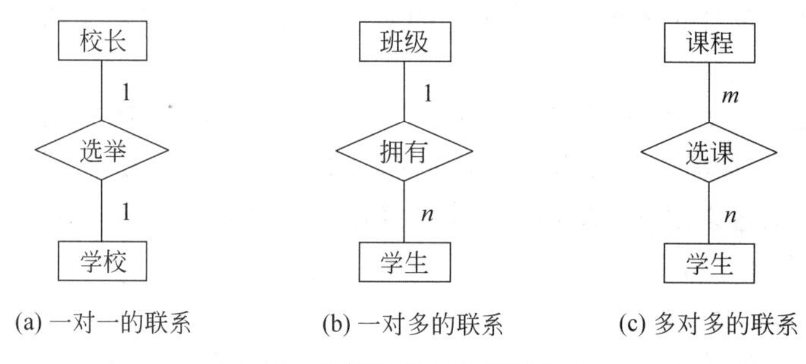

图 5.6　实体间联系的图形表示

图 5.7 所示的是学生实体与课程实体间联系的 E-R 图，学生实体与课程实体之间是多对多的联系。

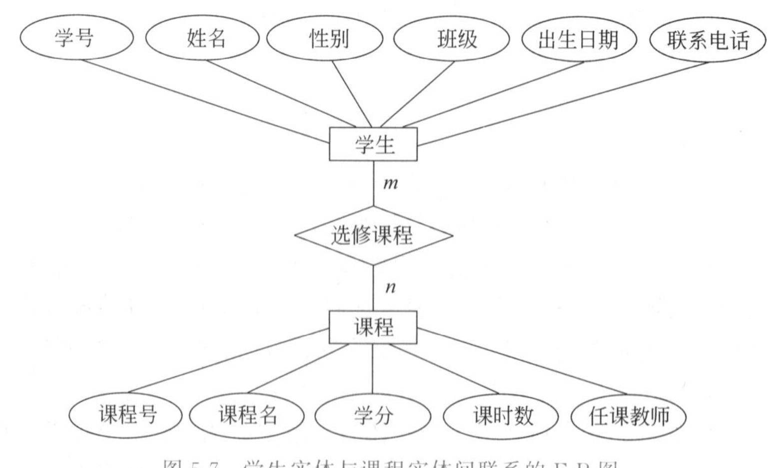

图 5.7　学生实体与课程实体间联系的 E-R 图

有时为了简化实体间的复杂关系，在处理多对多联系时，往往采用增加一个中间实体，使得一个多对多的联系变成两个一对多的联系。例如，针对图 5.7 所示的联系，可以增建一个“选课”实体，使其包含学校所有学生选修的全部课程内容。例如，创建选课实体的实体型为“选课(学号，课程号，作业 1 成绩，作业 2 成绩，作业 3 成绩)”，使课程实体与选课实体之间只存在一对多的联系，同时，学生实体与选课实体之间也只存在一对多的联系。在这个变换过程中，“选课”实体起到了中间纽带的作用。

3. 数据模型的类型

数据库技术发展至今，最有影响的 3 种数据模型是层次模型、网状模型和关系模型。

(1) 层次模型(Hierarchical Model)

层次模型发展最早，它用树型结构来表示实体之间的联系。现实世界中许多实体之间的联系本来就呈现出一种很自然的层次关系，例如，家族关系、行政机构等。层次模型如图 5.8 所示。

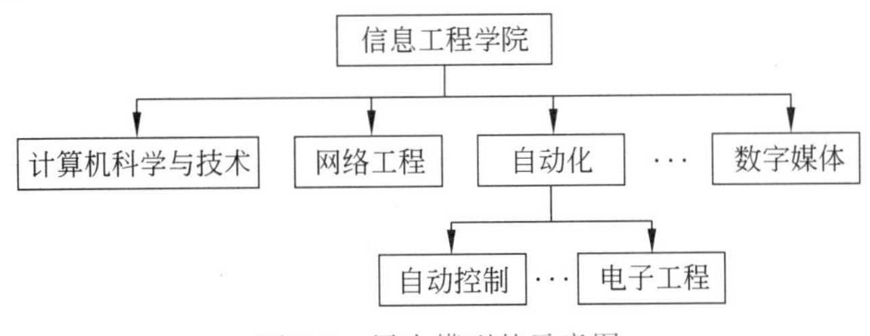

图 5.8　层次模型的示意图

层次模型以每个实体为结点，上一层结点称为父结点，下一层结点称为子结点，每个子结点有且只有一个父结点。最上层没有父结点的结点称为根结点，且只有一个根结点。最下层没有子结点的结点称为叶结点。层次模型是一种以记录类型为结点的有向树结构。由于多数实际问题中数据间关系不是简单的树型结构，层次型数据模型逐渐被淘汰。

(2) 网状模型(Network Model)

网状模型通过网状结构表示数据间联系，比层次模型更具有普遍性。网状模型去掉了层次模型的两个限制，它允许多个结点没有父结点，允许一个子结点有多个父结点。此外它还允许两个结点之间有多种联系，因此网状模型可以更直接地描述现实世界，如图 5.9 所示。

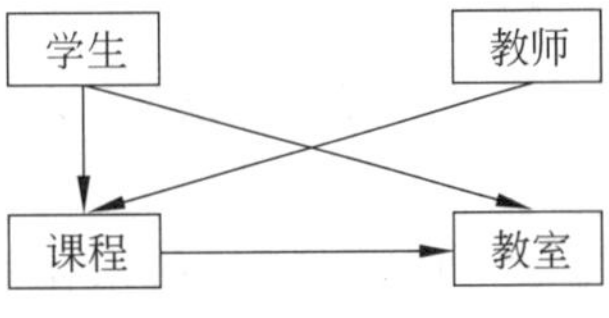

图 5.9　网状模型的示意图

(3) 关系模型(Relational Model)

关系模型开发较晚，是目前数据库系统中运用最广泛的数据模型。关系模型理论由美国的 E.F.Codd 于 1970 年提出的，该理论运用数学方法来研究数据结构和数据操作，将数据库的设计从以经验为主提高到以理论为指导。不仅如此，关系模型以人们经常使用的表格形式作为基本的存储结构，通过相同关键字段来实现表格间的数据联系。关系模型具有坚实的数学基础与理论基础，使用灵活方便，适用范围广，所以发展十分迅速。

5.1.4 关系模型

关系模型从形式上看就是一张二维表（简称为表）。以下介绍关系模型中的基本概念和基本术语。

1. 关系模型的基本术语

（1）关系（Relation）

一个关系对应一个二维数据表，换句话说，一个关系的逻辑结构是由行列组成的一张二维表，其中每列称为一个字段，每行称为一条记录，如表 5.1 所示。

表 5.1　学生基本信息

学号	姓名	性别	专业	出生日期	联系电话
190204223	王丽丽	女	电子 19	1999/3/30	136xxxx2502
190834204	张国	男	生物 19	2000/5/8	
190206120	赵欣	女	电子 19	1999/9/23	
180521116	陈玉华	男	会计 18	1999/2/25	139xxxx3505
190322115	李文江	男	数学 19	2000/6/19	138xxxx2406
190122123	宋小兵	男	金融 19	1999/11/28	136xxxx4586

（2）属性（Attribute）

在二维表中，属性就是字段，字段有名和值的区别，一列中处于表头位置的单元格内容是字段名（或称属性名），除字段名外，该列的其余数据为字段值（或称属性值），每个字段值又被称为分量或数据项。

（3）域（Domain）

域是字段值（或属性值）的取值范围。

（4）元组（Tuple）

除表头所在行以外，二维表中每一行称为一个元组或一条记录，它由一组不同的属性值组成。二维表的一条记录相当于一个实体，整个二维表的全部记录相当于一个实体集。

（5）候选码（Candidate Key）

候选码就是关键字，它是能够唯一标识一个二维表中每个元组的属性或属性组。候选码简称为码。例如，在表 5.1 中，可以将属性“学号”作为该二维表的候选码，因为学号可以唯一确定一个学生，即一个学生的完整记录。又如，表 5.2 展示了一个名为“学生作业成绩”的二维表，该表不能单独使用“学号”属性作为候选码，因为一个学生可以选修多门课程，该表中可能出现两条或多条学号相同但选课不同的记录。此时，学号和选课代码的组合可以唯一确定一个学生的一门课程的成绩，所以应该将“学号”及“选课代码”两个属性组成一个属性组，作为表的候选码。

表 5.2　学生作业成绩

选课代码	学号	作业 1 成绩	作业 2 成绩	作业 3 成绩
s06b001	190204223	75	80	80
j08b002	190834204	70	85	90
d07a001	190206120	85	70	80
s06b001	190206120	85	90	90
j08b002	190204223	90	80	90

（6）主码(Primary Key)

一个二维表中可以设置多个候选码，从多个候选键中选择一个作为查询、插入或删除元组的操作变量，被选用的候选键称为主码。例如，在表 5.1 中，可以增加一个"身份证号码"属性，该属性也可以设置为候选码，但在实际应用中只能选择一个候选码，被选中的候选码就是主码，又称为主键。

（7）关系模式

关系模式是对关系(即二维表)中所含属性(或字段)的集合命名，记为：关系名(属性 1，属性 2，…，属性 n)。例如，表 5.1 中描述的数据表的内容是针对学生实体建立的一个关系，所以这个关系模式应该描述为：学生(学号，姓名，性别，专业，出生日期，联系电话)。

关系模型要求关系必须规范化，也就是要求关系必须满足一定的约束条件。其中最基本的一条是二维表中的每个分量必须是不可再分的基本项，即一个表中不能嵌套另一张表。并不是所有的表格都可以满足关系的相关约束条件，所以组建一个关系二维表时，要注意遵守以下的约束条件：

① 数据表的每个分量都不可再分，它应该是一个基本项。

② 每一列的分量都有唯一的属性名和相同的数据类型，且来自同一个域。

③ 每一个元组是一个实体的各属性值的集合，表中不允许有完全相同的元组存在。

④ 列的顺序可以任意交换，但交换时应与属性名一起交换。

⑤ 行的顺序也是任意的，交换任意两行的位置不会影响数据的实际含义。

2. 关系完整性约束

关系完整性约束是为保证数据库中数据的正确性、一致性和相容性，对关系模型提出的一些约束条件或规则。完整性通常包括实体完整性、参照完整性和用户定义的完整性，其中实体完整性和参照完整性，是关系模型必须满足的两个完整性约束条件。

（1）实体完整性

一个关系对应现实世界中的一个实体集。现实世界中的实体是可以相互区分和识别的。在关系模式中，以主关键字作为唯一性标识，所以需要对主关键字进行一定的约束，以保证关系中实体的唯一性。因此，作为主关键字的值必须唯一，且不能取空值。如主关键字是多个属性的组合，则所有主属性均不得取空值。

(2) 参照完整性

参照完整性要求关系中不允许引用不存在的实体,其目的是保证数据的一致性。也就是说,参照关系中的属性值必须能够在被参照关系找到或者取空值,否则不符合数据库的语义。在实际操作时,如更新、删除、插入一个表中的数据,通过参照引用相互关联的另一个表中的数据,来检查对表的数据操作是否正确,不正确则拒绝操作。

例如,有学生实体和专业实体,可以用下列两个关系模式来表示,其中学号是学生的主键,专业代码是专业的主键:

学生(学号,姓名,性别,专业代码,出生日期,联系电话)
专业(专业代码,专业名称)

这两个关系之间存在着属性的引用,含有相同的属性,即专业代码。学生关系引用了专业关系的主键"专业代码",专业代码则是学生关系的外键。这里,学生关系是被参照关系,专业关系是参照关系。而且按照参照完整性规则,学生关系(并非专业关系)中的每个元组的"专业代码"属性只能取两种值:一种是空值,表示尚未给学生分配专业;另一种是非空值,这时该值必须是专业关系中某个元组的"专业代码"值,表示该学生不可能分配到一个不存在的专业中去。就是说,学生关系中的某个属性的取值需要参照专业关系的属性取值。

(3) 用户定义的完整性

用户定义的完整性指针对某一具体关系数据库的约束条件,它反映某一具体应用所涉及的数据必须满足的语义要求,主要包括非空约束、唯一约束、检查约束、主键约束、外键约束等。例如,学生关系模式中"性别"属性的取值只能是"男"或"女"。

5.2 数据库的建立

5.2.1 Access 快速入门

Access 是 Microsoft Office 软件包中的一个组件,是一个容量小、功能强、操作灵活方便的关系型数据库管理系统。Access 在很多地方得到广泛使用,例如小型企业和大公司的部门。Access 的可视化操作环境以及完整的工具、向导,都使初学者很容易学习和掌握它。Access 与 Office 软件中的 Word、Excel 等有着相近的操作界面和一致的风格,这是它易于被熟悉 Office 软件的用户接受和使用的主要原因之一。

在 Access 中,不同版本数据库文件的扩展名不一样,早期的 Access 数据库文件的扩展名为.mdb,从 Access 2007 开始,其扩展名为.accdb。

要创建一个 Access 数据库,第一步工作就是创建一个 Access 数据库文件,其操纵的结果是在磁盘上建立一个扩展名为.accdb 的数据库文件;第二步工作则是在数据库中创建数据表,并建立数据表之间的关系;接着,创建其他数据库对象,最终即可形成完备的 Access 数据库。整个数据库仅以一个文件存储,显得极为简洁。这也是很多小型数据库应用系统开发者偏爱 Access 的原因之一。实际上，对于 Access 数据库管理系统来说，数据库对象是一级容器对象，其他对象均置于该容器对象之中，因此，数据库是其他对象的基础，其他对象必须建立在数据库中。

1. Access 数据库对象

数据库对象是 Access 最基本的容器对象。在数据库对象中，用户可以将自己的数据分别保存在彼此独立的存储空间中，这些空间就是数据表。早期的 Access 中有 7 种不同类别的数据库对象，即表、查询、窗体、报表、数据库访问页、宏和模块。从 Access 2010 开始，不再支持数据访问页对象。如果希望在 Web 上部署数据输入窗体并在 Access 种存储所生成的数据，则需要将数据库部署到 Microsoft Windows SharePoint Services 3.0 服务器上，使用 Windows SharePoint Services 所提供的工具实现所需的目标。

不同的对象在数据库中有着不同的作用，表是数据库的核心与基础，存放着数据库中的全部数据；报表查询和窗体都是从数据库中获得数据信息，以实现用户的某一特定需求，如查找、计算统计、打印、编辑修改等；窗体可以提供一种良好的用户操作界面，通过它可以直接或间接地调用宏或模块，并执行查询、打印、预览和计算等功能，还可以对数据库进行编辑修改操作。

(1) 表

表又称数据表、基本表，是 Access 数据库最基本的对象，每个表是一个实体集的全部数据，是有结构的数据集合。表由行和列组成。表中的列称为字段，用来描述数据的某类特征。表中的行称为记录，用来反映某一个实体的全部信息。一条记录由同行的若干字段组成。Access 允许一个数据库中包含多个表，可以在不同的表中存储不同类型的数据。通过在表之间建立关系，可以将不同的数据联系起来，以供使用。

(2) 查询

查询是通过设置某些条件，从表中获取所需要的数据。查询是数据库中应用最多的对象之一，按照指定规则，查询可以从一个表、一组相关表或其他查询中抽取部分或全部数据，并将其集中起来形成一个集合供用户查看。将查询保存为一个数据库对象后，可以在任何时候查询数据库的内容。查询对象的运行形式与数据表对象的运行方式几乎完全相同，但它只是数据表对象所包含数据的某种抽取与显示，本身并不包含任何数据。需要注意的是，查询对象必须建立在数据表对象之上。

(3) 窗体

窗体是用来处理数据的界面，通常包含一些可执行各种命令的按钮。窗体是 Access 数据库对象中最灵活的一种对象，其数据源可以是表或查询。窗体提供了一种简单易用的处理数据的格式，可以向窗体中设置各种控件，如列表框、复选框、文本框、按钮等，用于显示和编辑表中的数据或查询中的数据。使用窗体还可以控制其他用户与数据库之间的交互方式，例如，创建一个只显示查询却不能编辑数据的窗体，有助于保护数据。

(4) 报表

在 Access 中，如果要对数据库中的数据进行打印，使用报表是最简单有效的方法。报表可以按照指定的样式将多个表或查询中的数据进行打印。利用报表可以将数据库中需要的数据提取出来进行分析、整理和计算，并将数据以格式化的方式发送到打印机。可以在一个表或查询的基础上创建报表，也可以在多个表或查询的基础上创建报表。利用报表可以创建计算字段，还可以对记录进行分组，以便计算出各种数据的汇总等。在报表中，可以控制显示的字段、每个对象的大小和显示方式，还可以按照所需的方式来显示相应的内容。

(5) 宏

宏是一个或多个命令的集合，其中每个命令都可以实现特定的功能，如打开某个窗体或打印某个报表，经常性的或重复性的操作都可以用宏来实现。通过将这些命令组合起来，可以自动完成某些重复或复杂的操作。利用宏，用户不必编写任何代码，就可以实现一定的交互功能。宏可以与窗体配合使用。

(6) 模块

模块对象是 Access 数据库中的一个基本对象。模块的功能与宏类似，但定义模块的操作比宏更精细和复杂。在 Access 中，不仅可以通过宏列表中以选择的方式创建宏，还可以利用 VBA(Visual Basic for Applications)编程语言编写过程模块。模块是将 VBA 的声明、语句和过程作为一个单元进行保存的集合。Access 中的模块可以分为类模块和标准模块两类。类模块中包含各种事件过程，标准模块包含与任何其他特定对象无关的常规过程。模块可以实现以下几方面的功能：使用自定义公式、自定义函数、操作其他命令等。

2. 表的结构

Access 数据库是所有相关对象的集合，每个对象都是数据库的一个组成部分。其中，表是数据库的基础，它保存着数据库的全部数据，而其他对象只是用于维护和管理数据库的工具，所以设计一个数据库的关键就体现在建立基本表上。要建立基本表，首先必须确定表的结构，表的结构就是表的框架，即表名和表中各个字段的名称、类型、属性等。

(1) 表名

表名是该表存储在磁盘上的唯一标识，也可理解为是用户访问数据库的唯一标识。

(2) 字段属性

字段属性即表的组织形式，它包括表中字段的个数，每个字段的名称、数据类型、字段大小、格式、输入掩码以及有效性规则等。一个数据库可以包含一个或多个表。表由行和列组成，每一列就是一个字段，对应着一个列标题。所有列组成一行，每一行就是一条数据记录。

(3) 字段的命名规则

在 Access 中，字段的命名规则如下：长度为 1～64 个字符；可以包含字母、汉字、数字、空格和其他字符，但不能以空格开头；不能使用码值为 0～32 的 ASCII 码字符；不能包含句号、感叹号、方括号和单引号。

3. 数据类型

在表中同一列数据必须具有相同的数据“格式”，这种“格式”称为字段的数据类型。

不同数据类型的字段用来表达不同的信息。在设计表时，必须先定义表中字段的数据类型。数据类型决定了数据的存储方式和使用方式。

Access数据表的数据类型有12种，包括短文本、长文本、数字、日期/时间、货币、自动编号、是/否、OLE对象、超级链接、附件、计算和查询向导类型，表5.3列出了8种常用的数据类型。

表5.3 常用的数据类型

数据类型	字段长度	说明
短文本	最多存储255个字符	用于存储文本，如名称、邮政编码等
长文本	允许存储多达1GB的文本	用于存储较长的文本
数字	字节型：1字节	用于存储数值
	整型：2字节；长整型：4字节	
	单精度型：4字节；双精度型：8字节	
日期/时间	系统固定为8字节	用于存储日期和时间
货币	系统固定为8字节	用于存储货币值
自动编号	系统固定为4字节	自动编号
是/否	系统固定为1位	用于存储逻辑数据
OLE对象	不定长，OLE对象最大可为1GB	用于存储图像、声音等

需要说明的是：

① 短文本类型对应老版本(Access 2010以前的版本)中的文本类型，而长文本类型则对应老版本中的备注类型。

② 在实际应用中，文字以及不参加运算的信息都应该设置为短文本类型或长文本类型。例如，姓名、学号、电话号码等。另外，文本类型数据的单位是字符，不是字节。一个英文字母算作一个字符，一个汉字也算作一个字符。

③ 自动编号类型通常用于对数据表的记录进行自动编号。当向表中增加一条新记录时，自动编号类型字段的值就自动产生。但不能对自动编号类型字段人为地指定数值或修改其数值，每个表只能包含一个自动编号类型字段。

④ OLE对象类型字段是指字段允许单独地链接或嵌入OLE对象。添加数据到OLE对象类型字段时，Access给出以下选择：插入(嵌入)新对象、插入某个已存在的文件内容或链接到某个已存在的文件。每个嵌入对象都存放在数据库中，而每个链接对象只存放于原始文件中。可以链接或嵌入表中的OLE对象是指在其他使用OLE协议程序创建的对象，例如，Word文档、Excel电子表格、图像、声音或其他二进制数据。OLE对象类型字段最大可为1GB，且受磁盘空间的限制。

4. 字段的属性

字段的属性决定着字段的多种特征，如字段的大小、显示格式、应遵守的规则等。所以在确定了数据类型之后，还应该设置字段的属性，才能更准确地确定数据的存储。不同的数据类型有着不同的属性，表 5.5 显示并解释了 8 种常见的字段属性。

表 5.4　字段中常见的属性

常规属性	说　明
字段大小	用于限定文本字段所能存储的字符长度和数字类型的数据
格式	用于控制数据显示或打印输出时的样式。格式属性仅影响值的显示方式，而不会影响值本身或者值在数据库中的存储方式
小数位数	指定需要保留和显示的小数位数，只用于数字类型和货币类型的数据
标题	标题是字段的别名，用于在窗体和报表中取代字段的名称
默认值	添加新记录时，自动加入到字段中的值
有效性规则	一个规则或标准，用于检查字段中的输入值是否符合该规则的要求
有效性文本	当数据不符合有效性规则时所显示的提示信息
索引	标识某字段是否作为索引。带有索引标识的字段在执行查询、排序、分组操作时，将具有较高的处理速度，但为字段定义索引将耗费更大的空间来存储信息

5. 表达式运算符

在设计表的有效性规则时，需要列出表达式的描述形式。由于 Access 提供了丰富的运算符和内部函数，因此用户能非常方便地构造各种类型的表达式，用来实现许多特定操作。需要注意的是，应用场合的不同，用法也会有差异。Access 提供了几类常用的运算符，如表 5.5 所示。

表 5.5　常用的运算符

类　型	运　算　符
算术运算符	+、-、*、/、^、\、MOD
关系运算符	=、>、>=、<、<=、<>、Between、Like、In
逻辑运算符	Not、And、Or
字符串拼接运算符	&

需要说明的是：

① “+”“-”“*”“/”代表数学运算中的加、减、乘、除四种运算符号。

② “^”为乘方运算符；“\”为整除运算符；MOD 为求余数运算符。

③ 书写表达式时，字符串常数要用一对英文双引号括起来，日期型数据要用一对英文的“#”号括起来，例如#2019-01-10#。

④ Like 通常与“?”“*”“#”等通配符结合使用，主要用于模糊查询。

Access 还提供了大量的内部函数供用户在设计表达式时使用，例如，日期函数 date()和统计函数 count()等。

5.2.2 创建数据库

使用 Access 操作数据库的第一步是创建数据库，创建了数据库之后，就可以在数据库中进行创建数据库对象、修改已有对象等操作。本节介绍在 Access 2016 版本环境下，如何使用 Access 建立和维护数据库。在安装好 Microsoft Office 2016 软件包之后，就可以从 Windows 界面启动 Access 2016 了。

Access 2016 提供的每个模板都是一个完整的应用程序，具有预先建立好的表、窗体、报表、查询、宏和表间关系等。如果模板设计能够满足需求，则通过模板建立数据库以后，就可以直接利用数据库工具开始工作。如果模板设计不能完全满足用户需求，则可以使用模板作为基础，对创建的数据库进行修改，得到符合特定需求的数据库。用户也可以通过选择模板中的“空白数据库”选项来创建一个空白数据库，此时将弹出对话框，要求输入新数据库的名称和文件存放路径，默认的文件名是 Database1.accdb。

1. 新建空白数据库

【例 5.1】 在 Access 中建立一个名为“学生成绩管理”的数据库文件。

启动 Access 2016，打开 Microsoft Access 操作窗口，执行菜单中“文件”→“新建”命令，单击“空白数据库”，弹出如图 5.10 所示的对话框。然后在“文件名”文本框中输入名称“学生成绩管理”，如果要设置数据库文件存放的位置，可以单击“文件名”文本框右侧的文件夹图标，在弹出的“文件新建数据库”对话框中选择文件存放的位置，单击“确定”按钮，再单击“创建”按钮，系统就在指定的磁盘和文件夹中建立该数据库文件。新建的空白数据库工作界面如图 5.11 所示。

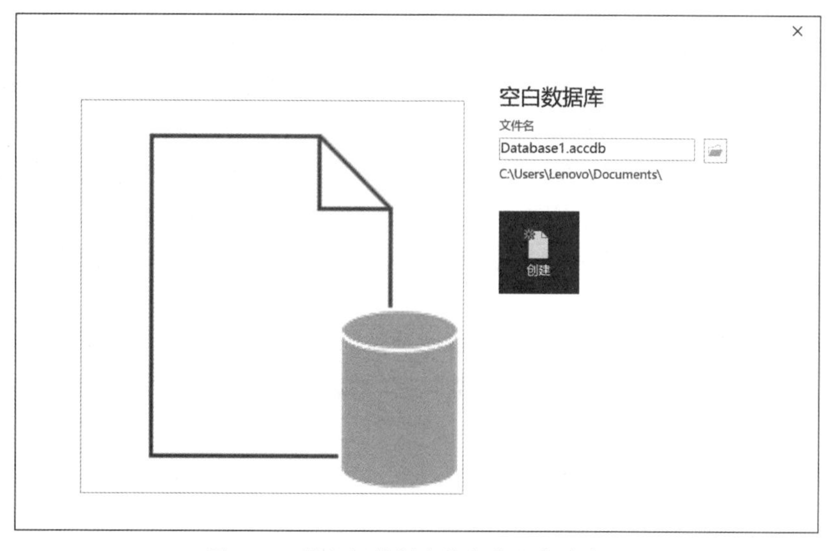

图 5.10 输入新数据库的名称和存放路径

Access 2016 的工作界面与 Windows 标准的应用程序相似，包括标题栏、功能区、选

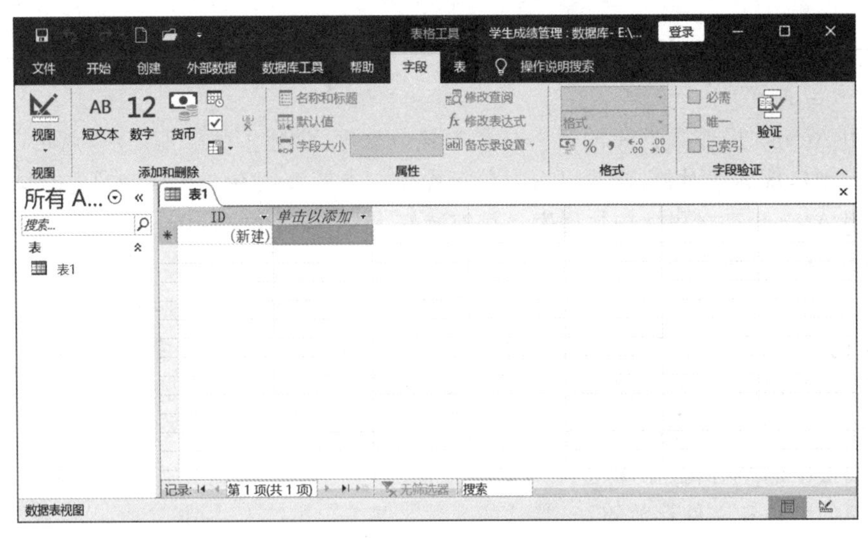

图 5.11　Access 窗口

择项、状态栏、导航窗格和数据库对象窗口等部分。

2. 使用模板创建数据库

前面介绍了如何创建空白数据库，这里介绍建立数据库的另一种常见方法：使用模板创建数据库。使用模板创建数据库，只需要一些简单的操作，就可以创建一个包含表、查询等数据库对象的数据库系统。如果模板与需求很接近，这个方法效果最佳。除了可以使用 Access 提供的本地模板创建数据库之外，还可以在线搜索所需要的模板，然后把模板下载到本地计算机中，从而快速创建出所需的数据库。

【例 5.2】 在 Access 中使用模板创建一个“营销项目”数据库。

启动 Access 2016，打开 Access 的启动窗口，在启动窗口的模板窗格中选择“营销项目”选项，弹出如图 5.12 所示的对话框，要求输入数据库的名称和存放位置。这里修改数据库的文件名为“营销项目.accdb”。单击“创建”按钮，即可开始使用模板创建数据库，创建的数据库如图 5.13 所示。展开“导航窗格”可以查看该数据库包含的所有 Access 对象。

如果模板窗格中没有“营销项目”模板，可以单击“更多模板”，在“搜索联机模板”栏中搜索“营销项目”选项。

通过数据库模板可以创建专业的数据库系统，但是这些数据库有时候不完全符合实际需求，因此，可以先利用模板生成一个数据库，然后再修改使其更符合用户的需求。

5.2.3　创建数据表

表的创建是对数据库进行操作或录入数据的基础。在创建新数据库时，系统自动创建一个新表。在现有的数据库中创建表的方法主要有以下 4 种：

(1) 使用设计视图创建表。

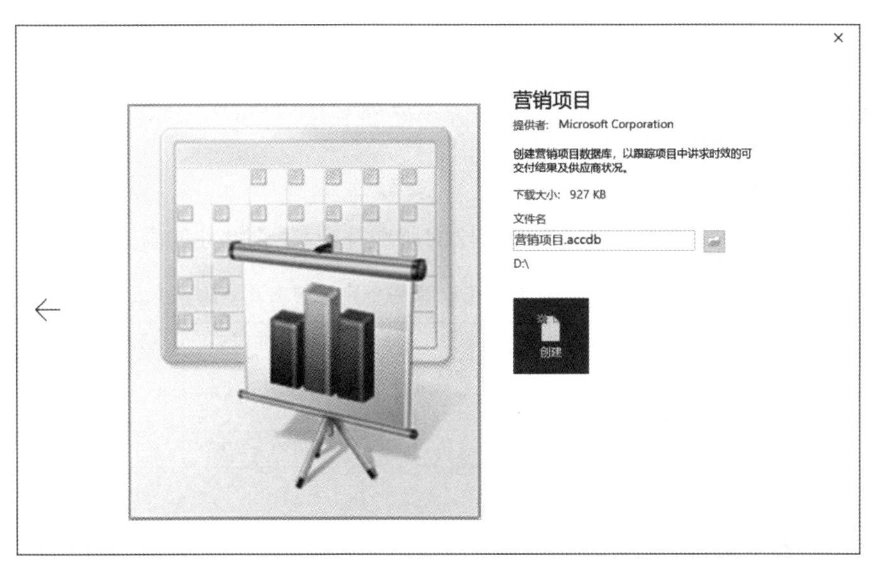

图 5.12　新建“营销项目”数据库

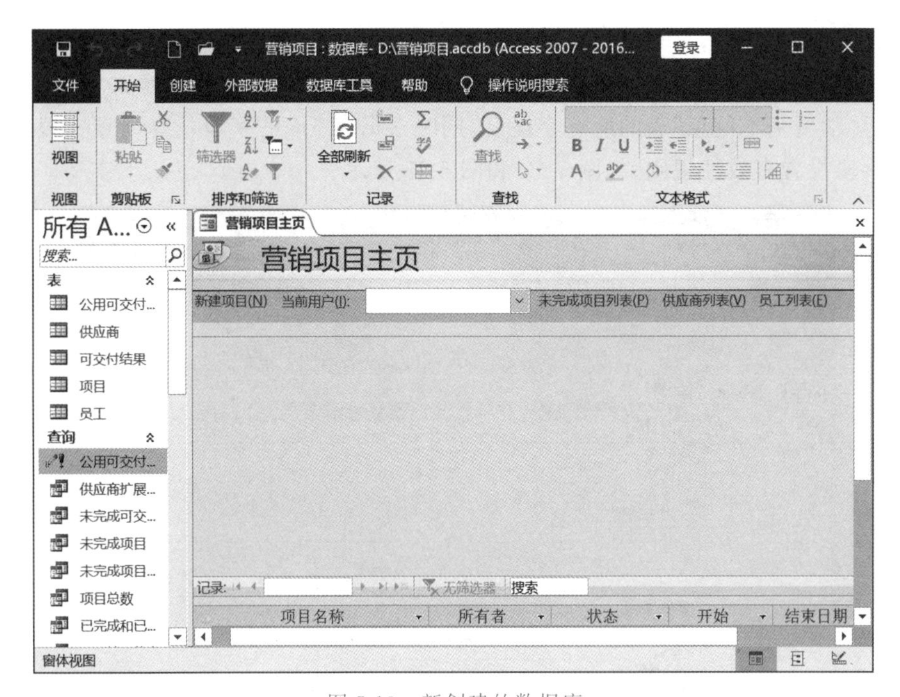

图 5.13　新创建的数据库

(2) 使用数据表视图创建表。

(3) 使用模板创建表。

(4) 通过导入方法创建表。

本节主要介绍比较常用的方法，即使用设计视图创建表。用这种方式创建表，可以根据需要自行设计字段，并对字段的属性进行定义。

1. 使用设计视图创建表

【例 5.3】 使用设计视图创建表,在“学生成绩管理”数据库中建立“学生基本信息”表,并向该数据表中输入数据。

(1) 设计表结构

确定表中每个字段的字段名、每个字段的属性特征,字段设计如表 5.6 所示。

表 5.6 “学生基本信息”表中各字段的主要属性

字段名称	数据类型	字段长度	默认值	有效性规则	必填字段	索引
学号	短文本	9			是	主键
姓名	短文本	10			是	无
性别	短文本	1		“男”Or“女”	是	有
专业	短文本	10			是	有
出生日期	日期/时间				否	无
联系电话	文本	11			否	无

(2) 创建表结构

启动 Access 2016,打开“学生成绩管理”数据库。打开“创建”功能区选项卡,单击“表格”组中的“表设计”按钮,进入表的设计视图,在“字段名称”列中依次添加“学号”“姓名”“性别”等“学生基本信息”表的所有字段名,同时根据表 5.6 的字段信息设置字段的属性,以及为字段设置有效性规则,如图 5.14 和图 5.15 所示。

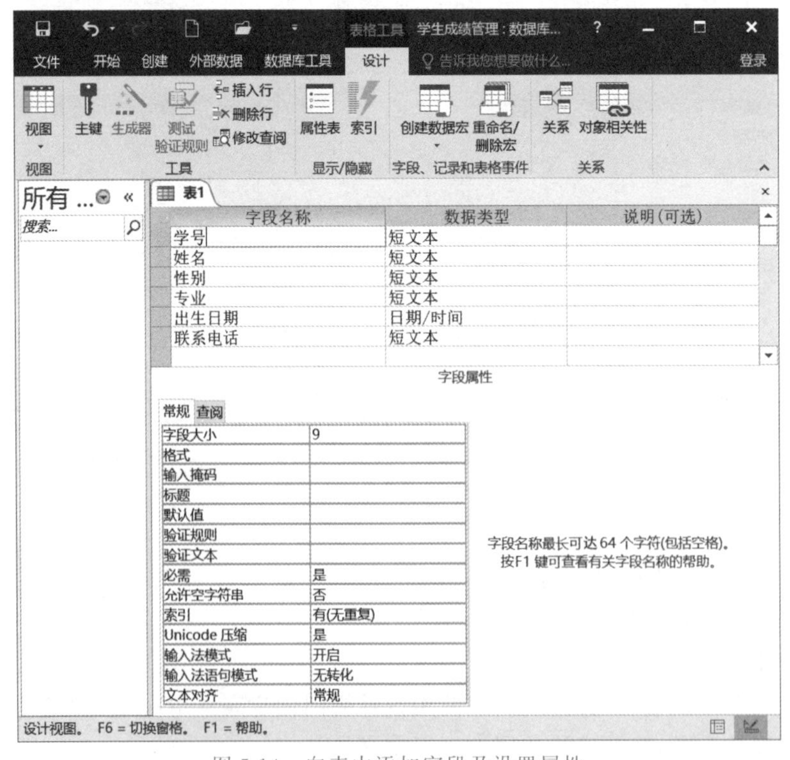

图 5.14 向表中添加字段及设置属性

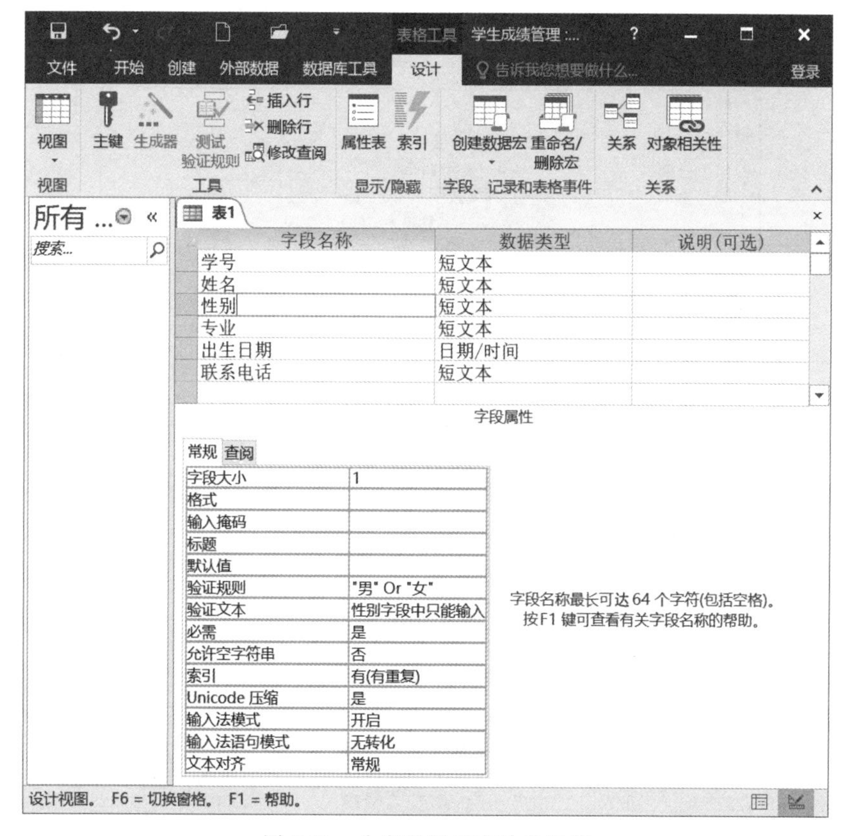

图 5.15　为字段设置有效性规则

(3) 将“学号”字段设置为“主关键字”

用鼠标选中“学号”字段，在“设计”选项卡的“工具”组中，单击“主键”按钮，或者选中“学号”字段后，单击鼠标右键，在弹出的快捷菜单中选择“主键”命令，为数据表定义主键。设置完成后，系统会在表设计视图的“学号”字段名字的前面增加一个钥匙的图标，如图 5.16 所示。

(4) 保存新建的表结构

单击工具栏中的“保存”按钮，或选择菜单栏的“文件”→“保存”命令，在弹出的对话框中输入该数据表的表名“学生基本信息”，且选择“保存类型”为“表”，单击“确定”按钮，完成表结构的创建。这时在当前数据库窗口的“表”对象下增加了一个名为“学生基本信息”的表操作项。

(5) 向新建的表中输入数据

双击“学生基本信息”表，打开“学生基本信息”的表视图窗口，把表 5.1 中提供的数据依次输入到表视图的字段中，最终得到如图 5.17 所示的含有数据的“学生基本信息”表。

以上的操作过程是使用表的设计视图来实现的创建数据表，建立数据表的常用方法还有通过导入外部数据。

表1

字段名称	数据类型	说明(可选)
学号	短文本	
姓名	短文本	
性别	短文本	
专业	短文本	
出生日期	日期/时间	
联系电话	短文本	

字段属性

常规 查阅

字段大小	9
格式	
输入掩码	
标题	
默认值	
验证规则	
验证文本	
必需	是
允许空字符串	否
索引	有(无重复)
Unicode 压缩	是
输入法模式	开启
输入法语句模式	无转化
文本对齐	常规

字段名称最长可达64个字符(包括空格)。按F1键可查看有关字段名称的帮助。

图 5.16　为数据表设置主键

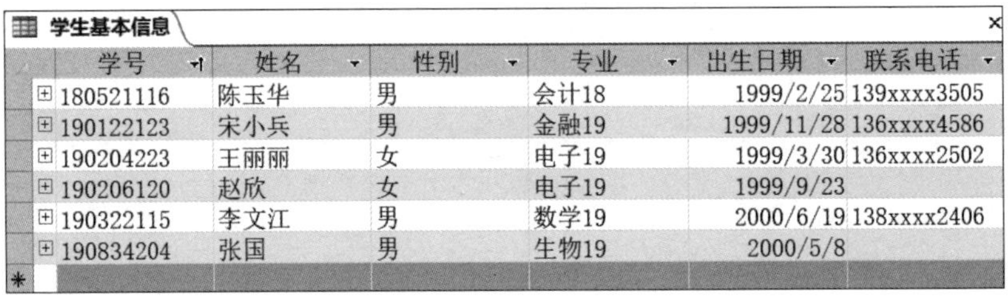

学生基本信息

学号	姓名	性别	专业	出生日期	联系电话
180521116	陈玉华	男	会计18	1999/2/25	139xxxx3505
190122123	宋小兵	男	金融19	1999/11/28	136xxxx4586
190204223	王丽丽	女	电子19	1999/3/30	136xxxx2502
190206120	赵欣	女	电子19	1999/9/23	
190322115	李文江	男	数学19	2000/6/19	138xxxx2406
190834204	张国	男	生物19	2000/5/8	

图 5.17　输入了数据的“学生基本信息”表

2. 通过导入外部数据建立表

如果在当前数据库文件以外，已经存在了一个与要建立的数据表内容相同的其他形式的文件，例如，数据内容的存储形式是 Excel 文件、文本文件或其他数据库文件，则可以通过 Access 提供的“导入”或“链接表”功能来实现在当前数据库中建立相同表或建立链接。

【例 5.4】 将 Excel 文件中的“课程信息”工作表(如图 5.18 所示)的数据导入“学生成绩管理”数据库中，实现在该数据库的“表”对象下增加一个名为“课程信息”的表操作项。在导入数据表内容时，要求将“课程代码”字段设置为主关键字。

(1) 打开“学生成绩管理”数据库，打开“外部数据”功能区选项卡。在“导入并链接”组中单击“新数据源”右下角的倒三角按钮，弹出下拉菜单，从中选择“文件”→Excel 命令，系统会打开“获取外部数据-Excel 电子表格”对话框，如图 5.19 所示。

(2) 单击对话框中的“浏览”按钮，在“打开”对话框中选择含有“课程信息”工作表的

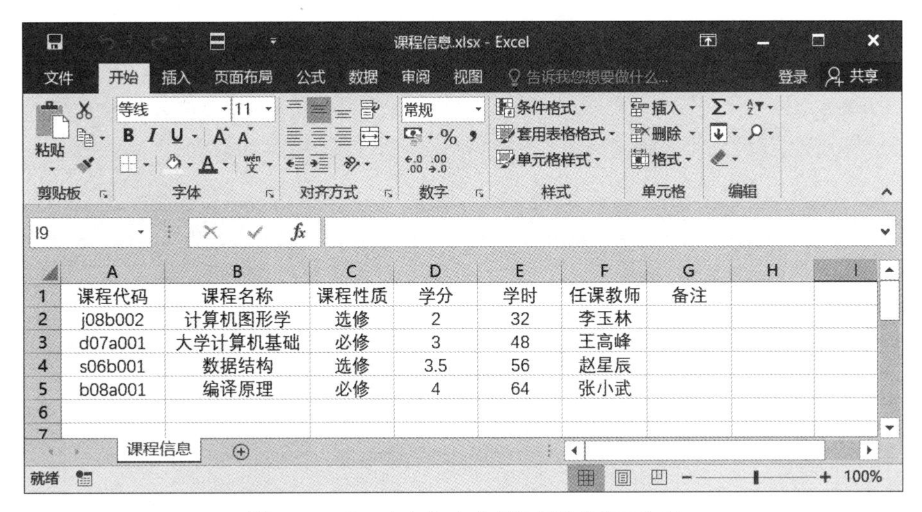

图 5.18　Excel 文件中的“课程信息”工作表

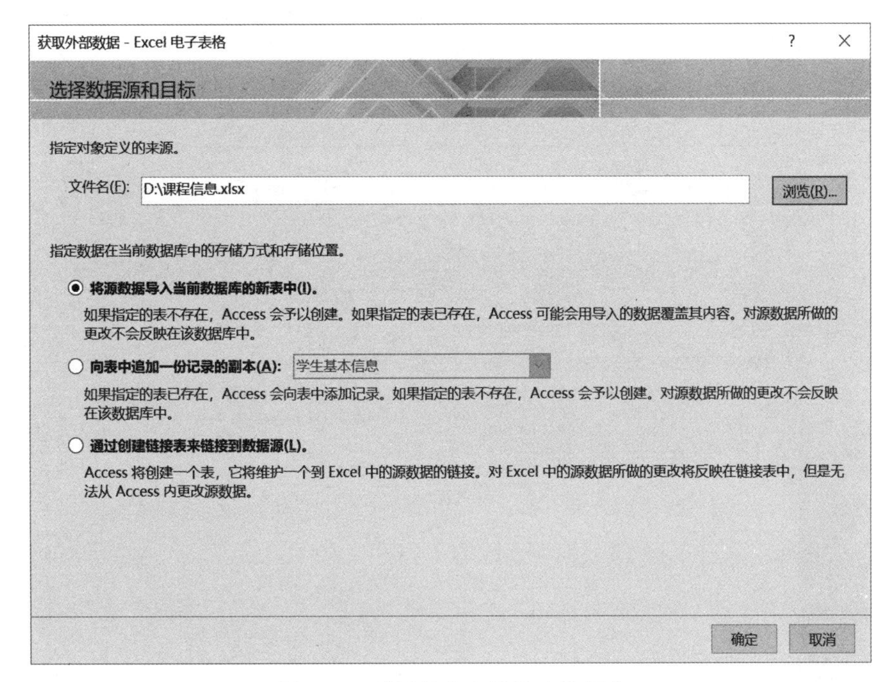

图 5.19　利用导入向导导入数据表

Excel 文件，并且选中“将源数据导入当前数据库的新表中”单选按钮，单击“确定”按钮，弹出“导入数据表向导”对话框，选中“第一行包含列标题”复选框，单击“下一步”按钮，如图 5.20 所示。

（3）单击窗口中的各个列，可以在上面显示相应的字段信息，设置字段名称、数据类型等信息，如图 5.21 所示。

（4）单击“下一步”按钮，弹出设置主键对话框，选中“我自己选择主键”单选按钮，指

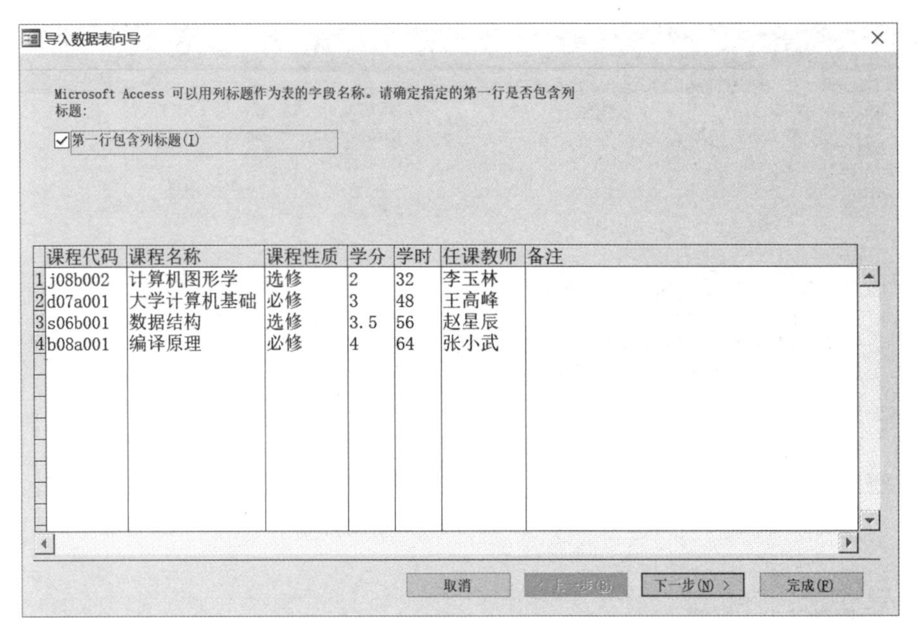

图 5.20 导入数据表向导

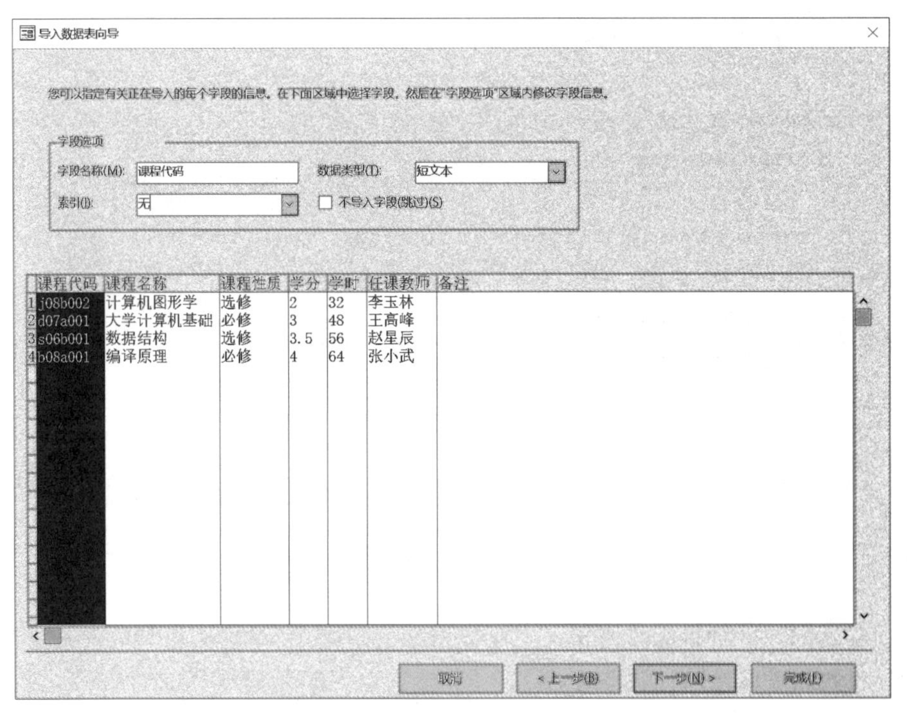

图 5.21 设置字段名称等属性

定“课程代码”字段作为主键，如图 5.22 所示。

(5) 单击“下一步”按钮，在弹出的对话框中输入“课程信息”作为新表的表名，如图 5.23

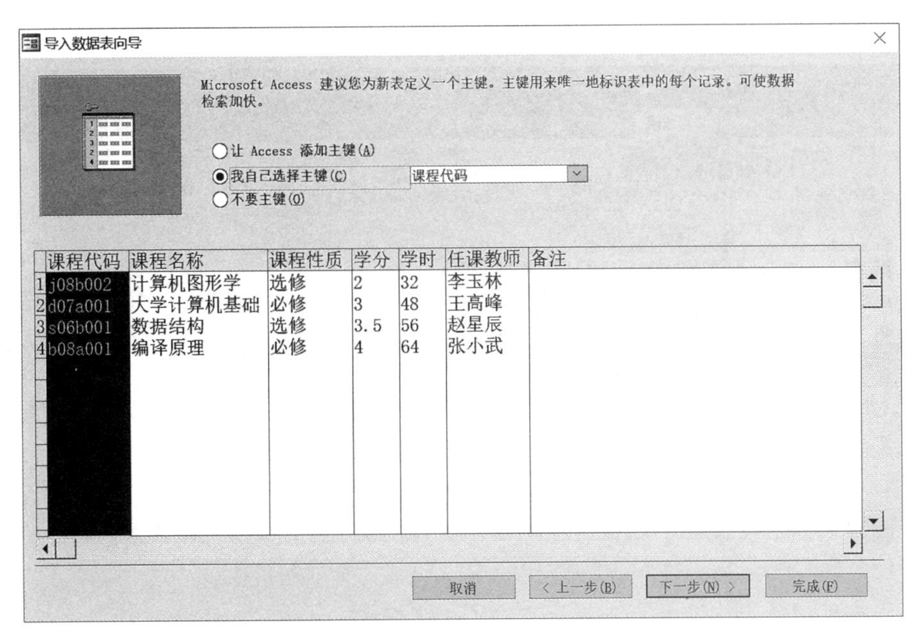

图 5.22　设置数据表主键

所示,单击"完成"按钮,在弹出保存导入步骤的对话框,单击"关闭",完成由导入文件建立数据表的过程。

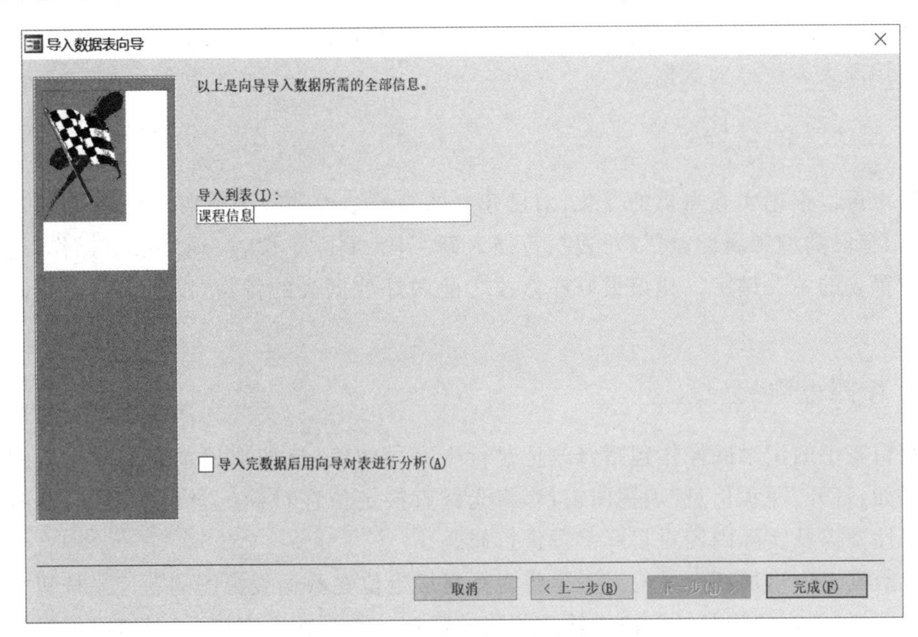

图 5.23　设置数据表名称

这时可以在当前数据库窗口的"表"对象看到新增了一个名为"课程信息"的表操作项,双击该操作项,系统在打开的"课程信息"表视图窗口中显示"课程信息"表中的全部数据，如图5.24所示。

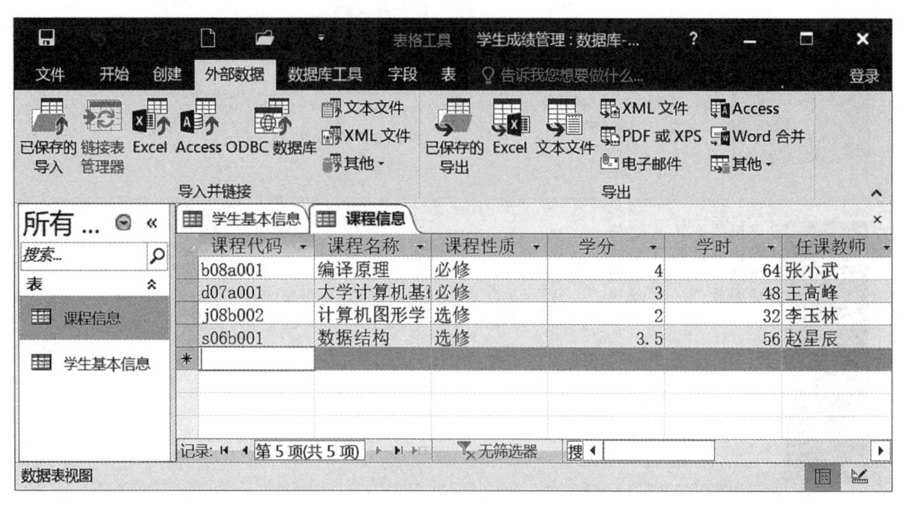

图5.24　通过导入外部文件方式建立的“课程信息”表

在Access中还可以通过链接到其他位置存储的信息来创建表，例如可以链接到Excel电子表格、ODBC数据库、其他Access数据库、文本文件、XML文件和其他类型文件。链接信息后，即在当前数据库中创建一个链接表，该链接表与其他位置所存储的数据建立一个活动链接，也就是在链接表中更改数据时，会同时更改原始数据源中的数据。因此，当需要保持数据库与外部数据源之间动态更新数据的关系时，需要建立链接，否则就需要使用导入方法导入数据。

3. 修改表的结构

用户可以根据实际需求的变化，对已建立的表的结构进行调整和修改，可以修改表的字段名、字段类型和属性，可以对表执行插入新字段、删除字段、移动字段等操作，还可以重新设置表的主关键字。建议最好在修改之前做好数据表的备份，以便修改出错时能够恢复。

4. 编辑表中的记录

编辑表中的记录的操作包括修改记录行中字段的值、追加新记录和删除无用的记录等。例如，打开“课程信息”表视图窗口，将光标直接定位在目标记录行中，然后按照表结构的属性要求及实际内容对目标字段进行修改。

向数据表中追加新记录的方法是将光标直接定位在数据表视图的新记录按钮“*”所在的行上，再依次向记录的字段中输入相应的数据。数据输入完毕后，只有将编辑光标移出此新记录所在行，新记录数据才会真正存储到数据库里。一旦记录追加成功，表视图窗口最下面的导航条中的记录总数将显示自增1。删除记录时，先选定要删除的记录，单击“开始”选项卡下“记录”组里的“删除”按钮，或单击鼠标右键，在弹出的快捷菜单中选择“删除记录”命令，然后确定确实要执行删除操作，即可删除记录。

5. 对表执行复制、删除和重命名

对已经建立的数据表可以执行复制表、删除表及对表进行重命名等操作，其操作手法类似于在操作系统中对文件的操作，这里不再详述。注意，只有在数据库窗口中才能执行这些操作，而且在进行这类操作之前必须关闭相关的表。

5.2.4 建立表间的关联

Access 中的每个数据表既可以是数据库中的一个独立部分，也可以与其他的一个表或几个表之间形成相互联系。表与表之间的联系分为一对一、一对多和多对多等 3 种类型。在 Access 数据库中，通过定义数据表的关系，可以创建能够同时显示多个数据表的数据的查询、窗体及报表等。

数据表之间的联系是通过表的字段值来体现的，这种字段称为连接字段。在表间建立哪一种类型的联系，取决于数据表中相关字段是如何定义的，主要依据以下条件来建立联系：如果仅有一个相关字段是主键或具有唯一索引，则创建一对多关系；如果两个相关字段都是主键或唯一索引，则创建一对一关系；多对多关系实际上是某两个表与第三个表的两个一对多关系，第三个表的主键包含两个字段，分别与前两个表的主键一样。

【例 5.5】 在“学生成绩管理”数据库中添加一个“学生作业成绩”表，该表的字段属性如表 5.7 所示。依照学生作业管理数据模型的 E-R 图(如图 5.25)所示，在“学生基本信息”“课程信息”和“学生作业成绩”这 3 个数据表之间建立联系。

表 5.7 “学生作业成绩”表的字段属性

字段名	数据类型	字段大小	关键字	有效性规则
选课代码	短文本	7	联合关键字	
学号	短文本	9		
作业 1	数字	整型		取值为 0～100
作业 2	数字	整型		取值为 0～100
作业 3	数字	整型		取值为 0～100

操作过程如下。

1. 建立“学生作业成绩”表

利用表的设计视图创建一个新表，依照表 5.7 的字段属性信息设置表的结构，最后用鼠标选中“课程代码”和“学号”两个字段行，单击右键打开快捷菜单，执行其中的“主键”子命令，实现建立联合关键字。图 5.26 中显示了该表结构中表的主关键字及“作业 3”字段的属性。

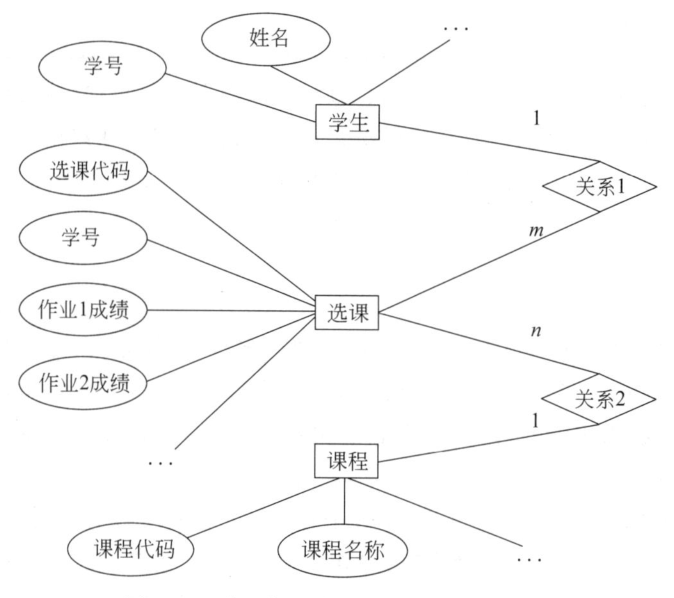

图 5.25　学生作业管理数据模型的 E-R 图

学生作业成绩

字段名称	数据类型	说明(可选)
选课代码	短文本	
学号	短文本	
作业1	数字	
作业2	数字	
作业3	数字	

字段属性

常规　查阅

字段大小	整型
格式	
小数位数	自动
输入掩码	
标题	
默认值	
验证规则	>=0 And <=100
验证文本	取值在0到100之间
必需	否
索引	无
文本对齐	常规

字段名称最长可达 64 个字符(包括空格)。
按F1 键可查看有关字段名称的帮助。

图 5.26　“学生作业成绩”表的结构

2. 建立 3 个表之间的联系

(1) 关闭这 3 个表。单击窗口菜单栏的“数据库工具”下的“关系”按钮，打开“关系”窗口及“显示表”对话框。在“显示表”对话框中选中要建立联系的数据表的表名，单击“添加”按钮，一个一个地将这些表加入到“关系”窗口中，然后关闭“显示表”对话框。

(2) 选定“课程信息”表的“课程代码”字段，按下鼠标左键并拖到“学生作业成绩”表的“选课代码”字段上，松开鼠标左键，这时弹出“编辑关系”对话框，如图 5.27 所示。在“表/查询”列表框中列出的是主表“课程信息”表的相关字段“课程代码”，在“相关表/查询”列表框中列出的是相关表“学生作业成绩”表的相关字段“选课代码”。在列表框下方有 3 个复选框，选中其中的“实施参照完整性”复选框，单击“创建”按钮。

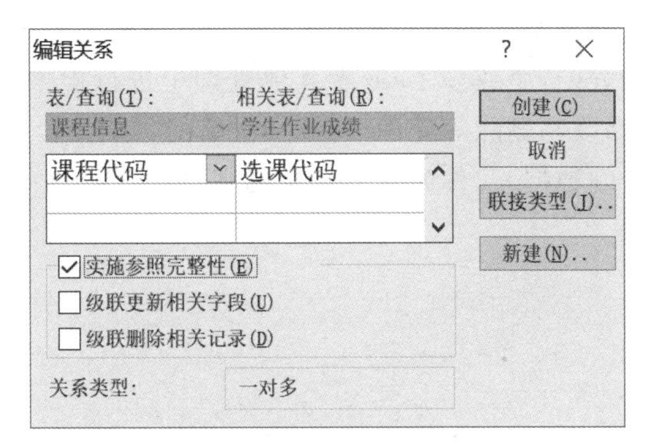

图 5.27 “编辑关系”对话框

只有选中了“实施参照完整性”复选框以后，才可以再考虑是否选择“级联更新相关字段”复选框和“级联删除相关记录”复选框。如果选中“级联更新相关字段”复选框，则意味着可以在主表的主键值更改时，自动更新相关表中的对应数值。如果选中“级联删除相关记录”复选框，则意味着可以在删除主表内的记录时，自动删除相关表中的相关信息。如果只选中“实施参照完整性”复选框，而不选择其他的，则意味着相关表中的相关记录发生变化时，主表中的主键不会相应变化，而且当删除相关表中的任何记录时，也不会更改主表中的记录。

(3) 用同样的方法创建“学生基本信息”表与“学生作业成绩”表之间的关系。最后 3 个表之间的关系如图 5.28 所示。

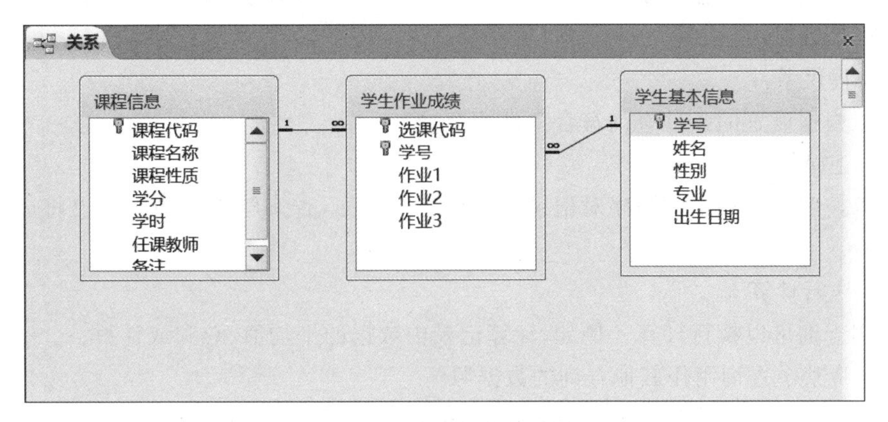

图 5.28 表之间的关系图

(4) 关闭“关系”窗口，并确定保存这种关系布局。

5.3 数据库的查询

数据表创建后即可建立基于表的各种对象，其中最常用的对象就是查询对象。查询的主要目的是在指定的表(一个或多个)或者其他查询中进行检索，筛选出符合条件的记录，再经过计算、分组、修改和删除等处理，构成一个新的数据集合，以供查看、统计分析与决策。查询对象所基于的数据表，称为查询对象的数据源。查询的结果也可以作为数据库中其他对象的数据源。

5.3.1 查询概述

1. 查询的功能

使用 Access 查询工具生成查询对象非常灵活。查询可以是关于某单个表中的数据的简单显示，也可以是关于多个表中存储的信息的较复杂问题。使用 Access 查询可以完成以下功能：

(1) 选择表

可以从单个表获取信息，也可以从多个相关联的表获取信息，在使用多个表时，Access 可将查询结果组合为某个记录集(即满足指定条件的记录的集合)。

(2) 创建表

基于查询返回的数据，创建一个新的数据表。

(3) 选择字段

指定在记录集中显示某个表中的指定字段。例如，可以从“学生基本信息”表中选择学号、姓名和联系电话等。

(4) 提供条件

可以根据设置的条件查询符合条件的记录。

(5) 记录排序

可以按照某种特定的顺序对记录进行排序。例如，查询学生成绩时可以将成绩从高到低查看。

(6) 执行计算

使用查询可以执行计算。例如，计算记录中数据的平均值、总和或计数。

(7) 将某个查询用作其他查询的数据源

可以基于其他查询返回的记录来创建查询。在这种查询中，可以对条件做出更改，第二个查询会筛选第一个查询的结果。

(8) 对表中的数据进行更改

操作查询可以通过一次操作对基本表中的多行进行修改。操作查询常用于维护数据，例如，更新特定字段中的值、追加新数据或者删除过时的数据等。

2. 查询的类型

在 Access 中，根据对数据源操作方式和操作结果的不同，可以把查询分为 5 种：选择查询、参数查询、交叉表查询、操作查询和 SQL 查询。

（1）选择查询

选择查询是最常用的也是最基本的查询。根据指定的查询条件，从一个或多个表中获取数据并显示结果。使用选择查询还可以对记录进行分组，以及对记录进行总计、计数、求平均值和其他类型的计算等。

（2）参数查询

参数查询是一种交叉式查询。参数查询会在执行时弹出对话框，提示用户输入查询的条件，然后按照这些条件来筛选记录。例如，可以设计一个参数查询，用对话框来提示用户输入两个日期，然后检索这两个日期之间的所有记录。将参数查询作为窗体和报表的数据源，可以方便地显示和输出所需要的信息。

（3）交叉表查询

使用交叉表查询可以计算并重新组织数据的结构，这样更方便分析数据。交叉表查询可以计算数据的总计、平均值、计数或其他类型的总和。

（4）操作查询

操作查询是在一个操作中更改多条记录的查询。操作查询又可分为 4 种类型：删除查询、更新查询、追加查询和生成表查询。

（5）SQL 查询

SQL 查询是使用 SQL 语句创建的查询。在查询设计视图中创建查询时，系统将在后台构造等效的 SQL 语句。实际上，在查询设计视图的属性表中，大多数查询属性在 SQL 视图中都有等效的可用子句和选项。如果需要，可以在 SQL 视图中查看和编辑 SQL 语句。

有一些特定的 SQL 查询无法使用查询设计视图进行创建，必须使用 SQL 语句来创建。这类查询主要有 3 种类型：传递查询、数据定义查询和联合查询。

5.3.2 使用查询设计创建查询

Access 提供了两个常用的查询处理方法：使用查询设计视图创建查询和使用查询向导创建查询。打开 Access 2016 功能区的“创建”选项卡，在“查询”组提供了“查询向导”和“查询设计”两种创建查询的方法。本节将介绍使用“查询设计”来创建查询的几种方式。

1. 选择查询

选择查询是最常用的一种查询类型，它可以从一个或多个数据表中筛选出所需的数据，并以完整记录的形式或只包含部分字段的记录形式显示数据。选择查询可以在显示结果中生成新的字段，称为计算（统计）字段；选择查询还可以根据实际需要对记录进行排序或分组。

【例 5.6】 使用“查询设计”查询“学生基本信息”表中存有联系电话的学生信息，将此查询操作项命名为“查询有联系电话的学生记录”。

（1）在查询设计视图窗口中指定查询操作的数据源。在“学生成绩管理”数据库中，打开“创建”功能区选项卡，单击“查询”组中的“查询设计”按钮，打开查询设计视图及“显示表”对话框。在“显示表”对话框选择“学生基本信息”，将其“添加”至“查询”的设计视图窗口的上半部分。关闭“显示表”对话框。

（2）选择查询结果需要显示的数据字段名。从设计视图窗口内的“学生基本信息”表中选择要显示的字段名，通过用鼠标双击，将它们添加到设计视图窗口下方的列表栏的“字段”行中，并使“显示”行内的所有复选框全部选中。如果某个字段对应的复选框是未选状态，则意味着该字段不会在查询结果中显示。

（3）建立查询的筛选条件。在字段“联系电话”所在列的“条件”单元格中输入作为筛选条件的表达式“Is Not Null”（Null 表示“空”）。该表达式的含义是只挑选数据表的“联系电话”字段内有电话号码的记录，而忽略没有填写电话号码的记录，如图 5.29 所示。

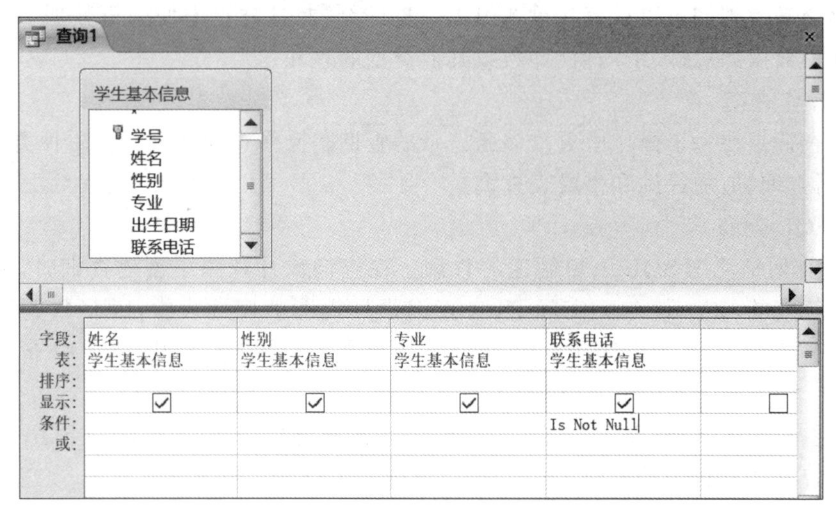

图 5.29 查询有联系电话的学生记录

（4）单击工具栏上的“保存”按钮，弹出“另存为”对话框，为该查询操作命名为“查询有联系电话的学生记录”，单击“确定”按钮，保存该查询。

（5）打开“设计”功能区选项卡，单击“结果”组中的“运行”按钮（标有感叹号的图标），则可以看到查询的运行结果，如图 5.30 所示。

查询有联系电话的学生记录

姓名	性别	专业	联系电话
陈玉华	男	会计18	139xxxx3505
宋小兵	男	金融19	136xxxx4586
王丽丽	女	电子19	136xxxx2502
李文江	男	数学19	138xxxx2406

图 5.30 执行“查询有联系电话的学生记录”命令的结果

【例 5.7】 以表 5.2 的数据作为“学生作业成绩”数据表的记录，查询选课代码为“j08b002”(即“计算机图形学”)的学生的所有作业，并计算和显示他们的作业平均分。

(1) 在查询设计视图窗口中指定查询操作的数据源。在“学生成绩管理”数据库中，打开“创建”功能区选项卡，单击“查询”组的“查询设计”按钮，打开查询设计视图窗口及“显示表”对话框。在“显示表”对话框选择“课程信息”表、“学生作业成绩”表、“学生基本信息”表，将它们“添加”至查询设计视图窗口的上半部分。关闭“显示表”对话框。

(2) 选择查询结果需要显示的数据字段名。从 3 个数据表中依次选取“选课代码”“课程名称”“姓名”“作业 1”“作业 2”“作业 3”等，添加至列表框的“字段”行。最后再新增一个显示字段，取名为“平均分”，设置该字段的取值为表达式“([作业 1]+[作业 2]+[作业 3])/3”。说明：这里需要先在新增单元格中输入“([作业 1]+[作业 2]+[作业 3])/3”，按回车健，此时，该字段名变为“表达式 1：([作业 1]+[作业 2]+[作业 3])/3”，然后将“表达式 1”修改为“平均分”。注意，表达式中参加运算的数据如果是字段，则字段名必须用一对方括号括起来。

(3) 设置筛选条件：在“选课代码”对应的“条件”单元格中设置“j08b002”。图 5.31 显示了设计该查询的方法。

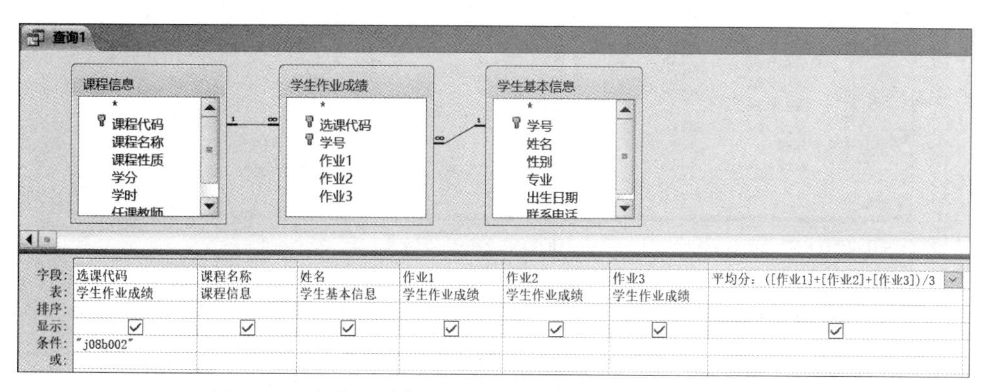

图 5.31 查询选课代码为“j08b002”的学生的作业平均分

(4) 单击“运行”按钮，并将此查询保存为“显示计算机图形学的作业平均分”，如图 5.32 所示，显示了该查询执行后的显示结果。从图 5.32 的查询结果集中可以看到，最后的“平均分”字段是一个在查询设计中建立的字段，该字段并不属于数据源中的任何一个数据表，它随动态数据集的存在而显示，当关闭查询结果显示窗口后，该字段也就消失了。

显示计算机图形学的作业平均分

课程名称	姓名	作业1	作业2	作业3	平均分
计算机图形学	张国	70	85	90	81.6666666666667
计算机图形学	王丽丽	90	80	90	86.6666666666667

记录：第 2 项(共 2 项) 无筛选器 搜索

图 5.32 显示计算机图形学的作业平均分

2. 参数查询

前面介绍的查询中所包含的条件，往往是根据查询命令中已经制定的查询条件筛选和显示，而在实际操作的很多情况下，要求灵活地输入查询的条件，需要在具体执行过程中临时指定和建立查询条件，为此，Access 提供了参数查询的方法。参数查询是一个特殊的查询，在执行时灵活输入指定的条件，查询出满足条件的信息。

【例 5.8】 根据课程名称来查询和显示选修该课程的所有学生及其作业成绩。

本例中要求的“根据课程名称”做查询就是一个不完全确定的查询条件，但有一点是确定的，就是查询条件只针对课程名称字段。

(1) 在查询设计视图窗口中指定查询操作的数据源为“学生成绩管理”数据库中的 3 个相关联的数据表，将它们添加到查询设计视图窗口中。在这 3 个表中选择字段“课程名称”“姓名”“作业 1”“作业 2”和“作业 3”，在列表框“课程名称”字段对应的“条件”单元格中添加一个参数表达式，例如，“[请输入课程名称：]”，设置内容如图 5.33 所示。

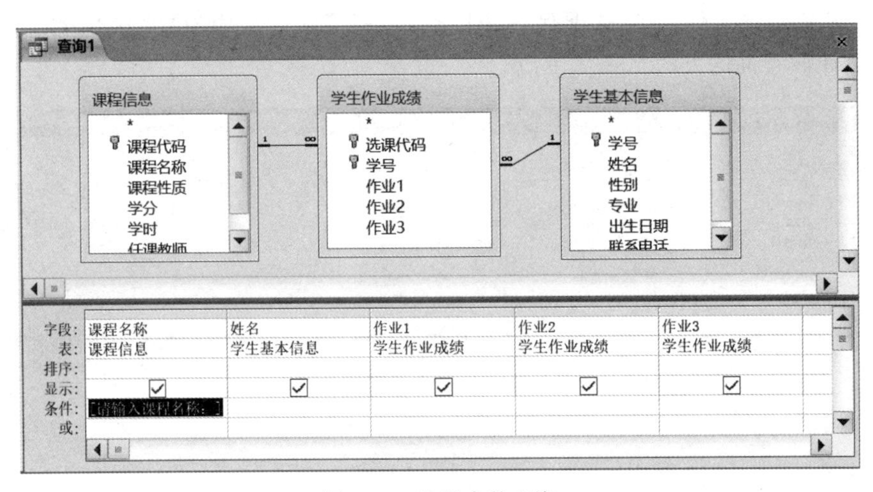

图 5.33 设置参数查询

(2) 在未保存该查询之前可以先执行查询，打开“设计”功能区选项卡，单击“结果”组中的“运行”按钮，系统开始运行查询命令，首先弹出一个“输入参数值”的对话框，如图 5.34 所示，提示用户在“请输入课程名称：”下面的文本框中输入一个具体的课程名作为本次查询条件的临时参数，例如，“计算机图形学”。最后单击“确定”按钮。查询操作执行后的显示结果如图 5.35 所示。

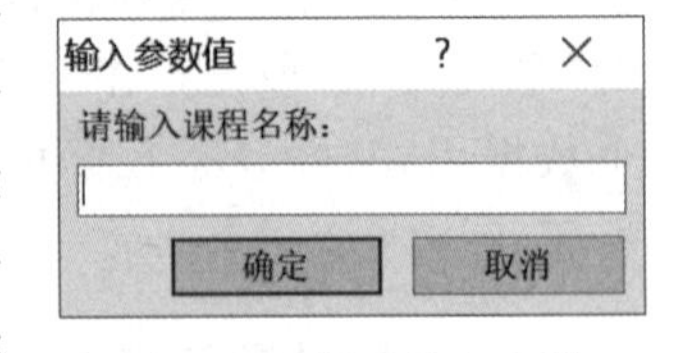

图 5.34 提示输入参数

(3) 保存和命名该查询为“课程名称的参数查询”。以后再执行该查询操作项时，只要往“输入参数值”的对话框中输入不同的课程名，就可以得到不同的查询结果。

如果想建立多参数查询，则在建立查询条件时需要选择多个字段，并分别在其对应的“条件”单元格中设置不同的参数表达式。

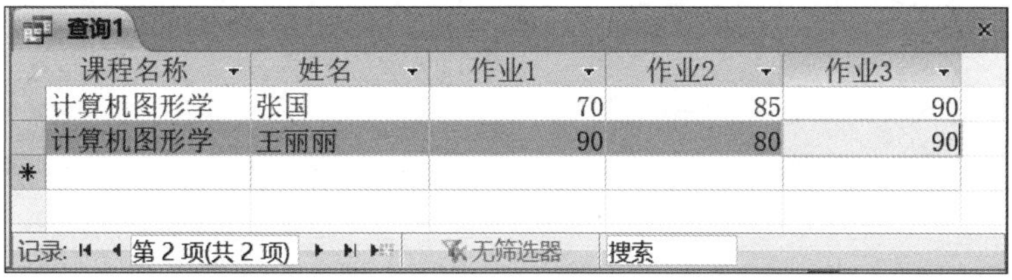

查询1

课程名称	姓名	作业1	作业2	作业3
计算机图形学	张国	70	85	90
计算机图形学	王丽丽	90	80	90

记录: 第 2 项(共 2 项) 无筛选器 搜索

图 5.35 执行参数查询操作显示的查询结果数据

5.3.3 操作查询

操作查询,顾名思义,就是操作类型的查询,主要用于对数据库进行操作。前面介绍的查询,都是通过各种方法对数据表的数据进行筛选和显示,都没有对数据表中的数据进行修改。而操作查询的不同之处在于,它的运行会导致数据表中数据的更改。操作查询包括生成表查询、更新查询、删除查询和追加查询。

1. 生成表查询

生成表查询是利用一个或多个表中的全部或部分数据创建新表。在 Access 中,从表中访问数据要比从查询中访问数据快些,所以如果需要经常访问某些数据,最好的方法是使用生成表查询,把从多个表中提取的数据组合起来生成一个新表进行保存。

【例 5.9】 建立一个查看所有学生的全部课程的课程信息和作业成绩信息的查询,并将该查询的执行结果生成一个数据表,取名为"学生课程作业信息"表。

① 在"学生成绩管理"数据库中打开"创建"功能区选项卡,单击"查询"组的"查询设计"按钮,打开查询设计窗口及"显示表"对话框。在"显示表"对话框选择"课程信息""学生作业成绩""学生基本信息"表,将它们"添加"至"查询"的设计视图窗口的上半部分。关闭"显示表"对话框。

② 按照例题的查询要求,在设计视图窗口中选择和建立查询字段,如图 5.36 所示,将各字段添加到查询设计区中。在"查询工具"下的"设计"选项卡中,单击"查询类型"组中的"生成表"图标按钮,弹出"生成表"对话框,为该表取名为"学生课程作业信息",如图 5.37 所示,将查询结果生成一个新数据表,指定保存在当前数据库中,单击"确定"按钮。最后单击"保存"按钮,保存该查询,为该查询定义一个查询名字为"生成学生课程作业信息的查询"。

③ 执行查询。在数据库窗口的"查询"对象下可以看到新建的一条查询操作项"生成学生课程作业信息的查询",如图 5.38 所示,用鼠标双击该查询操作项来启动查询的执行。一旦该查询执行完毕,将可以在数据库窗口的"表"对象下看到新增的一个名为"学生课程作业信息"的数据表,如图 5.39 所示。打开该数据表,显示的内容就是查询操作形成的结果数据,如图 5.40 所示。

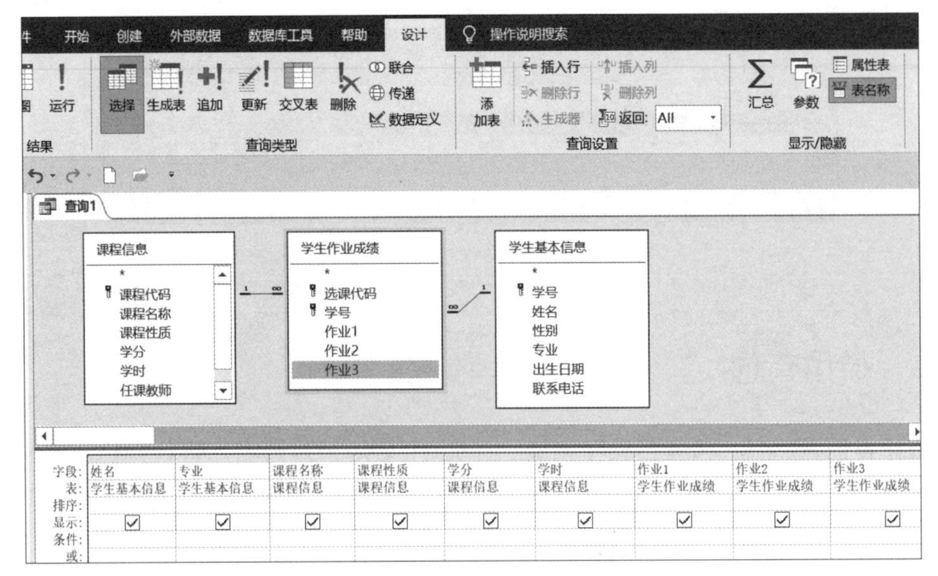

图 5.36　建立可以显示所有学生的全部课程作业信息的查询

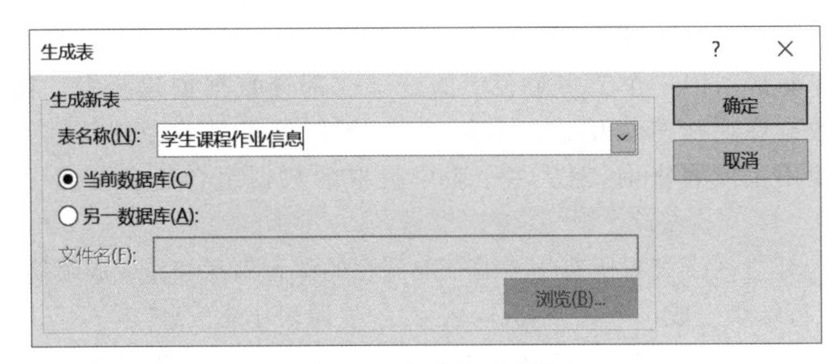

图 5.37　生成表对话框

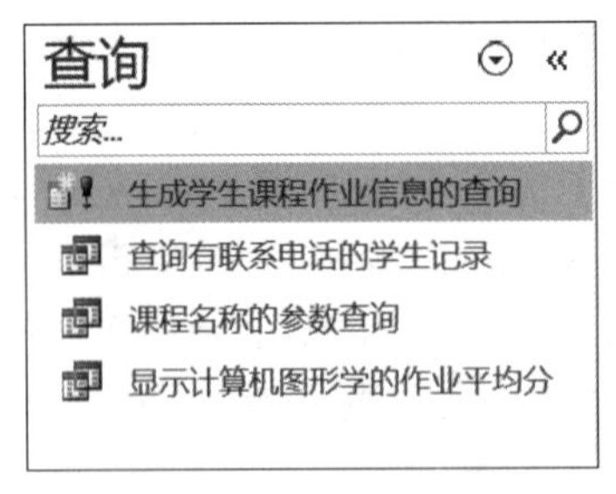

图 5.38　建立了一个可生成数据表的查询

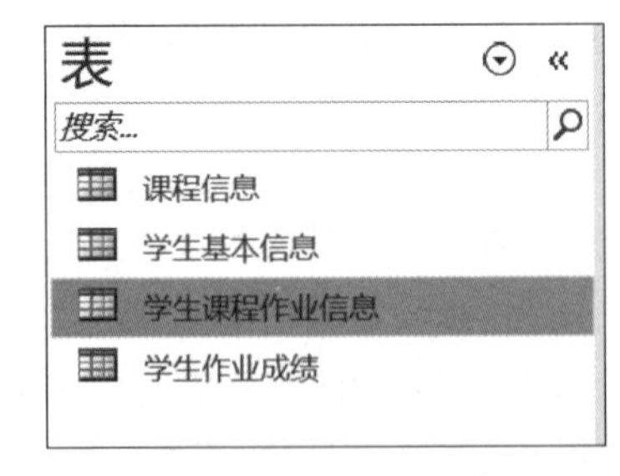

图 5.39　执行生成表查询后建立的新表

学生课程作业信息

姓名	专业	课程名称	课程性质	学分	学时	作业1	作业2	作业3
赵欣	电子19	大学计算机基	必修	3	48	85	70	80
王丽丽	电子19	计算机图形学	选修	2	32	90	80	90
张国	生物19	计算机图形学	选修	2	32	70	85	90
王丽丽	电子19	数据结构	选修	3.5	56	75	80	80
赵欣	电子19	数据结构	选修	3.5	56	85	90	90

图 5.40　生成表查询命令执行后建立的一个新的数据表的内容

2. 更新查询

如果在数据表视图中对记录进行更新和修改，那么当要更新的记录较多，或者需要对符合指定条件的记录修改时，就要用到更新查询。更新查询就是利用查询的功能，批量地修改一组记录的值。

【例 5.10】 建立更新查询去修改“学生课程作业信息”数据表，针对选修“计算机图形学”课程的作业 2 成绩，将分数不高于 85 的成绩都增加 3 分。

① 建立符合指定要求的查询。在“学生成绩管理”数据库中，打开“创建”功能区选项卡，单击“查询”组的“查询设计”按钮，在弹出的“显示表”对话框中选择“学生课程作业信息”，将其添加到设计视图窗口。单击“查询类型”组中的“更新”按钮，按照例题的查询要求，从“学生课程作业信息”数据表中选择有效字段，同时设置字段的查询条件，如图 5.41 所示。

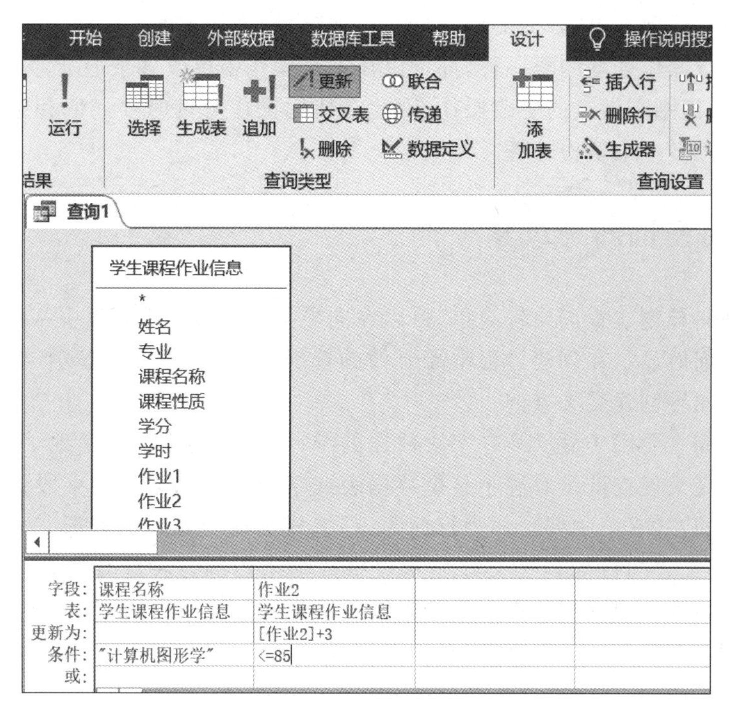

图 5.41 设置更新查询

② 单击“结果”组中的“运行”按钮(标有感叹号的图标按钮)，弹出一个更新提示框，单击“是”按钮，Access 将开始更新符合查询要求的记录，如图 5.42 所示。

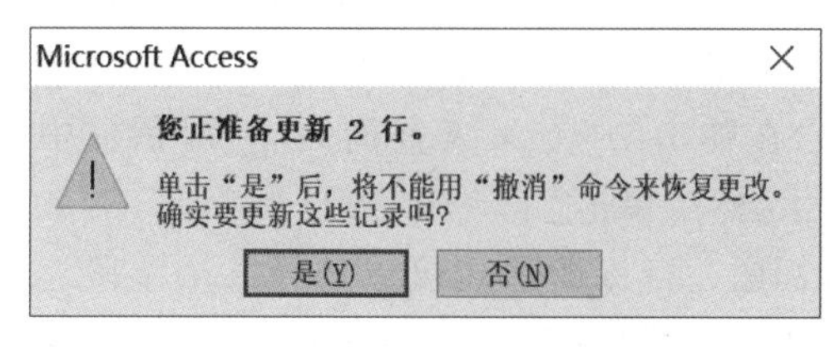

图 5.42 更新操作的提示框

3. 删除查询

当表中出现了无用的数据记录时，可以利用删除查询快速、准确和完全地从表中删除它们。实施的过程仍然是先创建查询设计视图，添加待修改的数据表，然后单击“查询类型”组中的“删除”按钮，并选择相关的字段和设置查询条件。删除查询将永久删除指定表中的记录，并且无法恢复，因此在执行删除查询时要十分慎重，最好对要删除记录所在的数据表先进行备份，以防由于误操作而引起数据丢失。

4. 追加查询

管理数据库时，将符合指定条件的数据追加到另一个数据表的处理操作，是维护数据库内容的一种常见动作，利用 Access 的追加查询功能可以很容易地实现批量数据的追加。追加查询的操作是在启动和打开了查询设计视图窗口后，通过执行 Access 窗口菜单栏的“查询工具”选项卡里“查询类型”组的“追加”命令来实现的。

无论是执行操作查询的哪一种，都可以在一个操作中更改多条记录，并且在执行操作查询后，不能撤销刚刚做过的更改操作，因此在使用操作查询时要谨慎和细心，必要时先对相关的数据表做一个备份处理。

5.3.4 使用查询向导创建查询

使用查询向导创建查询比较简单，可以在向导指示下选择表和表中字段来创建查询。查询向导将详细地显示在创建过程中需要做的选择，并以图形方式显示结果。本节介绍如何利用查询向导创建交叉查询。

交叉表查询主要用于显示某一字段数据的统计值，使用户能清楚地了解和分析表中的汇总数据。交叉表查询是对源于某个数据表或某个查询结果集的字段进行分组，一组显示在交叉表的左侧(第一列)，称为行标题，一组显示在交叉表的上部(第一行)，称为列标题，然后在交叉表的行与列交叉处显示表中某个字段的各种计算值，此计算可以是求和、求均值、计数等。建立交叉表查询的常用方法是使用“交叉表查询向导”。

【例 5.11】 统计学生选课情况，显示选课学生姓名、被选课程的课程名称、学分以及每位学生所修课程的总学分。

通过分析可以确定，本例题需要考虑的字段包括学生的“姓名”、学生学习相关课程的“课程名称”，以及课程的“学分”等。而这些字段在“学生课程作业信息”数据表中都已经包含了，所以可以选择该数据表为建立交叉表查询的数据源。

① 打开“创建”功能区选项卡，单击“查询”组中的“查询向导”按钮。在弹出的“新建查询”对话框中选择“交叉表查询向导”，如图 5.43 所示。

② 单击“确定”按钮，在弹出的“交叉表查询向导”对话框中选择 “学生课程作业信息”数据表，如图 5.44 所示，然后单击“下一步”按钮。

③ 确定交叉表的行标题。行标题最多可以选择 3 个字段。为了在交叉表的每一行的前面显示学生的姓名，在弹出的“交叉表查询向导”第二个对话框中双击“可用字段”列

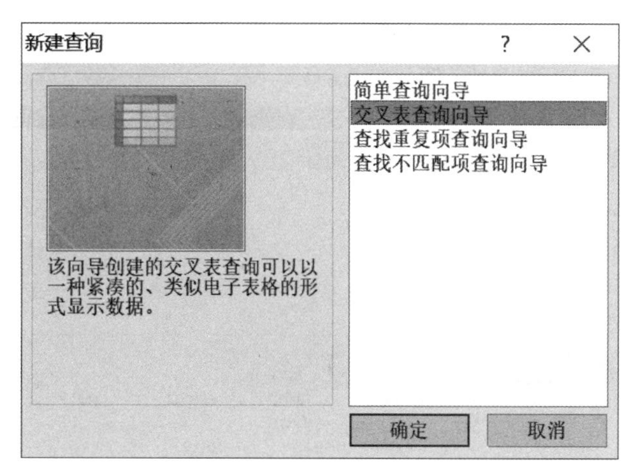

图 5.43 交叉表查询向导

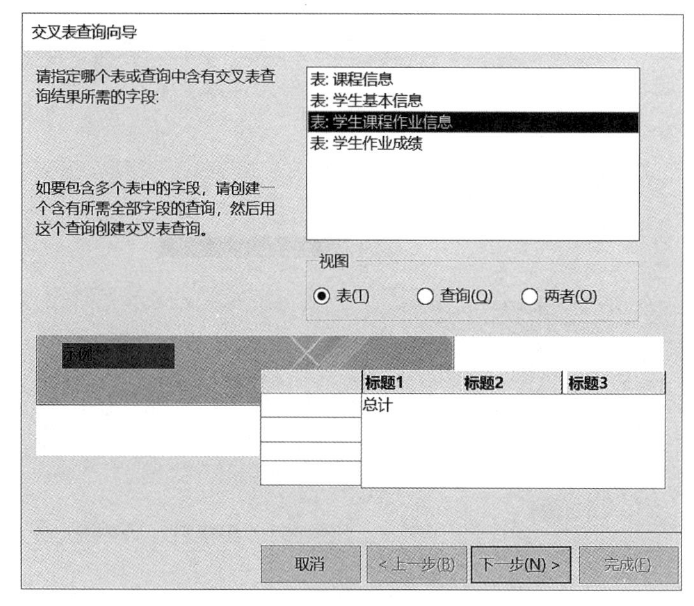

图 5.44 “交叉表查询向导”对话框(1)

表框中的“姓名”字段，将其添加到“选定字段”列表框中，如图 5.45 所示，然后单击“下一步”按钮。

④ 确定交叉表的列标题。为了在交叉表的每一列上显示选修的课程名，应该在弹出的“交叉表查询向导”第三个对话框中单击“课程名称”字段，其结果如图 5.46 所示，然后单击“下一步”按钮。

⑤ 确定行和列交汇处计算的数据。为了使交叉表查询显示学生选课的学分，应该在弹出的“交叉表查询向导”第四个对话框中选择单击“字段”列表框的“学分”字段，然后在“函数”列表框中选择“总数”。“函数”列表框中显示了多项计算函数，它是专门针对交叉表的行数据执行的运算。如果不想在交叉表的每行前面显示“学分”的总计数值，则应该

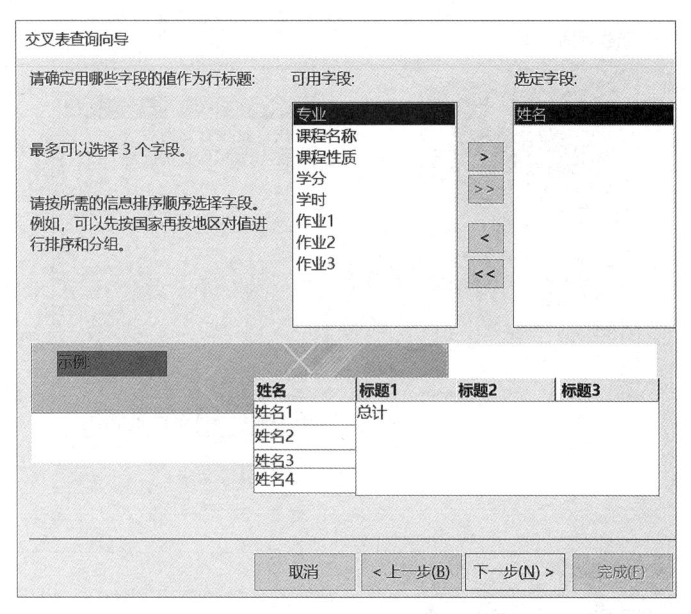

图 5.45 “交叉表查询向导”对话框(2)

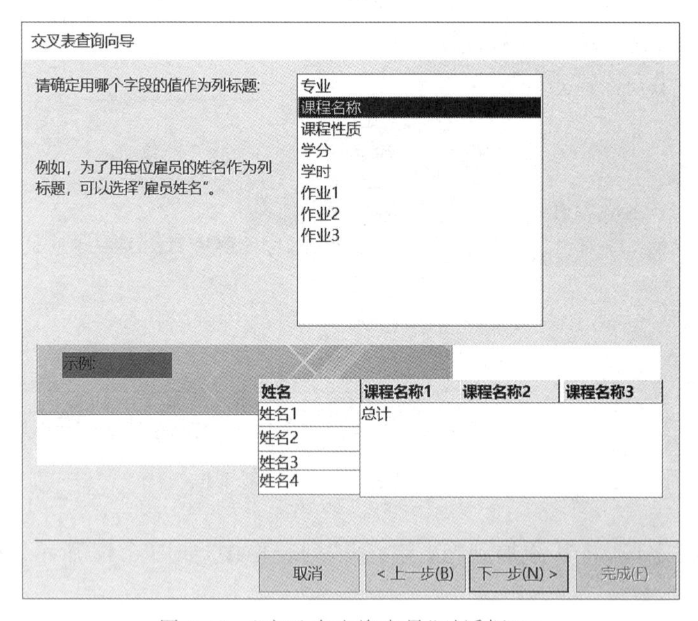

图 5.46 “交叉表查询向导”对话框(3)

取消选中“是”复选框。本例题要求显示总计数值，所以这里保留该复选框选中的状态，如图 5.47 所示，然后单击“下一步”按钮。

⑥ 确定交叉表的查询名称。在弹出“交叉表查询向导”第五个对话框的“请指定查询的名称”文本框中输入要建立的查询操作名，例如，输入“查看学生选修的课程学分情况_交叉表”，然后单击“查看查询”单选按钮，如图 5.48 所示，最后单击“完成”按钮。

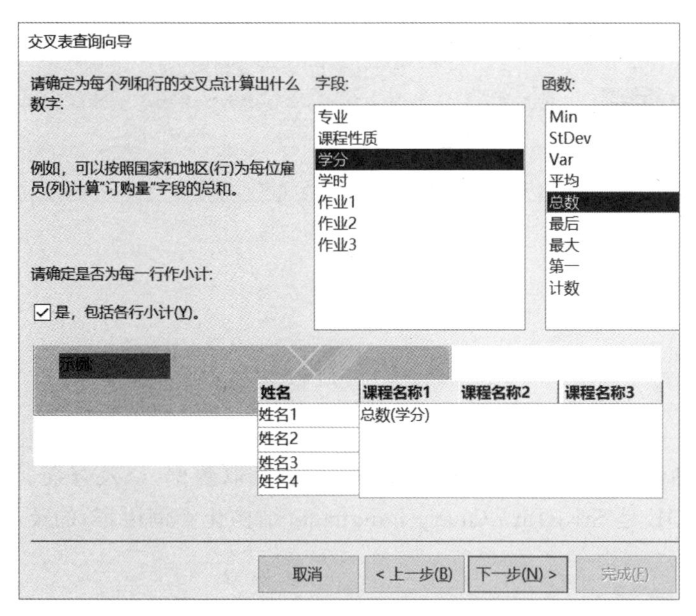

图 5.47 “交叉表查询向导”对话框(4)

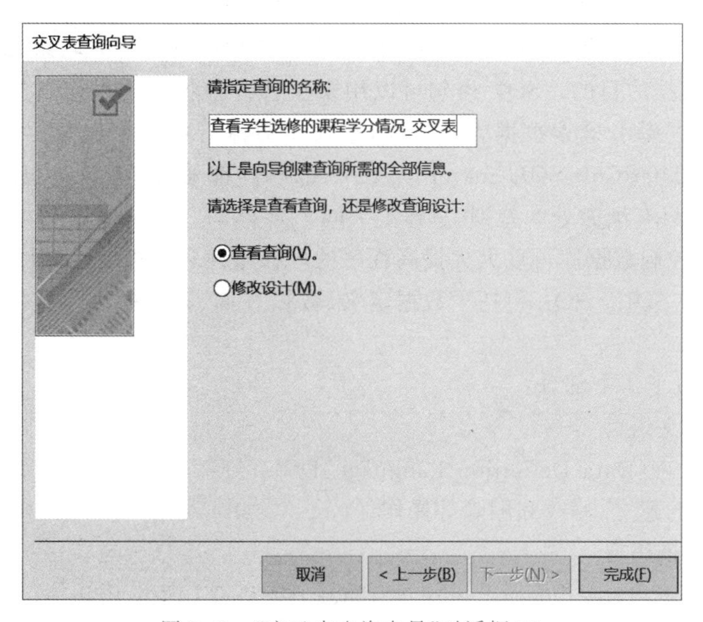

图 5.48 “交叉表查询向导”对话框(5)

⑦ 在数据库窗口的“查询”对象下双击刚刚建立的查询操作项“查看学生选修的课程学分情况_交叉表”，则执行的结果如图 5.49 所示。

需要说明的是，使用向导创建交叉表的数据源必须来自于一个表或一个查询。如果数据源来自多个表，则可以先建立一个查询，再以此查询作为数据源。

查看学生选修的课程学分情况_交叉表

姓名	总计 学分	大学计算机	计算机图形	数据结构
王丽丽	5.5		2	3.5
张国	2		2	
赵欣	6.5	3		3.5

记录: 第 1 项(共 3 项) 无筛选器 搜索

图 5.49 交叉表查询的执行结果

5.4 SQL

SQL 是一种数据库查询和程序设计语言，用于存取数据，以及查询、更新和管理关系数据库系统。SQL 是 Structure Query Language（结构化查询语言）的英文缩写。

5.4.1 SQL 概述

SQL 是一种介于关系代数和关系演算之间的结构化查询语言。SQL 由于本身结构化的特点，非常容易入手。SQL 的主要功能就是与各种数据库建立联系，进行沟通，以达到操纵数据库数据的目的。SQL 语句可以用来执行各种各样的操作，例如，更新数据库中的数据、从数据库中检索数据等。目前，绝大多数流行的关系型数据库管理系统，如 Oracle、Sybase、Microsoft SQL Server 以及 Access 等，都采用了标准 SQL，针对不同的数据库，SQL 语法只有细微处的差别，总体上大同小异。

通过 SQL 控制数据库可以大大提高程序的可移植性和可扩展性，因为几乎所有的主流数据库都支持 SQL。SQL 包括了数据定义、数据查询、数据操纵和数据控制等几方面的功能。

SQL 包含以下 4 个部分：

（1）数据定义语言

数据定义语言（Data Definition Language，DDL）包括 CREATE、ALTER、DROP 语句，主要用于表的建立、修改和删除等操作。

（2）数据查询语言

数据查询语言（Date Query Language，DQL）包括 SELECT 语句等，用来对数据库中的数据进行查询。

（3）数据操控语言

数据操控语言（Date Manipulation Language，DML）包括 INSERT、UPDATE、DELETE 语句，用来插入、修改和删除表中的数据。

（4）数据控制语言

数据控制语言（Data Control Language，DCL）包括 COMMIT WORK、ROLLBACK WORK 等语句，用来控制数据库组件的存取许可、存取权限等。

5.4.2 SQL 查询

SQL 查询是 Access 提供的查询方法之一。无论用户采用查询向导还是查询设计视图来创建的查询，系统将自动在后台生成等效的 SQL 语句。可以在 SQL 视图窗口中打开它们，了解这些查询操作的 SQL 语句的内容。

例如，如果要查看例 5.6 中建立的查询操作项“查询有联系电话的学生记录”的 SQL 语句，则在打开的数据库窗口中选择“查询”对象，在“查询”对象下选中“查询有联系电话的学生记录”的查询操作项，右击该查询操作项，在弹出的快捷菜单中选择“设计视图”，然后在该查询的设计视图区右击，在弹出的快捷菜单中选择“SQL 视图”命令，即可打开该查询操作项对应的 SQL 语句，如图 5.50 所示。

查询有联系电话的学生记录

```
SELECT 学生基本信息.姓名, 学生基本信息.性别, 学生基本信息.专业, 学生基本信息.联系电话
FROM 学生基本信息
WHERE (((学生基本信息.联系电话) Is Not Null));
```

图 5.50 SQL 视图中的 SQL 语句

如果想立即执行窗口中的 SQL 语句，则可以单击 Access 工具栏中的“运行”命令，系统将显示查询产生的结果数据。最后关闭操作窗口，选择保存由 SQL 命令创建的这个查询。

常见的 SELECT 语句语法格式为：

```
SELECT [ALL|DISTINCT] <目标字段名 1>[, <目标字段名 2>…]
FROM <数据源>
[INNER JOIN <另一个数据源>ON <条件表达式>]
[WHERE <条件表达式>]
[GROUP BY <分组字段名>[HAVING 条件表达式]]
[ORDER BY <选择排序的字段名>[ASC|DESC]] ;
```

其中，SELECT 子句表示要查询和显示的项目；ALL 表示查询结果中无论记录重复与否，都要全部显示，而 DISTINCT 表示对重复的记录只显示一个；FROM 子句表示被查询的数据源对应的表或查询结果集；INNER JOIN 子句用于多表连接查询时，以 ON 子句为连接条件，连接另一个数据源对应的表或查询结果集；WHERE 子句用来说明查询的条件；GROUP BY 子句指定按分组字段名的值进行分组或分组汇总，值相等的记录分在一组，每一组产生一条记录；HAVING 是 GROUP BY 子句中的一个短语，它必须跟随 GROUP BY 使用，它用来限定分组必须满足的条件。ORDER BY 子句是表示查询结果排序方式的，选择 ASC 表示按升序排列；选择 DESC 表示按降序排列。

【例 5.12】 查询“课程信息”表中“学时”数大于 40 的所有课程的相关信息，并按“学时”数的降序形式显示记录。

在“学生成绩管理”数据库中，打开“创建”功能区选项卡，单击“查询设计”，关闭弹出

的“显示表”的对话框。单击左上角的“SQL 视图”，这时就可在查询窗中输入如下的 SQL 语句：

```
SELECT  课程代码,课程名称,课程性质,学分,学时,任课教师
FROM 课程信息
WHERE 学时>40
ORDER BY 学时 DESC
```

SQL 语句编辑完成后，单击“运行”按钮即可执行 SQL 语句查询，结果如图 5.51 所示。若要在查询结果中显示数据源中的所有字段，则可以用“ * ”号代替被一一列出的字段名，因此上述语句可以改为如下的简单语句形式：

```
SELECT *  FROM 课程信息
WHERE 学时>40
ORDER BY 学时 DESC
```

查询1

课程代码	课程名称	课程性质	学分	学时	任课教师
b08a001	编译原理	必修	4	64	张小武
s06b001	数据结构	选修	3.5	56	赵星辰
d07a001	大学计算机基础	必修	3	48	王高峰
*					

图 5.51　使用 SELECT 语句查询“学时”数大于 40 的所有课程的相关信息

【例 5.13】 查询所有学生学习相关课程的全部作业成绩，将其保存成一个查询操作项，取名为“学生的全部课程作业成绩”。

在查询窗中输入如下的 SQL 语句：

```
SELECT  学生基本信息.姓名, 学生基本信息.专业, 课程信息.课程名称, 学生作业成绩.作业1, 学生作业成绩.作业 2, 学生作业成绩.作业 3
FROM 学生基本信息
INNER JOIN (课程信息 INNER JOIN 学生作业成绩 ON 课程信息.课程代码 = 学生作业成绩.选课代码) ON 学生基本信息.学号 = 学生作业成绩.学号
```

运行该查询，并将该查询保存命名为“学生的全部课程作业成绩”，显示结果如图 5.52 所示。

学生的全部课程作业成绩

姓名	专业	课程名称	作业1	作业2	作业3
赵欣	电子19	大学计算机基础	85	70	80
王丽丽	电子19	计算机图形学	90	80	90
张国	生物19	计算机图形学	70	85	90
王丽丽	电子19	数据结构	75	80	80
赵欣	电子19	数据结构	85	90	90
*					

图 5.52　执行查询“学生的全部课程作业成绩”的结果

由于查询操作涉及的数据源包括“学生基本信息”“课程信息”和“学生作业成绩”3个数据表，所以语句中必须使用 INNER JOIN 子句和 ON 子句说明表与表之间的关联关系。

【例 5.14】 在“学生的全部课程作业成绩”的查询结果集中，查询和显示 3 次作业的平均成绩大于 80 的学生及其成绩信息。

在查询窗中输入如下的 SQL 语句：

```
SELECT 姓名,专业,课程名称,(作业 1+作业 2+作业 3)/3 AS 平均成绩
FROM 学生的全部课程作业成绩
WHERE (作业 1+作业 2+作业 3)/3>80
```

查询结果如图 5.53 所示。

查询2

姓名	专业	课程名称	平均成绩
王丽丽	电子19	计算机图形学	86.666666666667
张国	生物19	计算机图形学	81.666666666667
赵欣	电子19	数据结构	88.333333333333
*			

图 5.53　查询 3 次作业的平均成绩大于 80 的学生信息

需要说明的是，在 SELECT 语句中，“＜表达式＞ AS ＜显示目标项＞”子句可以在查询后的结果集中增加一个显示目标项，而且显示目标项的值来自表达式的运算结果。这里指定的是增加一个名为“平均成绩”的显示项，该显示项的值来自表达式“(作业 1＋作业 2＋作业 3)/3”。

【例 5.15】 查询选课数量大于或等于 2 门的学生的姓名和选课数量。

在查询窗中输入如下的 SQL 语句：

```
SELECT 姓名, COUNT(*) AS 课程数
FROM 学生的全部课程作业成绩
GROUP BY 姓名 HAVING COUNT(*) >=2
```

查询结果如图 5.54 所示。

查询3

姓名	课程数
王丽丽	2
赵欣	2

图 5.54　查询学生选课数量

GROUP BY 子句将查询结果集的各行按某一列或多列取值相等的原则进行分组。这里的子句形式是“GROUP BY 姓名”，表示它是按学生的姓名分组，即同名的记录为一组，然后计算每一组的 COUNT(*)。HAVING 短语指定选择组的条件，这里的“HAVING COUNT(*) ＞＝ 2”表示仅当每个分组内包括的记录数量满足大于或等于 2 时

才可以作为最终结果输出，这里的表达式“COUNT(*)”是对每个分组执行计数运算，其中 COUNT()为一个统计个数的聚集函数。

5.4.3 SQL 的数据定义

SQL 的数据定义是一种特殊的查询语句，利用它可以直接创建、删除或更改数据表的结构，还可以在当前数据库中创建索引。

1. 创建一个数据表

CREATE 语句用于创建数据库的基本表，创建索引和视图。定义表结构的语句格式为：

```
CREATE TABLE <表名>( <字段名 1><数据类型>[字段级完整性约束条件]
                   [,<字段名 2><数据类型>[字段级完整性约束条件]] …)
                   [,<表级完整性约束条件>]
```

定义表的属性时需要指明该属性的域。在 SQL 中，域的概念使用数据类型来实现，SQL 提供了一些主要的数据类型，其中 TEXT 为短文本类型，INTEGER 为数字类型，SINGLE 为单精度实型，MONEY 为货币类型，DATE 为日期/时间类型，MEMO 为长文本类型，GENERAL 为 OLE 类型等。PRIMARY KEY 用来设置表的主关键字。

【例 5.16】 使用 CREATE TABLE 语句创建“教师信息”表。

打开“学生成绩管理”数据库文件，单击“创建”标签中的“查询设计”，关闭弹出的“显示表”对话框。单击左上角的“SQL 视图”，在查询窗中输入如下的 SQL 语句：

```
CREATE TABLE 教师信息 ([教师编号] INTEGER PRIMARY KEY, [姓名] TEXT(6), [性别]
TEXT(1), [参加工作日期] DATE, [基本工资] MONEY, [个人情况] MEMO, [标准照片]
GENERAL )
```

运行该查询后，就可以在“表”对象下看到新建的“教师信息”表，如图 5.55 所示。

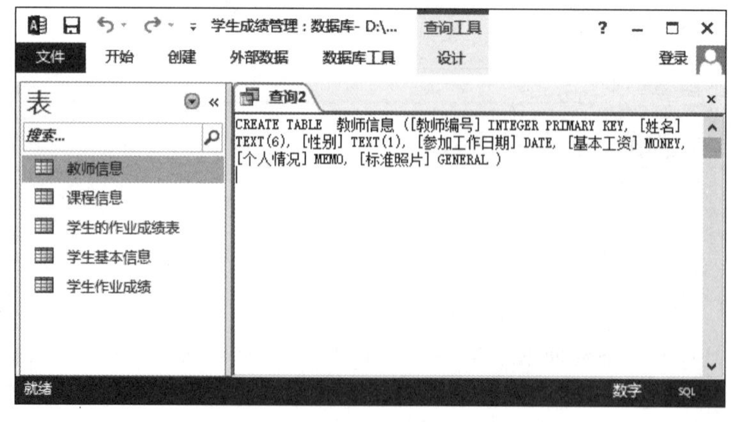

图 5.55 新建的“教师信息”表

2. 修改数据表的结构

ALTER 语句用于修改表的结构。它的一般格式为：

```
ALTER TABLE  <表名>
[ADD  <字段名><数据类型>[字段级完整性约束条件]] |
[DROP  <字段名>]
```

其中，“表名”是指需要修改的表。ADD 子句用于增加新字段和该字段其他的设置条件。DROP 子句用于删除指定的字段。

【例 5.17】 在“教师信息”表中增加“职务”字段。

```
ALTER TABLE  教师信息
ADD  职务 TEXT(10)
```

【例 5.18】 从“教师信息”表中删除“个人情况”字段。

```
ALTER TABLE  教师信息
DROP  个人情况
```

注意： 不能一次添加或删除多个字段。执行添加字段操作时，不能同时执行删除，反之亦然。换句话说，在一条 ALTER TABLE 语句中，要么实现添加一个字段的操作，要么实现删除一个字段的操作。

3. 删除一个数据表

DROP 语句用于删除数据表。删除语句的格式为：

```
DROP TABLE <表名>
```

【例 5.19】 从当前的数据库中删除“教师信息”表。

```
DROP TABLE  教师信息
```

运行结果如图 5.56 所示，此时在“表”对象中已经没有“教师信息”表了。

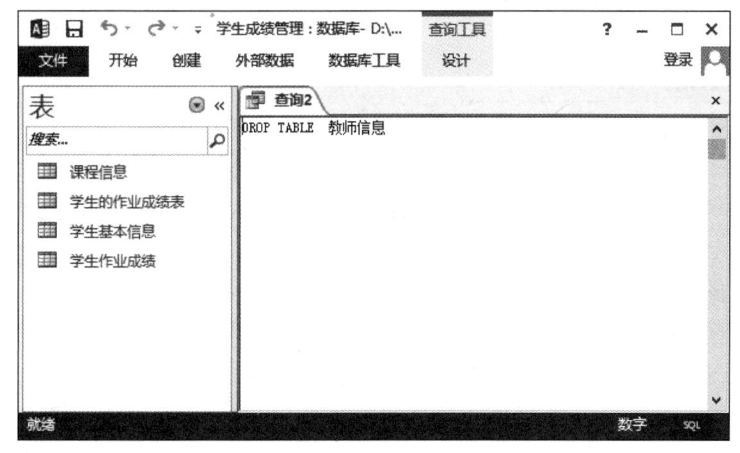

图 5.56 删除“教师信息”表

表一旦允许删除，就意味着表中的数据和此表的结构将一起被删除，而且此表上建立的索引等也一并被删除，所以执行删除表的操作时一定要格外小心。

5.4.4 SQL 的数据操纵

对数据库中的数据表执行新记录插入、无用记录删除、有错记录修改的维护操作就称为数据操纵。Access 提供了使用 SQL 语句命令来实现数据操纵，包括数据插入、数据删除和数据更新 3 种功能。

1. 数据插入

通过 INSERT 语句可以实现往数据库的数据表中插入一条记录。INSERT 语句的格式如下：

```
INSERT INTO  <表名>[(<字段名 1>[, <字段名 2>… ])]
VALUES  (<常量 1>[, <常量 2>]…)
```

每执行一次 INSERT 语句，系统就将 VALUES 子句指定的字段值依次插入到一条记录对应的字段名中。

注意：如果往数据表中插入一个完整的记录，则可以省略表名后面的字段名，否则必须一一列出字段名。VALUES 子句的常量值应与数据表的字段名相对应，未指定字段值和字段名，其值自动为 NULL 或 0。

【例 5.20】 将一条新记录插入到“学生作业成绩”数据表中。

```
INSERT INTO 学生作业成绩
VALUES ("d07a001"," 190122123",75,85,0)
```

当执行 INSERT 语句时，系统将弹出如图 5.57 所示的消息框，单击“是”按钮，即可实现向“学生作业成绩”表中追加一条记录。

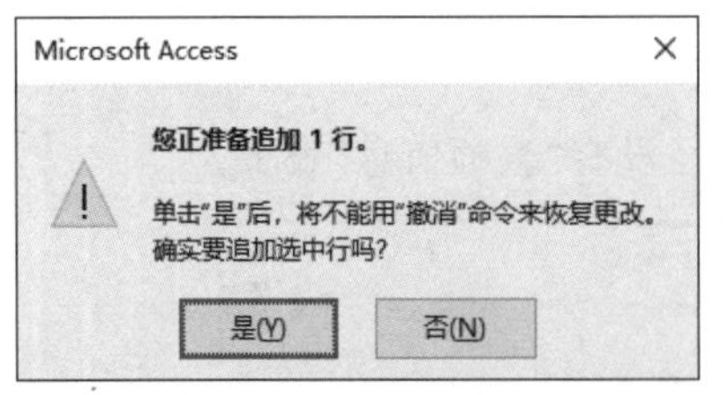

图 5.57　系统提示正在进行追加记录的操作

2. 数据删除

执行 DELETE 语句可以实现从数据表中删除记录。删除语句的格式为：

```
DELETE FROM <表名>
[WHERE <条件表达式>]
```

删除语句可以一次性地删掉满足 WHERE 子句表达式条件的所有记录。

注意：

(1) 删除操作是删除记录，而不是删除记录中的某些字段值。

(2) 删除操作只能从一个基本数据表中删除记录。

(3) 删除操作的执行结果可能会导致破坏数据一致性。

(4) 删除语句的执行结果将清空指定的数据表，所以执行该语句时要格外谨慎。

【例 5.21】 从“学生作业成绩”数据表中选择选课代码为“d07a001”的记录，只要该课程对应的作业成绩中有一次为 0，就取消该成绩对应的学生的选课资格，即从表中删除此记录。

```
DELETE FROM  学生作业成绩
WHERE  选课代码="d07a001" AND (作业 1=0 Or 作业 2=0 Or 作业 3=0)
```

删除语句执行时，将依据 WHERE 子句的条件查询是否含有满足条件的记录，如果有，系统会弹出如图 5.58 所示的对话框，单击“是”按钮，即可实现从“学生作业成绩”表中删除那些记录。

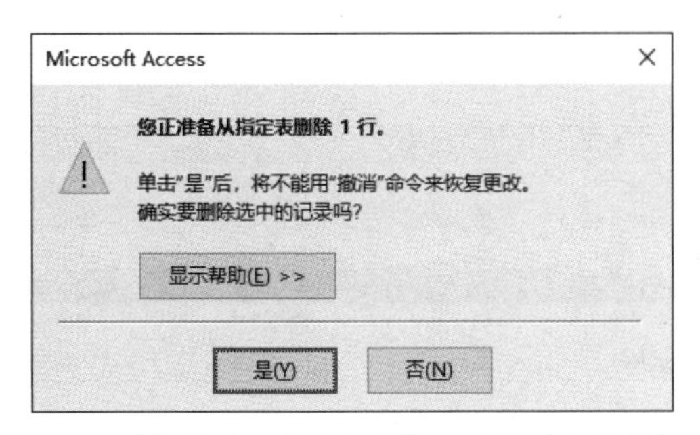

图 5.58　系统提示正在准备删除 1 项满足条件的记录

3. 数据更新

数据更新是指更改数据库的基本表中记录的相关字段的值。可以使用 UPDATE 语句实现数据更新，该语句的一般形式如下：

```
UPDATE <表名>
SET  <字段名 1>= <表达式 1> [,<字段名 2>= <表达式 2>… ]
[WHERE  <条件表达式>]
```

WHERE 子句指定要进行更新操作的记录应该满足什么条件表达式。SET 子句是针对被更新记录的，它指出被更新的记录中的哪些字段需要修改，以及要更改为怎样的具体值(由对应的表达式决定)。

【例 5.22】 将“学生基本信息”表中姓名为“赵欣”的学生的出生日期改为 1999-11-27。

```
UPDATE  学生基本信息
SET  出生日期 = #1999-11-27#
WHERE  姓名 = "赵欣"
```

“WHERE 姓名="赵欣"”子句指定被更新的记录应该满足其字段“姓名”中的值是“赵欣”。“SET 出生日期=#1999-11-27#”子句指出被更改的记录的“出生日期”字段的值要改为“1999-11-27”。图 5.59 显示了系统执行 UPDATE 语句时，当查询到数据库中含有满足更新条件的记录时给出的提示内容，单击“是”按钮，将立即执行更新处理，执行结果如图 5.60 所示。

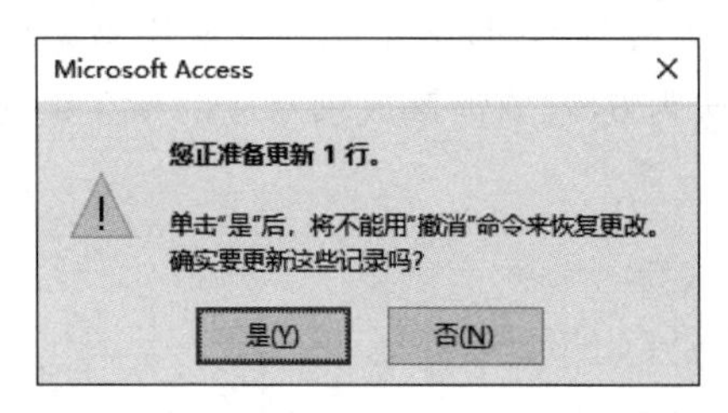

图 5.59　系统提示正在准备更新 1 项满足条件的记录

注意：在 UPDATE 语句中，如果不使用 WHERE 子句，则意味着将更新表中的全部记录。

学生基本信息

学号	姓名	性别	专业	出生日期	联系电话
180521116	陈玉华	男	会计18	1999/2/25	139xxxx3505
190122123	宋小兵	男	金融19	1999/11/28	136xxxx4586
190204223	王丽丽	女	电子19	1999/3/30	136xxxx2502
190206120	赵欣	女	电子19	1999/11/27	
190322115	李文江	男	数学19	2000/6/19	138xxxx2406
190834204	张国	男	生物19	2000/5/8	

图 5.60　数据更新的执行结果

5.5　数据库设计

数据库设计是指根据用户的需求，在某一具体的数据库管理系统上，设计数据库的结构和建立数据库的过程。具体地说，数据库设计是对于一个给定的应用环境，构造最优的数据库模式，建立数据库及其应用系统，使之能够有效地存储数据，满足各种用户的信息要求和处理要求。数据库设计是建立数据库及其应用系统的技术，是信息系统开发和建立的核心技术。本节仅做简单介绍。

5.5.1　数据库设计方法简述

数据库设计是涉及多学科的综合性技术，同时又是一项庞大的工程项目。它要求从事数据库设计的专业人员，具备多方面的技术和知识，主要包括计算机的基础知识、软件工程的原理和方法、程序设计的方法和技巧、数据库的基本知识、数据库设计技术和应用领域的知识等。这样才能设计出符合具体领域要求的数据库及其应用系统。

早期数据库设计主要采用手工与经验相结合的方法，设计的质量往往与设计人员的经验与水平有直接的关系。数据库设计是一种技术，缺乏科学理论和工程方法的支持，设计质量难以保证。随着数据库技术的发展，人们提出了各种数据库设计的方法，其中比较常用的有以下 4 种。

(1) 新奥尔良(New Orleans)方法：该方法把数据库设计分为若干阶段和步骤，并采用一些辅助手段实现每一过程。它运用软件工程的思想，按一定的设计规程，用工程化方法设计数据库。新奥尔良方法属于规范化设计法，从本质上看，它仍然是手工设计方法，其基本思想是过程迭代和逐步求精。

(2) 基于E-R模型的数据库设计方法：该方法用E-R模型来设计数据库的概念模型，是数据库概念模型阶段广泛采用的方法。

(3) 3NF(第三范式)设计方法：该方法用关系数据理论为指导来设计数据库的逻辑模型，是设计关系数据库时在逻辑阶段采用的一种有效方法。

(4) 基于视图的数据库设计方法，先从分析各个应用的数据着手，其基本思想是为每个应用建立自己的视图，然后再把这些视图汇总起来，合并成整个数据库的概念模式，合并过程中要解决命名冲突、数据冗余等问题，以及进行模式重构等工作。

5.5.2 数据库设计步骤

数据库设计过程可以使用软件工程中的生存周期的概念来说明，称为数据库设计的生存期，它是指从数据库研发到数据库停止使用的整个时期。数据库设计一般分6个阶段，这6个阶段的主要工作各有不同，其主要内容包括需求分析、概念结构设计、逻辑结构设计、物理结构设计、数据库的实施以及数据库的运行和维护。

1. 需求分析

需求分析是整个数据库设计过程的基础。需求分析是调查用户的业务活动和数据的使用情况，弄清所用数据的种类、范围、数量以及它们在业务活动中的交流情况，通过分析，明确用户对系统的需求，包括数据需求和围绕这些数据的业务处理需求，以确定用户对数据库系统的使用要求和各种约束条件等，形成用户需求规约。在分析用户需求时，要确保用户目标的一致性。这是数据库设计过程中最费时、最复杂的一步。需求分析做得不好，可能会导致整个数据库设计返工重做。

需求分析的重点是调查、收集与分析用户在数据管理中的信息要求、处理要求，以及安全性与完整性要求。常用的调查与收集信息的方法有：

① 跟班作业，数据库研发人员亲自参加业务工作了解业务情况，这样能比较准确地理解用户的需求，这种方法比较耗时。

② 调查业务机构的情况，包括该组织的部门组成情况、各部门的职责和任务等，来了解业务活动情况及用户需求。

③ 请业务专业人员介绍，了解各部门的业务活动情况，包括各部门输入和输出的数据与格式、所需的表格与卡片、加工这些数据的步骤、输入/输出的部门等。

④ 请用户填写设计调查表。

⑤ 查阅与原系统有关的数据记录。

2. 概念结构设计

在需求分析阶段，设计人员充分调查并描述了用户的需求，但这些需求只是现实世界的具体要求，应把这些需求抽象为信息世界的结构，才能更好地实现用户的需求。概念结构设计是把用户的信息要求统一到一个整体逻辑结构中，此结构能够表达用户的要求。概念结构是一个独立于任何 DBMS 软件和硬件的概念模型。

概念模型应反映现实世界各部门的信息结构、信息流动情况、信息间的互相制约关系，以及各部门对信息储存、查询和加工的要求等。所建立的概念模型应避开数据库在计算机上的具体实现细节，用一种抽象的形式表示出来。以实体-联系模型（即 E-R 模型）方法为例，第一步先明确现实世界各部门所含的各种实体及其属性、实体间的联系以及对信息的制约条件等，从而给出各部门内所用信息的局部描述（在数据库中称为用户的局部视图）；第二步再将前面得到的多个用户的局部视图集成为一个全局视图，即用户要描述的现实世界的概念数据模型。

3. 逻辑结构设计

逻辑结构设计是将概念结构设计阶段所得到的概念模型转换为某个 DBMS 所支持的数据模型，并对其进行优化。也就是将现实世界的概念数据模型设计成数据库的一种逻辑模式，即适应于某种特定数据库管理系统所支持的逻辑数据模式。还可能需要为各种数据处理应用领域产生相应的逻辑子模式。从逻辑结构设计开始，便进入了实现设计的阶段，需要考虑到具体的 DBMS 的性能、具体的数据模型特点等。

数据库逻辑结构设计在得到初步数据模型后，还应该适当地修改、调整数据模型的结构，以进一步提高数据库应用系统的性能，这就是数据模型的优化。关系数据模型的优化通常以规范化理论为指导。应用规范化理论对关系的逻辑模式进行初步优化，以减少乃至消除关系模式中存在的各种异常，改善完整性、一致性，提高存储效率。

4. 物理结构设计

数据库的物理结构设计是对一个给定的逻辑数据模型选取一个适合应用环境的物理结构的过程。物理结构设计的任务是为了有效地实现逻辑模式，确定所采取的存储策略，为逻辑数据模型建立一个完整的能实现的数据库结构，包括存储结构和存取方法。物理结构设计根据特定数据库管理系统所提供的多种存储结构和存取方法等，依赖于具体计算机结构的各项物理设计措施，对具体的应用任务选定最合适的物理存储结构、存取方法和存取路径等。

物理结构设计通常分为以下两步。

① 确定数据库的物理结构，可分为确定数据的存取方法和数据的存储结构。

② 对物理结构进行评估，包括对时间效率、空间效率、维护开销和各种用户要求进行权衡，从多种设计方案中选择一种较优的方案。

5. 数据库的实施

数据库实施是指根据逻辑结构设计和物理结构设计的结果，运用 DBMS 提供的数据语言和工具等，在计算机上建立实际的数据库结构，把原始数据装载数据，编制应用程序，并进行测试和试运行的过程。数据库的实施通常包括以下 4 个步骤。

(1) 定义数据库结构

确定了数据库的逻辑结构与物理结构后，就可以用所选的DBMS提供的数据定义语言(DDL)来严格描述数据库结构。

(2) 数据装载

数据库结构建立后，就可以往数据库中装载数据了。组织数据入库是数据库实施阶段最主要的工作。对于数据量不是很大的小型系统，可以用人工方式完成数据的入库。对于中大型系统，由于数据量大，用人工的方式组织数据入库，将会耗费大量的人力物力，而且很难保证数据的正确性，因此可以设计一个数据输入子系统，由计算机辅助数据的入库工作。

(3) 编制与调试应用程序

数据库应用程序的设计应该与数据库设计并行进行。在数据库实施阶段，当数据库结构建立好后，就可以开始编写与调试数据库的应用程序，也就是说编制与调试应用程序是与组织数据入库同步进行的。调试应用程序时，由于数据库入库尚未完成，可先使用模拟数据。

(4) 数据库试运行

应用程序调试完成，并且已经有部分数据入库后，就可以开展数据库的试运行。

6. 数据库的运行和维护

数据库试运行结果符合设计目标后，数据库即可投入正式运行，进入运行和维护阶段。数据库系统投入正式运行，标志着数据库应用开发工作的基本结束，但在数据库系统运行过程中还必须不断地对其进行评估、调整和修改，这是一个长期的过程，也是数据库设计工作的继续和提高。

在数据库运行阶段，对数据库经常性的维护工作主要是由数据库管理员完成的，包括以下内容。

(1) 数据库的转储和恢复

定期对数据库和日志文件进行备份，以保证一旦发生故障，能利用数据库备份及日志文件备份，将数据库恢复到某种一致状态，尽可能减少对数据库的破坏。

(2) 数据库的安全性、完整性控制

数据库管理员必须对数据库的安全性和完整性控制负责，根据用户的实际需求授予不同的操作权限。另外由于应用环境的变化，数据库的完整性、约束条件也会变化，需要数据库管理员不断修正以满足用户需求。

(3) 数据库性能的监督分析和改进

许多DBMS产品都提供了监测系统性能参数的工具，数据库管理员可以利用这些工具，方便地得到系统运行过程中一些性能参数的值，数据库管理员应仔细分析这些数据，通过调整某些参数来进一步改善数据库的性能。

(4) 数据库的重组织和重构造

数据库运行一段时间后，由于记录不断增加、删除、修改等，会使数据库的物理存储变差，从而降低数据库存储空间的利用率和数据的存取效率，使数据库的性能下降。这时数据库管理员就要对数据库进行重组织或部分重组织。数据库的重组织,不会改变原数据库设计的数据逻辑结构和物理结构,只是按原设计要求重新安排存储位置、回收垃圾、减少指针链,从而提高系统性能。DBMS一般都提供了重组织数据库时使用的实用程序,帮助数据库管理员重新组织数据库。

数据库运用环境发生变化,会导致实体及实体间的联系发生的变化,使原有的数据库设计不能很好地满足新的需求,从而不得不适当调整数据库的模式和内模式,这就是数据库的重构造。DBMS都提供了修改数据库结构的功能。重构数据库的程度是有限的,如果应用变化太大,已经无法通过重构数据库来满足新的需求,或重构数据库的代价太大时,则表明现有的数据库应用系统的生命周期已经结束,就应该重新设计新的数据库系统。

5.6 本章小结

数据与信息在概念上有区别,从信息处理角度看,任何事物的属性都是通过数据来表示的,数据经过加工处理后,使其具有知识性,并对人类活动产生决策作用,从而形成信息。对数据的处理过程是将数据转换成信息的过程,信息处理就是利用计算机对各种类型的数据进行收集、存储、加工、分类、检索、传播的一系列活动。目前对数据进行处理的主要技术是数据库技术。

本章主要介绍了数据管库的相关知识,数据库技术的主要目的是有效地存取和管理大批量数据资源,为人们提供安全、合理的数据分析结果。在计算机应用中,数据处理和以数据处理为基础的信息系统所占的比重最大,数据管理的任务也随之变得更加艰巨,这就需要依赖计算机和数据库管理系统,例如本章节介绍的Access数据库管理系统来替代手工管理数据。数据库管理系统能让用户更轻松快捷地管理大批量的数据信息。本章节具体介绍了数据库的基本概念、数据模型,数据库管理系统、关系数据库、数据表、表与表之间的关系、表的结构、表中字段的数据类型、字段属性等概念,以及Access 2016的使用,包括创建表的方法、设置表的主键、建立表与表之间的关联、使用向导创建查询、使用查询设计创建查询以及操作查询等。本章还介绍了SQL的使用方法,以及数据库设计的内容和一般性步骤等数据库基础理论知识。本章需要上机操作,加强练习。

5.7 习　　题

一、单项选择题

1. 下列选项中不属于数据库系统特点的是(　　)。

   A. 数据共享　　B. 数据完整性　　C. 数据冗余度大　　D. 数据独立性高

2. 数据库系统的核心是(　　)。

A. 数据模型　B. 数据库管理系统　C. 数据库　D. 数据库管理员

3. 在 E-R 图中，用来表示实体的图形是(　　)。

A. 矩形　B. 椭圆形　C. 菱形　D. 三角形

4. Access 建立的数据库类型是(　　)。

A. 层次数据库　B. 关系数据库

C. 网状数据库　D. 面向对象数据库

5. 在关系数据库中，二维表中的一行被称为一个(　　)。

A. 字段　B. 规则　C. 关键字　D. 记录

6. Access 数据库中基本表字段的数据类型不包括(　　)型。

A. 是/否　B. OLE 对象　C. 日期/时间　D. 关系

7. 不属于 Access 数据库对象的是(　　)。

A. 数据模型　B. 模块　C. 宏　D. 数据表

8. 以下不属于 Access 可以导入的数据源是(　　)。

A. Word 文档　B. Excel 的工作表　C. 压缩文件　D. 文本文件

9. 以下关于查询的叙述正确的是(　　)。

A. 只能根据已建查询创建查询

B. 不能根据已建查询创建查询

C. 可以根据数据表和已建查询创建查询

D. 只能根据数据表创建查询

10. 在 Access 中设置或编辑“关系”时，下列不属于可设置的选项是(　　)。

A. 实施参照完整性　B. 级联更新相关字段

C. 级联删除相关记录　D. 级联追加相关记录

11. 构成数据表主关键字的每一个字段都不允许存在空值(Null)的规则属于(　　)。

A. 字段的有效性规则　B. 用户定义完整性规则

C. 参照完整性规则　D. 实体完整性规则

12. 在数据库管理系统提供的数据语言中，负责数据的查询及增删改等操作的是(　　)。

A. 数据定义　B. 数据转换语言　C. 数据控制语言　D. 数据操纵语言

13. 数据库中不仅能够保存数据本身，而且能够保存数据之间的相互联系，保证了对数据修改的(　　)。

A. 独立性　B. 安全性　C. 共享性　D. 一致性

14. 数据库系统是三级模式结构，下列不属于三级模式的是(　　)。

A. 内模式　B. 抽象模式　C. 外模式　D. 概念模式

15. 下列属于操作查询的是(　　)。

A. 参数查询　B. 交叉表查询　C. 更新记录查询　D. 统计查询

二、填空题

1. 数据库管理技术的发展经历了三个阶段：人工管理阶段、(________)和(________)。

2. 数据模型常见的三种形式是(________)、(________)和网状模型。

3. Access 数据库包含了(________)、(________)、窗体、报表、宏及模块等 6 种对象。

4. SQL 是(________)的缩写。

5. SQL 的功能包括(________)、(________)、(________)、(________)等 4 个部分。

6. 数据库三级模式体系结构的划分,有利于保持数据的(________)。

7. 数据表之间的联系是通过表的字段值来体现的,这种字段称为(________)。

8. 数据库管理系统是位于用户与(________)之间的软件系统。

三、简答题

1. 什么是数据库管理系统? 它应该具有哪些功能?

2. 如何设置数据表的主键?

3. 什么是数据表间的关系? 数据表间创建关系的前提是什么?

4. 简述数据库的设计步骤。

第6章 信息检索

6.1 信息检索的基本概念

6.1.1 信息检索的定义

通常来说，信息检索包含两方面的内容：广义信息检索和狭义信息检索。广义信息检索又包含两部分的工作，其中，第一部分是将信息按照一定形式进行加工、整理、组织和存储；第二部分是在第一部分的基础上，根据用户的需求检索特定的内容。狭义信息检索是指广义信息检索的第二部分。本章主要介绍狭义信息检索。

信息检索的对象是信息。信息是指音信、消息、通信系统传输和处理的对象，泛指人类社会传播的一切内容。我们听到的、看到的、感受到的所有内容都可以称之为信息。信息的形式通常有文本、图像、音频和视频等。

6.1.2 信息检索的作用

我们的生活在很多方面都离不开信息检索。例如，如图6.1所示，购买商品时，需要进行商品信息的检索；购买火车票、飞机票、汽车票时，需要进行票务信息的检索；旅游时，需要进行旅游信息的检索；科研学术活动时，需要进行科研论文的检索。信息检索使用的搜索引擎、网站、APP等，称之为信息源或者检索工具。

图6.1　信息检索举例

6.1.3 信息检索的类型

信息检索的类型通常从两个角度来划分：第一，按照检索的对象划分；第二，按照实现检索的技术手段划分。

按照检索的对象来划分，信息检索可分为文献检索、数值检索、事实检索和多媒体检索。

1. 文献检索

文献检索包含文摘索引型检索和全文检索。文摘索引型检索可以获得文献的部分信息，例如，可以获得文献的标题、作者、摘要等；全文检索可以获得所有内容，也就是说，除了可以获得文摘索引型检索的内容，还可以获得文献的正文。例如，对于一篇文献，如果是文摘索引型检索，可以获得如图 6.2 所示的标题、作者、单位、摘要、关键词、DOI 和分类号等信息，以及如图 6.3 所示的"参考文献"信息。如果是全文检索，除了上述信息之外，还可以获取到文献的正文。

在图 6.2 中，DOI 相当于文献在互联网上的身份证，通过 DOI 可以准确地检索到这篇文献。分类号表示一篇文献所属的类型，图 6.2 中的文献包括两个分类号 G642.4 和 TP312.2-4，第一个分类号代表这篇文献的内容属于教学组织类，第二个分类号代表这篇文献的内容涉及程序设计类。

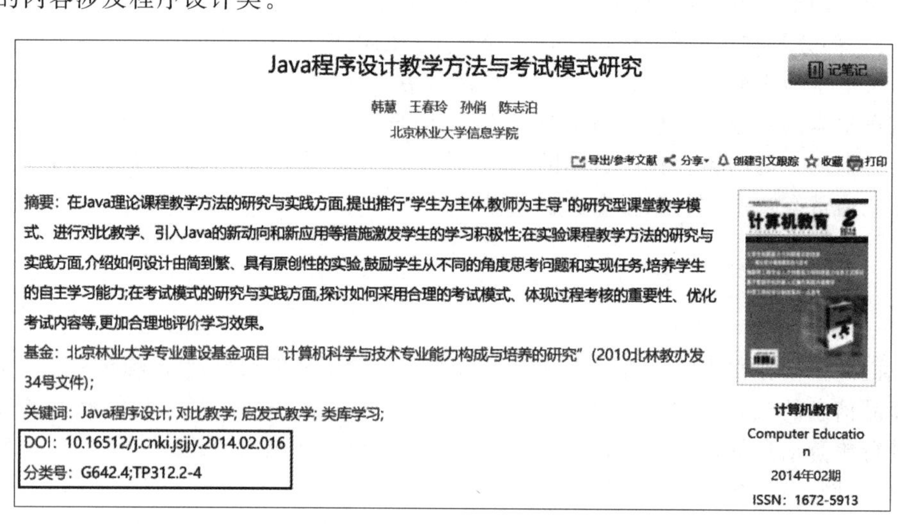

Java程序设计教学方法与考试模式研究

记笔记

韩慧 王春玲 孙俏 陈志泊

北京林业大学信息学院

导出/参考文献 分享 创建引文跟踪 收藏 打印

摘要：在Java理论课程教学方法的研究与实践方面,提出推行"学生为主体,教师为主导"的研究型课堂教学模式、进行对比教学、引入Java的新动向和新应用等措施激发学生的学习积极性;在实验课程教学方法的研究与实践方面,介绍如何设计由简到繁、具有原创性的实验,鼓励学生从不同的角度思考问题和实现任务,培养学生的自主学习能力;在考试模式的研究与实践方面,探讨如何采用合理的考试模式、体现过程考核的重要性、优化考试内容等,更加合理地评价学习效果。

基金：北京林业大学专业建设基金项目"计算机科学与技术专业能力构成与培养的研究"(2010北林教办发34号文件);

关键词：Java程序设计; 对比教学; 启发式教学; 类库学习;

DOI：10.16512/j.cnki.jsjjy.2014.02.016

分类号：G642.4;TP312.2-4

计算机教育

Computer Education

2014年02期

ISSN：1672-5913

图 6.2　文摘索引型检索举例 1

参考文献　（反映本文研究工作的背景和依据）

中国图书全文数据库　　共 4 条

[1] Java大学实用教程学习指导[M]. 电子工业出版社，张跃平, 2012

[2] 数据结构[M]. 人民邮电出版社，严蔚敏, 2011

[3] Visual C++应用教程[M]. 人民邮电出版社，郑阿奇, 2008

[4] Java大学实用教程[M]. 电子工业出版社，耿祥义编著, 2005

图 6.3　文摘索引型检索举例 2

2. 数值检索

数值检索的检索对象是具有数值性质且以数值形式来表示的量化内容，检索的结果可以是数值、图表、公式等。在环境监测、自然资源、经济及社会统计等领域，经常会用到数值检索。例如，如图 6.4 所示，在中国经济社会大数据研究平台按照年度检索北京市的居民消费水平，检索结果列出了北京市历年的居民消费水平的数值情况。再如，可以检索北京市的实时空气质量指数，得到与之相关的数值和图形化的空气质量内容。

图 6.4　数值检索

3. 事实检索

事实检索是相对比较难实现的一种信息检索，它要求检索系统不仅能够检索出原始的数据或事实，还能够从这些原始的数据或事实中推导演绎出新的数据或事实。所以，检索系统不仅要存储各种数据或者事实单元，还要存储它们之间的语义关系、句法关系以及各种有关的背景知识。事实检索允许用户使用自然语言去提问，很多研究都着力于研究基于事实检索的问答系统。目前，使用较为广泛的基于事实检索的问答系统有新浪问答、百度知道等。

4. 多媒体检索

多媒体检索的检索内容可以是文字、图像、音频、视频等。

按照实现检索的技术手段，信息检索分为手工检索和计算机检索。手工检索使用手工翻捡的方式，利用工具书（例如百科全书、各类年鉴、专业图谱等）获取各类检索内容。无法获取检索内容的电子资料时，就必须使用手工检索去图书馆或者相应的机构进行检索。计算机检索是我们现在经常使用的检索手段，使用计算机和网络来处理和查找所需要的信息，非常方便快捷。

6.1.4 信息检索的要素

信息检索的要素包括信息意识、信息源、信息获取能力和信息利用。其中，信息意识是信息检索的前提，是利用信息系统获取所需信息的内在动因。信息源是信息检索的基础，也就是说，检索的内容可能涉及不同国家的语言，也可能涉及不同的类型，例如科技论文、专利或者是标准，不同的信息来自不同的信息源，检索者要了解所要检索的内容来自于什么样的信息源。信息获取能力是信息检索的核心，需要了解各种信息来源、熟练使用检索工具、能够对检索效果进行判断和评价。信息利用是信息检索的关键，需要对检索结果进行整理、分析、归纳和总结，以获取真正有价值的信息。

6.2 信息检索的方法和步骤

6.2.1 信息检索的主要方法

信息检索的主要方法如图 6.5 所示，包括普通法、追溯法和交替法，其中，普通法又分为顺查法、倒查法和抽查法。

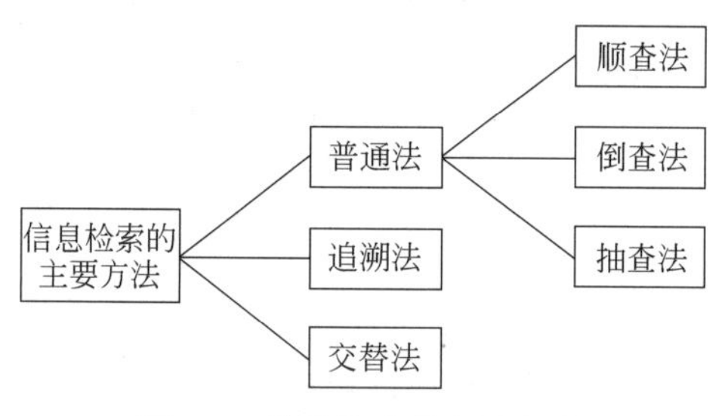

图 6.5 信息检索的主要方法

1. 顺查法

顺查法是指按照时间的顺序，由远及近地利用检索系统进行信息检索的方法，该方法能够比较全面地收集到某一课题的系统文献，适用于较大课题的信息检索。例如，如果已经知道某个课题的起始年代，需要了解其发展的全过程，就可以使用顺查法从最初的年代开始查找。

2. 倒查法

倒查法与顺查法的顺序是相反的，它是由近及远、从新到旧，逆着时间的顺序利用检索工具进行信息检索的方法。倒查法从研究课题最新发表的文献开始检索，可以最快地获得与之相关的最新资料。

3. 抽查法

抽查法是指针对研究课题的特点，选择与其相关的信息最可能出现或最多出现的时间段，利用检索工具进行重点检索的方法。研究课题可能会存在兴盛期和低潮期，兴盛期的信息量大，更有价值，重点抽查这一部分的信息可以提高效率。例如，“人工神经网络”在20世纪70年代出现了10年左右的低潮期，20世纪80年代进入复兴时期，再次被广泛研究和使用，可以使用抽查法对20世纪80年代之后的文献进行重点检索。

4. 追溯法

追溯法是利用已有文献所附的参考文献不断追踪查找的方法，可以获得针对性很强的资料，是扩大信息来源的有效方法。例如，对于综述性的文章，对其参考文献进行追溯法查找非常有用。

5. 交替法

交替法是追溯法与普通法的综合，它将两种方法分期、分段交替使用，直至查到所需资料为止。例如，可以先使用普通法检索出一部分文章，之后对这些文章所附的参考文献用追溯法查找。

6.2.2 信息检索的一般步骤

信息检索一般包括6个步骤，如图6.6所示。

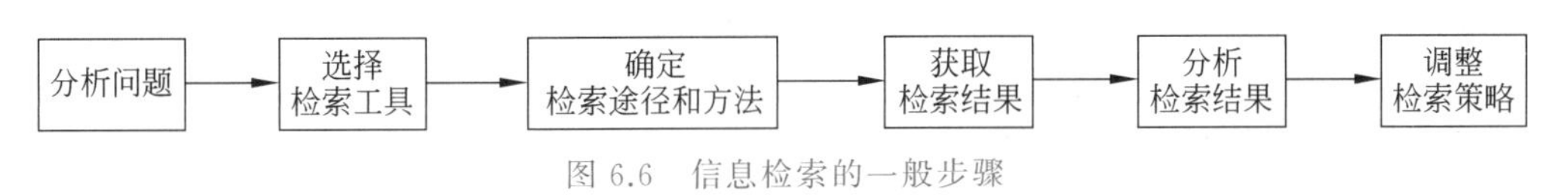

图6.6 信息检索的一般步骤

1. 分析问题

首先，确定需要检索的主题，例如，确定要检索的主题是“人工智能”或者“林业生态”等。其次，确定检索的时间范围，例如，从“人工智能”的概念提出至今，是所有的文献都要查找，还是只查找近10年的文献？最后，确定检索的信息类型，例如，需要检索与“人工智能”相关的综述性文献，还是算法理论或者相关发明专利相关的文献？

2. 选择检索工具

检索工具包括全文数据库、文摘索引型数据库和学术搜索引擎等。常用的全文数据库包括中国知网、万方数据、SpringerLink等，通过它们可以检索到文献的全部内容。常用的文摘索引型数据库包括Web of Science、EI等，通过它们可以检索到文献的标题、作者、摘要、关键词、来源和参考文献等信息，但是不能够获取文献的正文内容。常用的学术搜索引擎包括百度学术、谷粉搜搜等。

3. 确定检索途径和方法

检索途径通常包括 3 种：检索字段检索、分类检索和检索式检索。检索方法是指 6.2.1 节中介绍的方法，不再赘述。下面重点介绍检索途径。

（1）检索字段检索

文献、期刊、会议论文等的检索字段包括主题、关键词、篇名、摘要、全文、被引文献、中图分类号、DOI、栏目信息和论文集名称等。例如，如果选定检索字段为主题，在检索工具中输入检索词，检索的时候会在文献的篇名、关键词和摘要中查找这些地方是否包含检索词，上述至少有一处包含检索词的文献才会被检索出来。如果选定检索字段为被引文献，在检索工具中输入被引文献的标题名，就可以检索出该文献的被引用信息。如果选定检索字段为中图分类号，反映的是文献的内容所属的学科属性或者是特征，一篇文献根据其内容可以包含多个分类号。如果选定检索字段为 DOI（又称为数字对象唯一标识符），每篇文献都有一个唯一的 DOI 与之相对应。如果选定检索字段为栏目信息，输入的检索词可以是学科，例如，计算机科学与技术、林学等。

博硕士论文的检索字段包括主题、关键词、题名、摘要、全文、被引文献、中图分类号、目录和学科专业名称等。如果选定检索字段为目录，输入检索词之后，检索工具会在博硕士论文的目录中查找是否包含检索词，目录中包含检索词的论文会在检索结果中展示出来。如果选定检索字段为学科专业名称，可以输入具体的学科或者专业名称进行检索。

报纸的检索字段包括主题、关键词、题名、全文、中图分类号和报纸等。如果选定检索字段为报纸，输入的检索词应该是精确的报纸名称。

图书的检索字段如图 6.7 所示，其中，从上到下的矩形框中，依次显示的是图书的标题、作者、单位、摘要、关键词、DOI 和出版社信息。

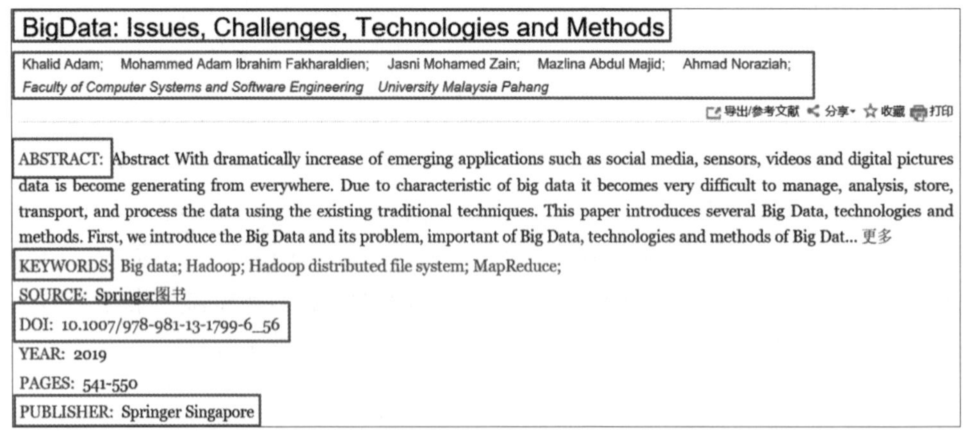

图 6.7　图书的检索字段

年鉴的检索字段包括题名、正文、出版者和出版日期。百科和词典的检索字段包括词目、词条、书名和出版者。其中，词目和词条的含义是类似的，都是指词典中所汇集的每一个被注释的对象。

如图 6.8 所示，在中国知网中查找百科资源，选择检索字段为词目，输入检索词为林业经济，单击“搜索”按钮，可以检索到两个不同来源的关于林业经济的解释。

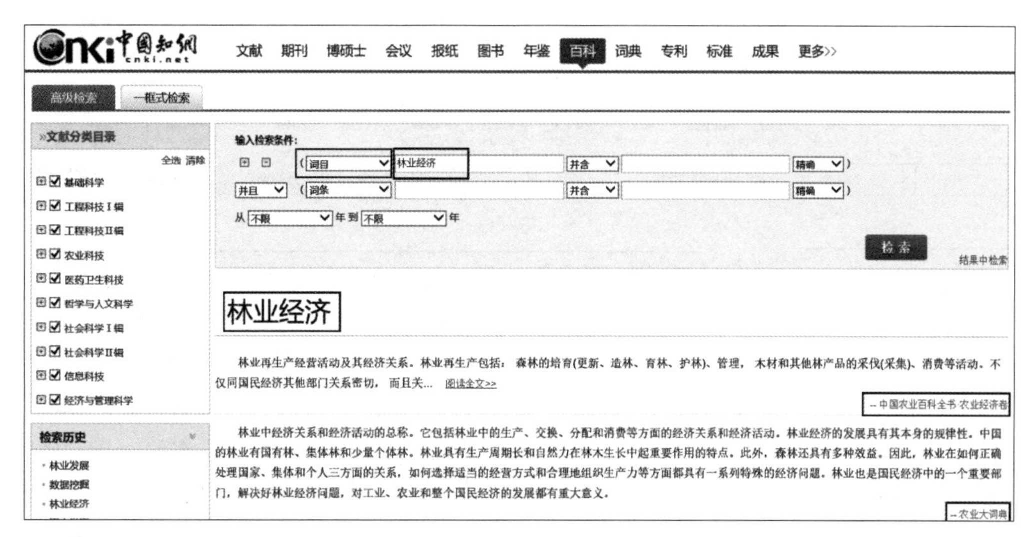

图 6.8　百科词目检索

如图 6.9 所示，如果选择的检索字段不是词目，而是词条，对于同样的检索词林业经济，检索得出的结果要更多一些，不仅给出了林业经济这个词的解释，而且给出了包含林业经济的其他词的解释。例如，林业经济合同、林业经济结构等，也就是说，包含林业经济的词都检索了出来。

图 6.9　百科词条检索

(2) 分类检索

如图 6.10 所示，以维普网为例，对于期刊大全，主页给出了两种方式的分类检索。可以按照期刊所属学科进行分类检索，也可以按照期刊的首字母进行分类检索。这样，一级一级找下去就可以检索到目标期刊。

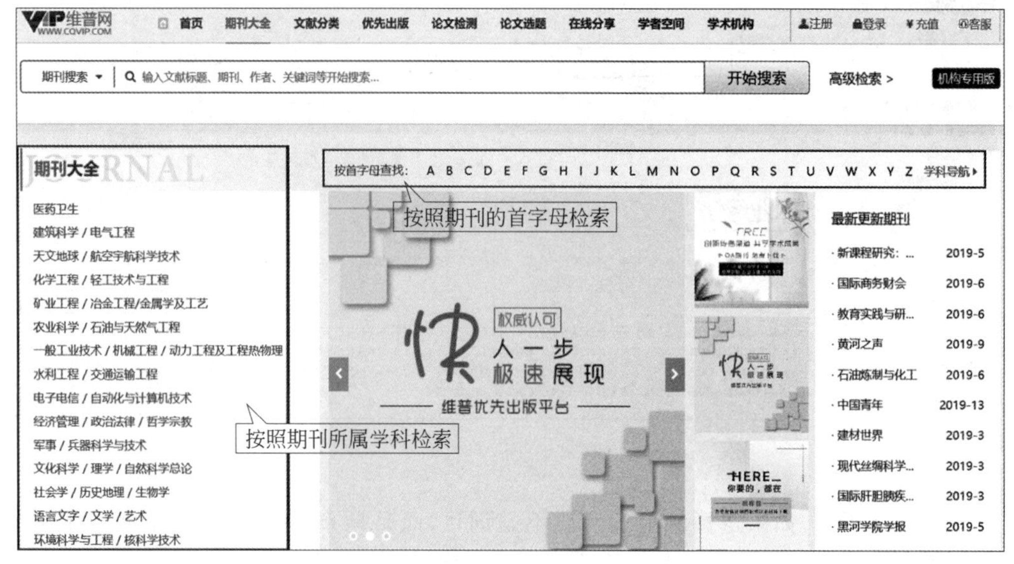

图 6.10 分类检索

(3) 检索式检索

检索式通常是由逻辑运算符、检索字段与检索词组合而成的。以中国知网为例，它使用的逻辑运算符包括与(AND)、或(OR)、非(NOT)。例如，检索篇名中包含检索词林业和生态，而且关键词中包含检索词大数据的检索式为：TI='林业' AND TI='生态' AND KY='大数据'，其中，TI 表示篇名，KY 表示关键词。此外，需要注意的是，检索词要用单引号括起来，AND 可以用"*"代替，OR 可以用"+"代替，NOT 可以用"-"代替。

4. 获取检索结果

通过上述步骤，分析问题，确定检索的主题和时间范围之后，选择恰当的检索工具，在其中选定需要的检索途径和方法，即可获取检索结果。

5. 分析检索结果

获取检索结果之后，对其进行阅读与分析，以便确定检索结果是否是自己需要的。

6. 调整检索策略

如果对检索结果不满意，就要分析一下是检索词选择得不合适，还是检索字段选择得不恰当，或者是否应该更换检索工具，从而调整检索策略，重新进行信息检索。

6.3 常用学术信息源检索

本节主要介绍常用的学术信息源，包括全文数据库、文摘索引型数据库、引文数据库和学术搜索引擎。

6.3.1 全文数据库

常用的全文数据库有中国知网、万方数据、维普网和 Springer Link 等。

1. 中国知网

中国知网是“中国国家知识基础设施”(China National Knowledge Infrastructure，CNKI)的缩写，是清华大学和清华同方于 1999 年共同提出的，目的是进行知识的共享和传播。中国知网的产品分为十大专辑：基础科学、工程科技Ⅰ辑、工程科技Ⅱ辑、农业科技、医药卫生科技、哲学与人文科学、社会科学Ⅰ辑、社会科学Ⅱ辑、信息科技、经济与管理科学。此外，中国知网的数据都是连续动态更新的。表 6.1 列出了中国知网部分常用数据库的基本信息。

表 6.1　中国知网部分常用数据库的信息

数据库名称	基本信息
期刊	《中国学术期刊(网络版)》是世界上最大的连续动态更新的中国学术期刊全文数据库，收录自 1915 年至今出版的国内学术期刊 8000 种，全文文献总量 5400 万篇
博硕士论文	从 1984 年至今，全国 473 家培养单位的博士学位论文和 760 家硕士培养单位的优秀硕士学位论文，累积博硕士学位论文全文文献 400 万篇
会议	重点收录 1999 年以来的国内外重要会议论文，其中，国际会议文献占全部文献的 20%以上，全国性会议文献超过总量的 70%，部分重点会议文献回溯至 1953 年
报纸	收录 2000 年以来中国国内重要报纸刊载的学术性、资料性文献，累计 1000 多万篇
图书	来源于各个国际著名出版商，Springer 全文链接至 Springer Link 平台，Taylor & Francis 全文链接至 Informaworld 平台
年鉴	1949 年至今中国国内的中央、地方、行业和企业等各类年鉴的全文文献
工具书	集成 3000 余部工具书，包括语文词典、双语词典、专科辞典、百科全书、图录、表谱、传记、语录、手册等，约 1500 万个条目，70 万张图片
专利	《中国专利全文数据库》共计收录专利 2300 万条。《海外专利数据库》共计收录专利 100 580 677 条
标准	国内标准共计约 16 万条，国外标准共计约 38 万条
成果	从 1978 年至今的科技成果，共计收录科技成果 80 万项

登录中国知网通常有两种方式：第一，通过其主页网址(https://www.cnki.net/)登录；第二，通过所在单位的相关链接登录。很多单位都根据自己的学科特点，购买了中国

知网的全部或者部分资源。例如，在高校的图书馆主页上会提供中国知网的链接，它可以自动识别 IP 地址，如果用户隶属于该单位，在页面的右上角“登录”处就会显示该单位的名称。在这种情况下，该用户就可以自由下载其中的资源，否则就必须去注册个人账户信息，并且通过个人账户进行登录。

(1) 中国知网普通检索

中国知网的主页如图 6.11 所示，提供了三类普通检索，分别是文献检索、知识元检索和引文检索。

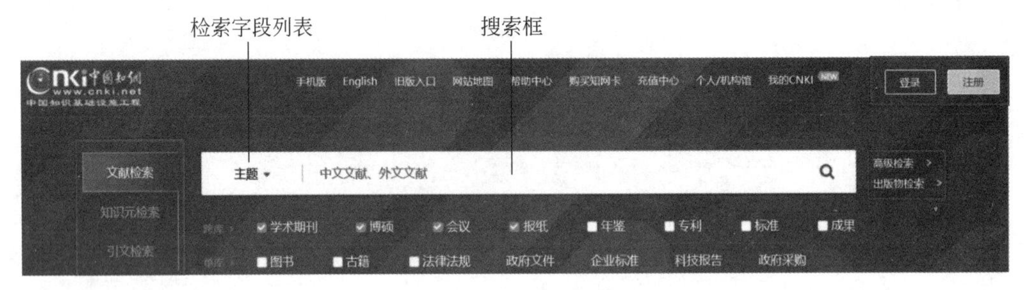

图 6.11　中国知网主页

文献检索：提供跨库和单库检索，在检索字段列表里选择检索字段，在搜索框里输入检索词，单击搜索图标即可得到检索结果。

知识元检索：如图 6.12 所示，以“知识问答”为例，在搜索框可以输入自然语言，这就是基于事实检索的问答系统。例如，在搜索框中输入“生态林业的发展趋势是什么”，会弹出“知网随问”的页面，给出一些与问题相关的片段式的检索结果。它的原理是，对搜索框中输入的问题进行分词，其中的每一个分词都可以当作检索词进行检索。

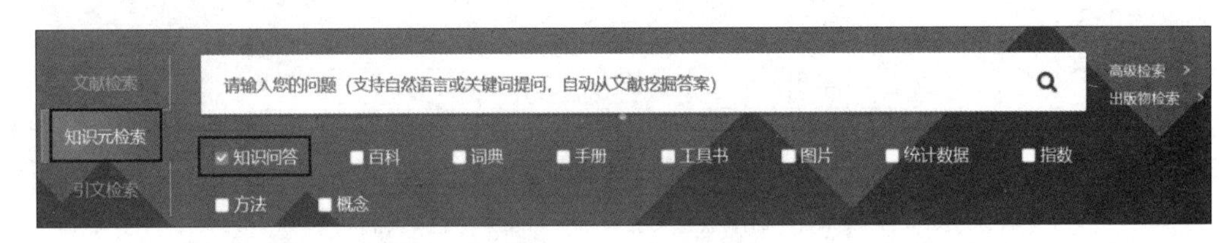

图 6.12　知识元检索

引文检索：如图 6.13 所示，使用的资源库是“中国引文数据库”。例如，选择检索字段为“被引题名”，在搜索框中输入被引文献的标题名的全称，会得到这篇文献的被引用情况，包括被引、他引、下载等。

(2) 中国知网高级检索

在图 6.11 中，单击“高级检索”，会进入到高级检索页面，在页面上方单击“旧版”，之后，在弹出的页面中，单击页面右侧的“高级检索”，会出现如图 6.14 所示的高级检索页面。在这个页面中，可以进行“高级检索”“专业检索”“作者发文检索”“句子检索”和“一框式检索”。

页面左侧的“文献分类目录”中列出的是中国知网收录的十大学科，每个学科前面都有一个“+”号，单击它可以看到其子学科。默认情况下，所有学科都处于被勾选状态，也

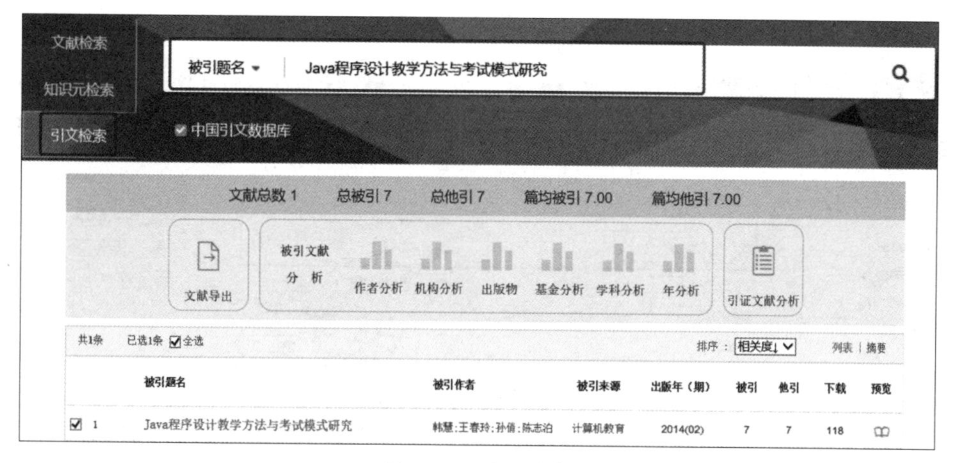

图 6.13　引文检索

可以根据检索需要，只勾选需要的学科来减少检索的范围。页面的上方列出了“文献”“期刊”“博硕士”“会议”等资源，每种资源类型都会在对应的页面中提供与之相关的详细的检索条件。

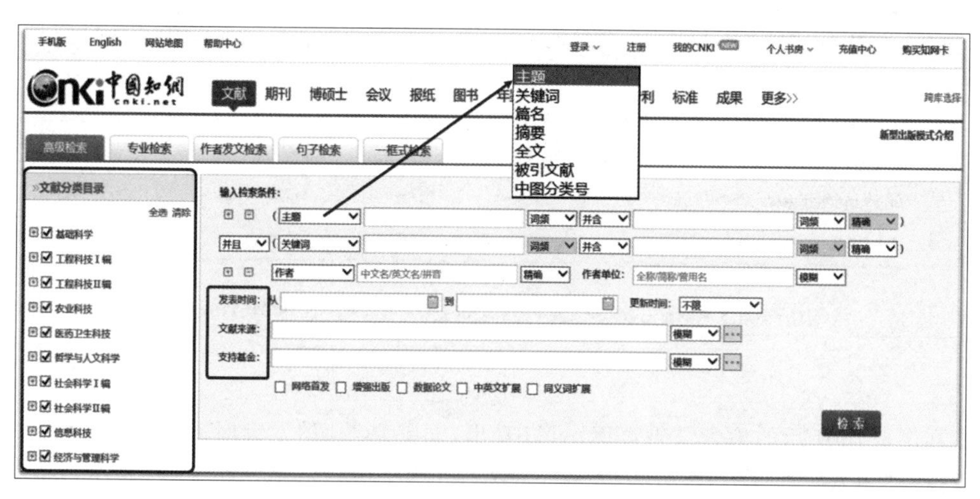

图 6.14　中国知网高级检索页面

图 6.15 是“高级检索”中的“文献”检索。在检索条件中，每一个检索条件所对应的行中都有一个检索字段列表。在每一个检索条件前面都有“＋”和“－”号，其作用是增加和减少检索条件。还可以进行“发表时间”“文献来源”和“支持基金”等检索条件的填写，以便提高检索的准确性。勾选“中英文扩展”复选框时，如果检索词是中文的，在检索过程中包含与之对应的英文单词的文献也会被检索出来，反之亦然。勾选“同义词扩展”复选框时，包含检索词的同义词的文献也会被检索出来。

例如，在图 6.15 的检索条件中，选择检索字段为“篇名”，输入的检索词是篇名中包含“林业”，并且包含“生态”，而且关键词中还要包含“大数据”。之后，单击“检索”按钮，会得到如图 6.16 所示的列表形式的检索结果。也可以选择使用摘要的形式来展示检索结果。

摘要形式不仅列出文章的名称，还会列出文章的摘要信息。

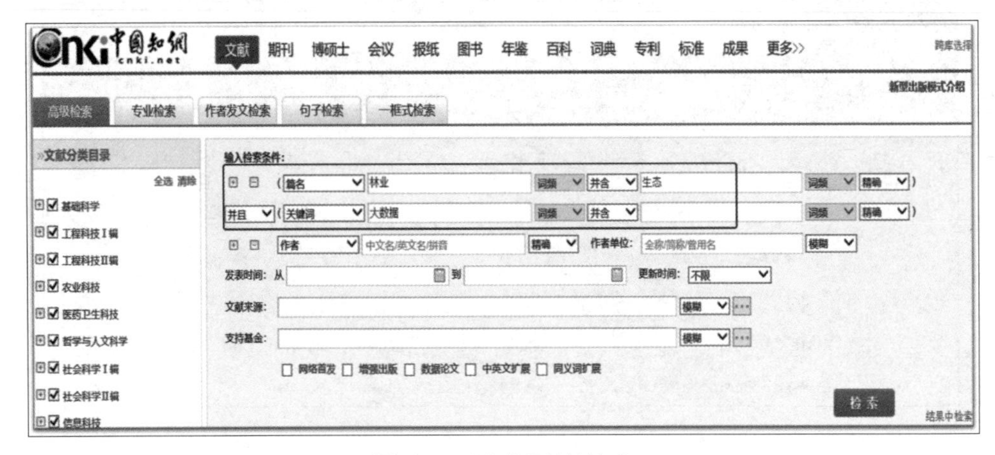

图 6.15 “文献”高级检索

图 6.16 “文献”高级检索结果

在图 6.16 所示的检索结果页面，可以看出，文献是按照“发表时间”降序排列的。还可以按照“相关度”“被引”次数和“下载”次数等进行排序。其中，“相关度”是指根据检索词检索出来的所有文献，可以计算出每篇文献中包含了多少检索词。包含检索词的数量越多的文献，与检索的相关度就越大。此外，对于检索结果还可以批量下载、导出它的参考文献的形式，或者可以使用计量可视化分析来得到它的更详细信息。

图 6.17 是“高级检索”中的“期刊”检索。选定检索字段“被引文献”时，在其后的文本框里输入被引文献的篇名，会得到所有引用这篇文献的其他文献列表。选定检索字段“栏目信息”时，在其后的文本框里应该输入文献所属的学科，例如，计算机相关学科、经济管理相关学科、林学相关学科等。“来源类别”中的各个复选框表示可以进行检索的期刊类型，可以选择全部期刊、某一类期刊或者某几类期刊。其中，“SCI 来源期刊”又称为科学引文索引来源期刊，收录的文献能够全面地覆盖全世界最重要和最有影响力的研究成果，内容涵盖数、理、化、农、林、医、生命科学、天文、地理、环境、材料、工程技术等学科；“EI 来

源期刊”又称为工程索引来源期刊，主要收录工程技术领域的重要文献，包括期刊以及会议文献；“CSSCI”是中文社会科学引文，由南京大学中国社会科学研究评价中心开发研制，用来检索中文社会科学领域的论文收录和文献被引用情况，是我国人文社会科学评价领域的标志性工程；“CSCD”是中国科学引文数据库，收录我国数学、物理、化学、天文学、地学、生物学、农林科学、医药卫生、工程技术和环境科学等领域出版的中英文科技核心期刊，被誉为“中国的SCI”；“核心期刊”表示的不是一种期刊，而是7种期刊，包括CSSCI、CSCD、北京大学图书馆的中文核心期刊、中国科学技术信息研究所的中国科技论文统计源期刊、中国社会科学院文献信息中心的中国人文社会科学核心期刊、中国人文社会科学学报学会的中国人文社科学报核心期刊和万方数据股份有限公司的中国核心期刊遴选数据库。

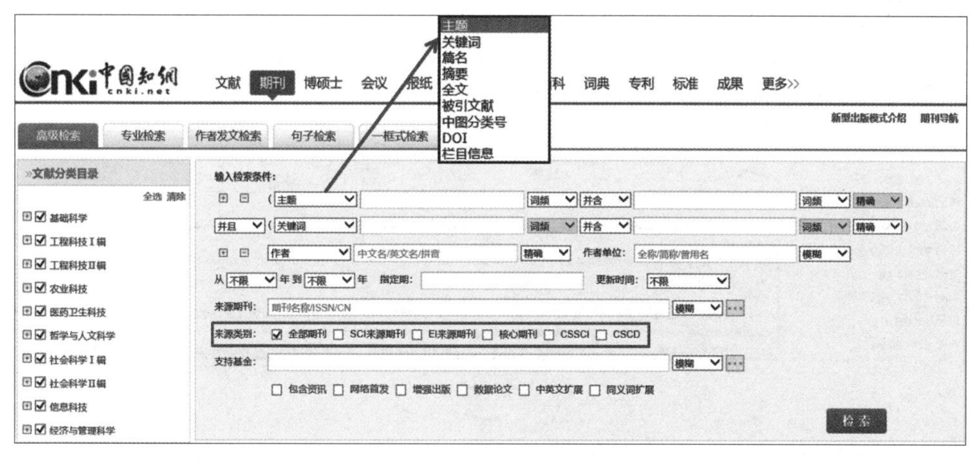

图 6.17 “期刊”高级检索

图 6.18 是“高级检索”的“博硕士”论文检索。其中，选定检索字段“目录”，输入检索词，在检索的过程中就会在博硕士论文的目录处检索是否包含了检索词。此外，检索时可以选择“作者”“导师”的信息，也可以选择论文的级别是“全国”“省级”或者“校级”的优秀论文。

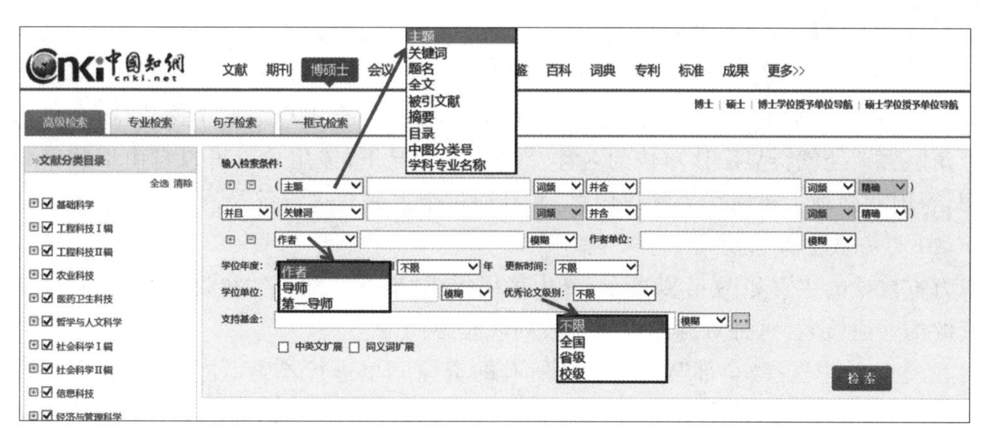

图 6.18 “博硕士”论文高级检索

图 6.19 是“文献”的“专业检索”页面。专业检索可以构造专业检索表达式，每个检索字段都有对应的符号表示。例如，“主题”用“SU”来表示；“题名”用“TI”来表示；“关键词”用“KY”来表示。图 6.19 的页面下方，给出了检索字段的符号表示和部分示例，还可以单击“检索表达式语法”进入到专业检索的详细说明页面。专业检索表达式是可检索字段、检索词和逻辑运算符的组合。例如，检索表达式“TI='生态' and KY='生态文明' and (AU % '陈' + '王')”代表题名(TI)中必须包含“生态”，并且关键词(KY)中必须包含“生态文明”，而且作者(AU)必须是“陈”姓或者“王”姓。这个检索表达式检索文献的题名、关键词和作者信息这三个位置，并且，这三个位置所满足的条件要同时出现才能把这篇文献检索出来。

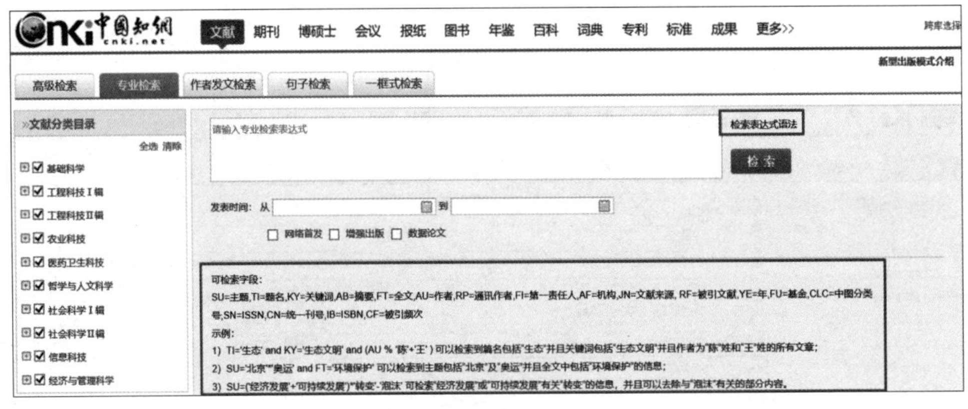

图 6.19 “文献”专业检索

2. 万方数据

万方数据的全称是“万方数据知识服务平台”，集成了期刊、学位、会议、专利、科技报告、成果、标准、法规、地方志、视频等十余种知识资源类型，覆盖了自然科学、工程技术、医药卫生、农业科学、哲学政法、社会科学、科教文艺等多个学科领域，数据库也是连续自动更新的。

登录万方数据通常有两种方式：第一，通过其主页网址(http://www.wanfangdata.com.cn/index.html)进行登录；第二，通过所在单位的相关链接登录。很多单位都根据自己的学科特点，购买了万方数据的全部或者部分资源，如果用户隶属于该单位，在页面的右上角“登录”处就会显示该单位的名称。在这种情况下，该用户就可以自由下载其中的资源，否则就必须去注册个人账户信息，并且通过个人账户进行登录。

(1) 万方数据普通检索

万方数据的主页如图 6.20 所示，其中可以提供“期刊”“学位”“会议”和“专利”等十余种资源的普通检索，每种资源的检索字段列表是不同的。

在图 6.20 中选择“全部”资源，会从所有的资源库里进行检索。之后，在检索字段列表里选择“题名”，输入检索词“林业”，单击“检索”按钮，会得到如图 6.21 所示的检索结果页面。页面的左侧对检索结果的资源类型、年份、学科分类等进行了统计。以资源类型为

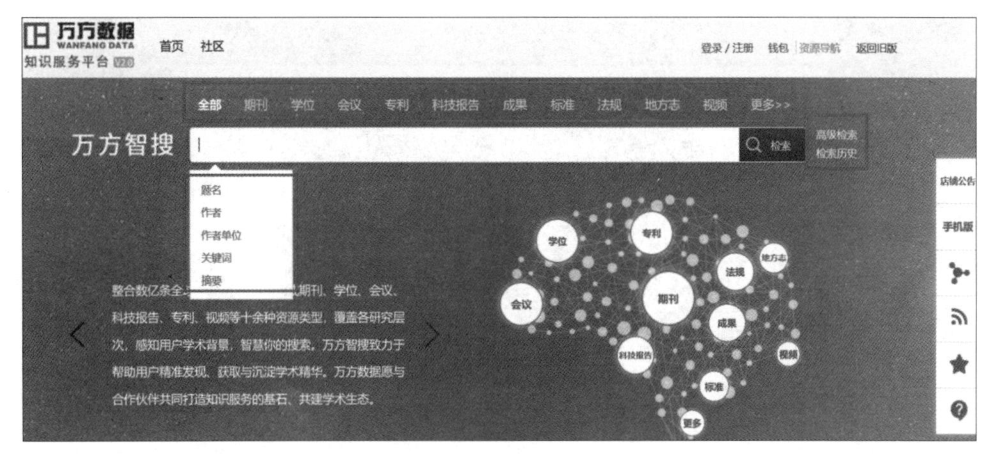

图 6.20　万方数据主页

例，其中给出了某一类论文的数量。还可以再次选择检索字段，单击“结果中检索”，可以对已经检索出来的内容进行筛选。此外，检索结果可以按照“相关度”“出版时间”和“被引频次”进行排序。

图 6.21　万方数据全部资源检索

在图 6.20 中选择“视频”资源，可以看到与之相关的检索字段列表，如图 6.22 所示。选择其中的任一检索字段，输入检索词，单击“检索”按钮，可以得到需要的视频资料。对于其中的每个视频，可以在线观看其中的一部分，需要下载才能观看全部视频。

（2）万方数据高级检索

在图 6.20 中，单击“高级检索”可以进入到高级检索页面，如图 6.23 所示。这个页面中提供了“高级检索”“专业检索”和“作者发文检索”。

“高级检索”提供的检索条件包括“文献类型”“检索信息”和“发表时间”。

“专业检索”的页面如图 6.24 所示，其中的检索表达式的含义是，检索题名当中包含

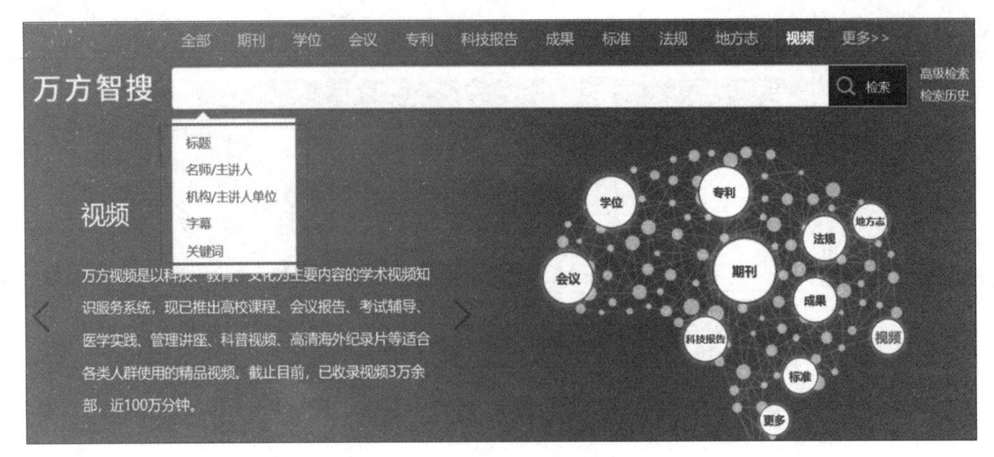

图 6.22　万方数据视频资源检索

"林业"和"生态"、关键词中包含"大数据"、发表时间不限的文献资料。单击"教你如何正确编写表达式"，可以看到更加详细的构造检索表达式的过程，其中给出了所有运算符及其含义，还有检索表达式的举例。

"作者发文检索"需要选择与作者和作者单位相关的检索字段，输入相应的检索词进行检索。

图 6.23　万方数据高级检索

3. 维普网

"维普网"提供各类学术论文、各类范文、中小学课件、教学资料等文献下载，主营业务包括论文检测服务、优先出版服务、论文选题下载、在线分享下载等。登录"维普网"通常有两种方式，一种是通过其主页网址登录(http://www.cqvip.com/)，另一种是通过所在

图 6.24 万方数据专业检索

单位的相关链接登录。

“维普网”的主页如图 6.25 所示,提供的普通检索包括“文献搜索”“期刊搜索”“学者搜索”和“机构搜索”。此外,在主页的上方提供了很多资源的分级分类检索。例如,选择“期刊大全”,可以按照期刊所属的学科种类或者期刊的首字母一级一级地查找,查看期刊中每一期的论文情况。选择“文献分类”,会提供文献所属的总学科,单击任一总学科,就会显示总学科下属的子学科,一级一级地查找下去,会得到所需要的具体学科的文献情况。

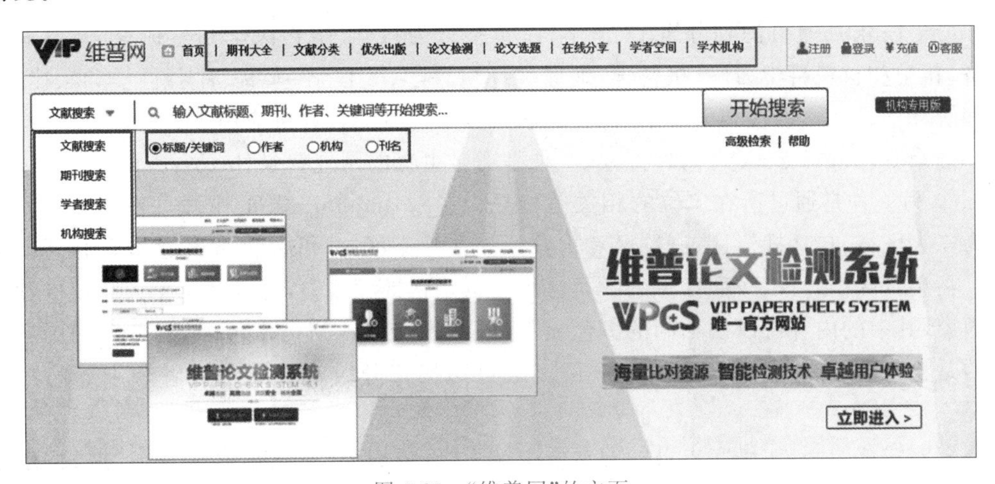

图 6.25 “维普网”的主页

单击主页上的“高级检索”,可以进入到“维普网”的高级检索页面,如图 6.26 所示,提供了“高级检索”和“检索式检索”。这两种检索主要是进行期刊类的检索,操作方法与中国知网和万方数据类似,不再赘述。

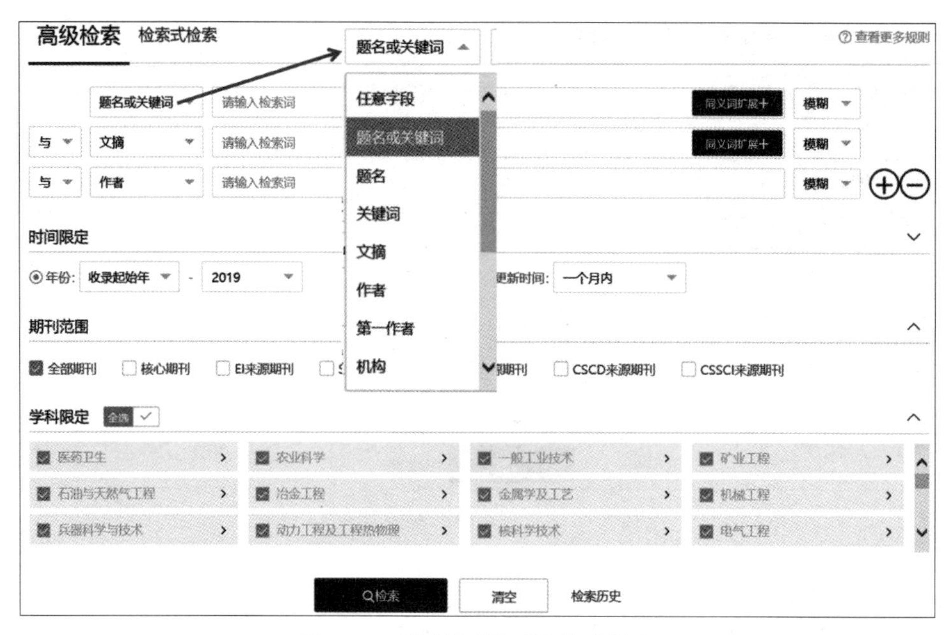

图 6.26 “维普网”的高级检索页面

4. Springer Link

Springer Link 连续动态更新高品质的学会刊物、参考工具书、会刊、专著、手册、实验室指南等，内容全部提供参考文献链接、检索结果、社群书签以及最新的语义链接等功能，Springer Link 所有资源划分为 13 个学科，包括行为科学、生物医学和生命科学、商业和经济、化学和材料科学、计算机科学、地球和环境科学、工程学、人文、社会科学和法律、数学和统计学、医学、物理和天文学、计算机职业技术与专业计算机应用等。

登录 Springer Link 有两种方式，一种是通过主页的网址登录(https://link.springer.com/)，另一种是通过所在单位的相关链接登录。Springer Link 的主页如图 6.27 所示，分为三大区域，包括搜索区、浏览区和推荐区。在搜索区中，可以进行普通检索和高级检索。在浏览区中，可以按照信息的学科进行浏览。在推荐区中，可以基于个人账户推荐具体内容，其中的内容可以用不同的颜色显示，匿名用户显示的是橙色内容，可识别用户显示的是粉色内容。此外，在主页上还可以通过链接来分级查看图书或者杂志等内容的情况。

需要注意的是，如果在主页的搜索框中输入“data mining”之后直接单击“搜索”按钮进行普通检索，检索到的文章中有的包含了“data mining”，有的只包含了“data”或者“mining”。如果要求精确的包含“data mining”，需要进行高级检索，在高级检索页面中有检索条件“with the exact phrase”，在它下面的文本框中输入“data mining”，即可精确检索包含“data mining”的文章。

除了上述常用的全文数据库，还有很多其他的全文数据库供大家使用，例如超星读秀和 Elsevier-ScienceDirect 等，感兴趣的读者可以对其进行详细了解。

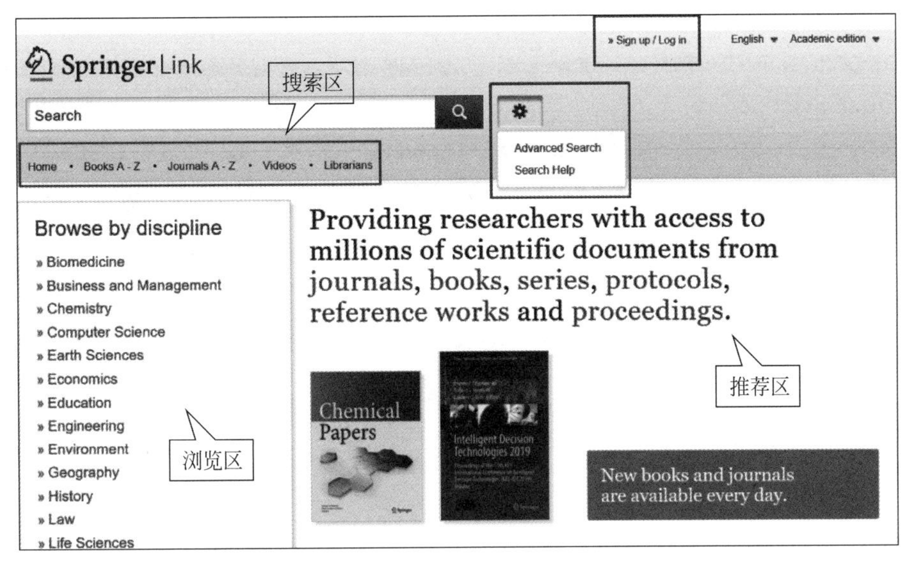

图 6.27　Springer Link 主页

6.3.2　文摘索引型数据库

常用的文摘索引型数据库有 Web of Science 和 EI Compendex 等。

1. Web of Science

Web of Science 数据库收录了世界权威的、高影响力的学术期刊，内容涵盖自然科学、工程技术、生物医学、社会科学、艺术与人文等领域。Web of Science 还收录了论文中所引用的参考文献，并按照被引作者、出处和出版年代编制成索引，通过独特的引文检索，可以用一篇文章、一个专利号、一篇会议文献或者一本书的名字作为检索词，检索这些文献的被引用情况，了解引用这些文献的论文所做的研究工作。

Web of Science 数据库包括五部分：Science Citation Index Expanded(1900 年至今)、Social Sciences Citation Index(1956 年至今)、Arts & Humanities Citation Index (1975 年至今)、Index Chemicus(1993 年至今)和 Current Chemical Reactions(1986 年至今)。

Web of Science 数据库的主页(http://apps.webofknowledge.com/)如图 6.28 所示，可以选择所有数据库进行查找，也可以选择某个特定的数据库进行查找。主页还提供了“基本检索”“被引参考文献检索”和“高级检索”。

单击图 6.28 中的“基本检索”，会出现如图 6.29 所示的“基本检索”页面。其中，搜索框的右侧是检索字段列表，对于每一种可检索字段都给出了使用的示例。

单击图 6.28 中的“高级检索”，会出现如图 6.30 所示的“高级检索”页面。高级检索给出了常用的逻辑运算符以及可检索字段对应的符号，可以根据具体的检索需要构造适当的检索表达式。

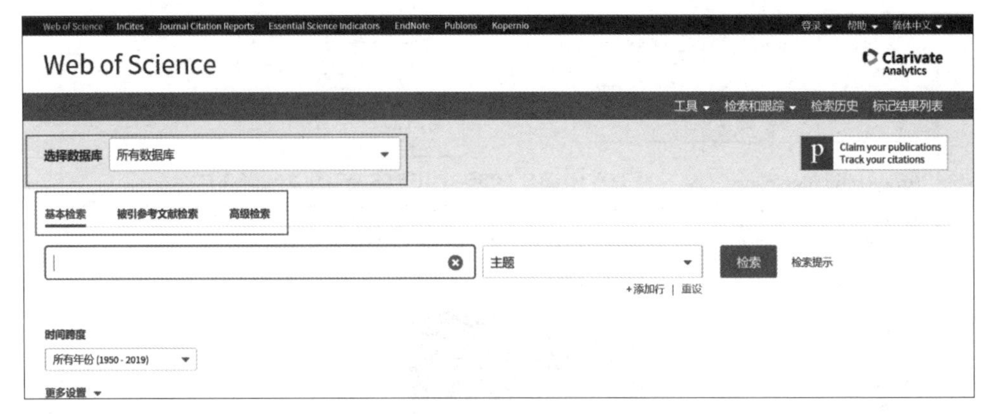

图 6.28　Web of Science 主页

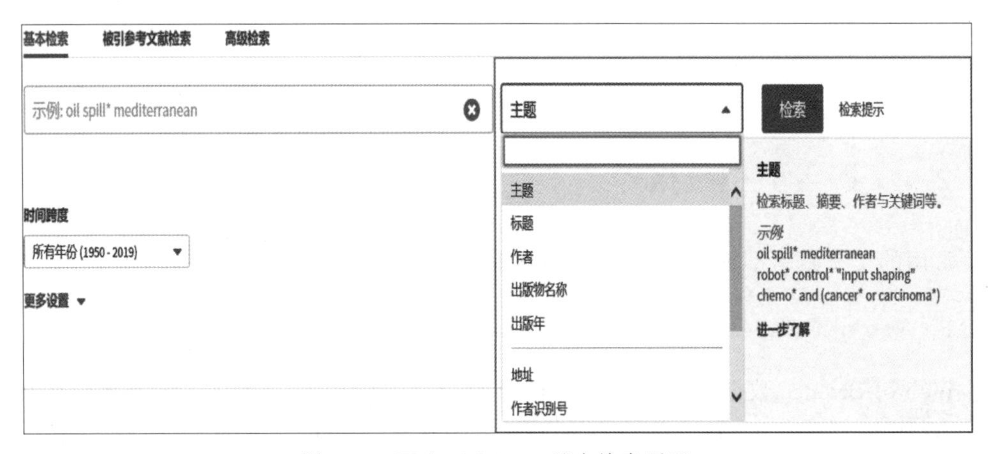

图 6.29　Web of Science 基本检索页面

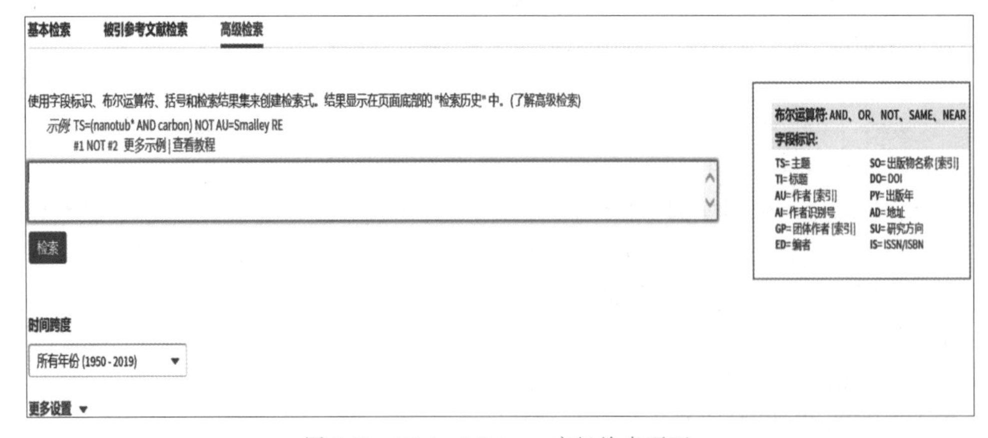

图 6.30　Web of Science 高级检索页面

2. EI Compendex

EI Compendex 是目前全球最全面的工程检索文摘数据库，内容涵盖工程和应用科学领域的各学科，包含多种工程类期刊、会议论文集和技术报告的文摘信息。数据每周更新，以确保用户可以跟踪其所在领域的最新进展。

EI Compendex 的主页(http://www.engineeringvillage.com/)如图 6.31 所示。可以选择可检索字段，输入检索词进行快速检索。

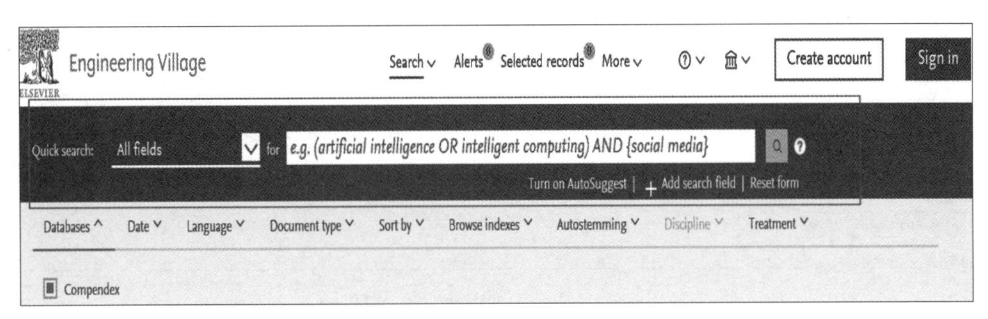

图 6.31　EI Compendex 主页

6.3.3　引文数据库

1. CNKI 中国引文数据库

如图 6.32 所示，在中国知网的主页可以进行"引文检索"，其中被勾选的复选框是"中国引文数据库"。在搜索框里输入被引文献的检索词之后，就可以获取被引文献的被引用情况，例如被引、他引、下载。还有更加具体的关于被引文献的分析，如作者分析、机构分析等。

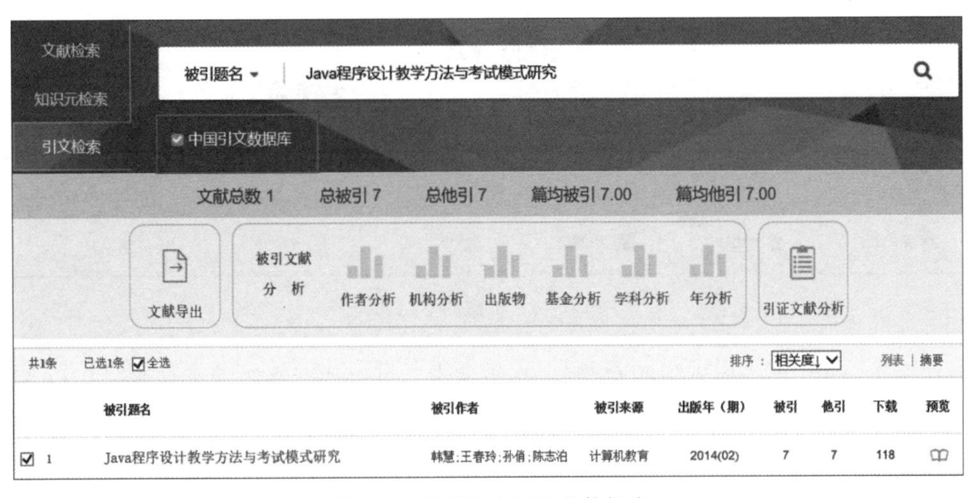

图 6.32　CNKI 中国引文数据库

2. Web of Science 引文检索

如图 6.33 所示，在 Web of Science 里提供了“被引参考文献检索”，可以单击“查看被引参考文献检索教程”，学习如何进行被引文献的检索。

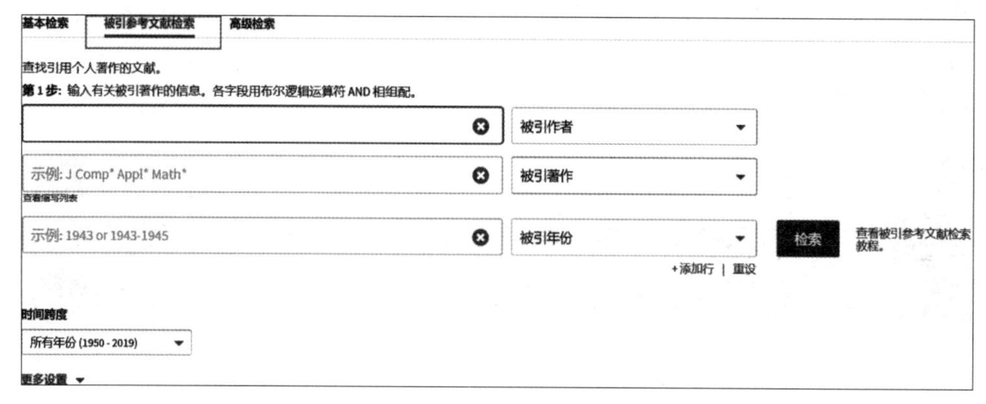

图 6.33 Web of Science 引文检索

6.3.4 学术搜索引擎

常用的学术搜索引擎有百度学术、谷粉搜搜等。本节重点介绍百度学术。

百度学术的主页(http://xueshu.baidu.com)如图 6.34 所示。在搜索框内可以输入关键词、标题名或者 DOI 等进行文献的基本检索。检索结果会综合考虑文献的相关性、权威度、时效性等，尽量给出最准确的文献。

在主页的下方有“站内功能”，可以根据需要选择其中任何一种进行使用。

图 6.34 百度学术主页

在图 6.34 中，单击搜索框的左侧的“高级搜索”，可以展开高级搜索列表，如图 6.35 所示。可以看到，在高级搜索里对检索词进行了更加细致的设置，可以对检索词的位置进行设置，还可以对文献的作者、机构、出版物、发表时间以及语言检索范围等进行相关的设置。

图 6.35　百度学术高级检索

百度学术的检索结果可以按“相关性”“被引量”和“时间”排列。除了给出检索的文献，还会给出与输入的检索词相关的百科词条。此外，检索结果会对所有的文献计算它经常出现的词语。经常出现的词语可以作为研究点进行分析，单击每一个研究点，可以看到精确的可视化分析。

在图 6.34 所示的百度学术主页的下方有“期刊频道”的链接，单击它会出现期刊频道的页面，如图 6.36 所示，其中包括搜索区和两个筛选区。在搜索区的文本框中可以输入期刊名、国际刊号（ISSN）或者国内刊号（CN）进行检索。在筛选区中可以根据期刊所属的学科筛选期刊，也可以根据期刊所属的数据库或者按照期刊的首字母进行筛选。

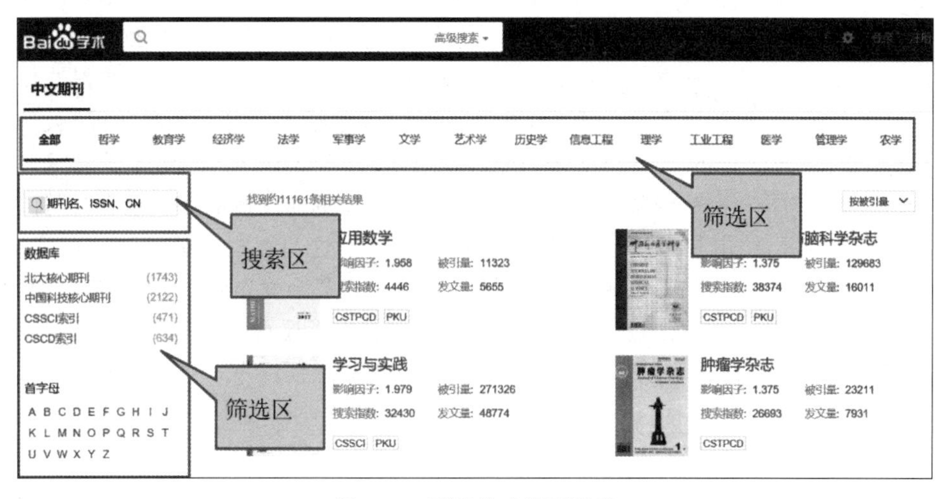

图 6.36　百度学术期刊频道

6.4 常用开放信息源检索

6.4.1 网络公开课

常用的网络公开课有网易公开课、网易云课堂和新浪公开课。

网易公开课(https://open.163.com/)拥有来自国内外顶尖学府的海量名师名课，涵盖了文学、艺术、历史、哲学等多个专业领域。网易公开课的主页提供了多种视频资源，包括国际名校公开课和中国大学视频公开课。

网易云课堂(https://study.163.com/)是网易公司打造的在线实用技能学习平台，立足于实用性的要求，精选各类课程，与多家权威的教育培训机构建立合作，更加适合于即将毕业的学生和需要提升技能的职场人士等。在网易云课堂里，很多课程都是收费的。网易云课堂的主页提供了课程的分类列表，对于每一种具体的课程分类，还给出了更加细致的课程体系。

新浪公开课(http://open.sina.com.cn/)将众多课程按照多门学科进行分类整合，提供快捷搜索和播放记录、翻译进度提示等功能，方便网友使用，拥有耶鲁大学、斯坦福大学、麻省理工学院等多所国际一流名校公开课优质视频，其中部分课程已翻译中文字幕，受到广大网友青睐。新浪公开课的主页提供了按照学校、学科和机构分类视频资源。以按照学校分类为例，提供了学校名称及其收录的视频数量。

6.4.2 慕课平台

常用的慕课平台有中国大学 MOOC、学堂在线等。MOOC 是大规模在线开放课程(Massive Open Online Course)的缩写，是一种能够免费注册使用的在线教育模式。

中国大学 MOOC(https://www.icourse163.org/)有一套类似于线下课程的作业评估体系和考核方式，每门课程定期开课，整个学习过程包括多个环节：观看视频、参与讨论、提交作业，穿插课程的提问和期末考试。在中国大学 MOOC 上搜索到某门课程之后，可以通过用户名和密码参加课程。参加课程之后，在页面左侧的列表里有“课件”超链接，如图 6.37 所示，单击它之后，在页面右侧可以看到与这门课程相关的章节内容，包括授课视频、操作视频、PPT、程序源代码等。此外，每一章节会发布随堂测验、单元测验、单元作业，所有章节学习结束之后，会发布期末考试。学习者还可以在讨论区向老师提问，老师可以对相关问题进行回复。课程通过之后可以申请认证证书。

学堂在线(http://www.xuetangx.com/)是由清华大学于 2013 年 10 月发起的首个中国慕课平台，运行有了来自清华大学、北京大学、复旦大学、中国科技大学，以及麻省理工学院、斯坦福大学、加州大学伯克利分校等国内外一流大学的超过 1900 门优质课程，覆盖 13 大学科门类。课程类型包括自主模式和随堂模式。

图 6.37　中国大学 MOOC 课程页面

6.4.3　综合搜索引擎

常用的综合搜索引擎有百度、搜狗搜索等。

百度(http://www.baidu.com)提供很多搜索服务，单击其主页左上方的“更多”，可以了解百度提供的各项服务功能。单击其主页右上方的“设置”，在下拉菜单中单击“高级搜索”，会出现如图 6.38 所示的高级搜索页面，该页面为关键词提供了更细致的检索条件。

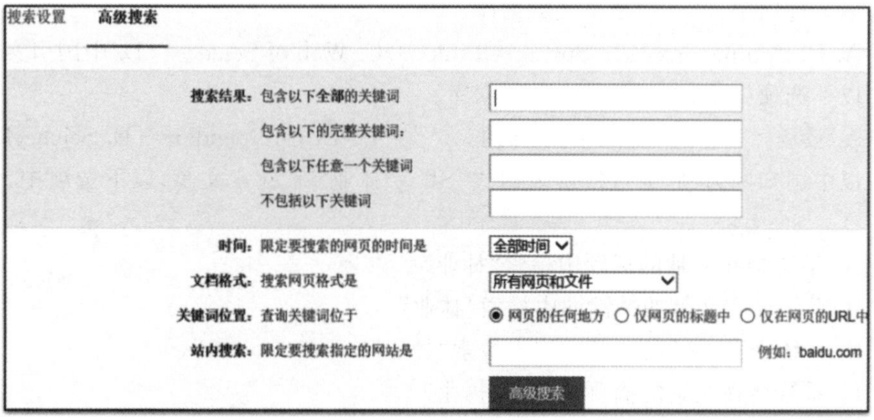

搜索设置　高级搜索

搜索结果：包含以下全部的关键词
包含以下的完整关键词：
包含以下任意一个关键词
不包括以下关键词
时间：限定要搜索的网页的时间是　全部时间
文档格式：搜索网页格式是　所有网页和文件
关键词位置：查询关键词位于　网页的任何地方　仅网页的标题中　仅在网页的URL中
站内搜索：限定要搜索指定的网站是　例如：baidu.com
高级搜索

图 6.38　百度高级搜索

6.5 本章小结

本章首先介绍了信息检索的定义、作用、类型和要素；接着讲解了信息检索的主要方法和一般步骤；然后，详细讲解了全文数据库、文摘索引型数据库、引文数据库、学术搜索引擎等常用的学术信息源检索；最后，介绍了网络公开课、慕课平台、综合搜索引擎等常用的开放信息源检索。

6.6 习题

一、选择题

1. 以下选项中，(　　)是信息检索的要素。

A. 信息输入　　B. 信息源　　C. 信息传播　　D. 信息输出

2. 文摘型检索不能获取文献的(　　)。

A. 作者信息　　B. 全文内容　　C. 标题信息　　D. 中图分类号

3. 以下选项中，(　　)正确的。

A. 一篇论文只能有一个 DOI　　B. 一篇论文只能有一个分类号

C. 一篇论文只能有一个作者单位　　D. 一篇论文只能有一个关键词

4. 以下选项中，(　　)属于普通法信息检索。(多选)

A. 追溯法　　B. 抽查法　　C. 交替法　　D. 倒查法

5. 以下选项中，不属于按照检索对象来划分的信息检索是(　　)。

A. 文献检索　　B. 计算机检索　　C. 数值检索　　D. 多媒体检索

6. 以下选项中，(　　)是全文数据库。

A. EI Compendex　　B. Springer Link　　C. Web of Science　　D. 中国引文数据库

7. 以下选项中，(　　)不是全文数据库。

A. 读秀　　B. 中国知网　　C. EI Compendex　　D. ScienceDirect

8. 以中国知网为例，通过检索表达式“SU='林业'”来检索文献，以下选项中，错误的是(　　)。

A. 系统会在文献的标题中检索“林业”

B. 系统会在文献的关键词中检索“林业”

C. 系统会在文献的参考文献中检索“林业”

D. 系统会在文献的摘要中检索“林业”

9. 以中国知网为例，通过检索表达式“TI=('林业'-'生态')*KY='大数据'”来检索文献，以下选项中，正确的是(　　)。

A. 标题中包含“林业”，但是不包含“生态”的所有文献会被检索出来

B. 关键词中包含“大数据”的所有文献会被检索出来

C. 标题中包含“生态”，并且关键词中包含“大数据”的所有文献会被检索出来

D. 标题中包含“生态”的文献不会被检索出来

10. 在中国知网中对文献进行检索，输入检索条件，单击“搜索”之后，可以按照(　　)对检索到的文献进行排序方式。(多选)

A. 发表时间　　B. 期刊来源　　C. 下载次数　　D. 作者

二、填空题

1. 信息检索包括广义信息检索和(________)。

2. 按照检索对象来划分，信息检索分为文献检索、(________)、多媒体检索和事实检索。

3. 按照实现检索的技术手段为标准来划分，信息检索分为(________)和计算机检索。

4. 信息检索的方法包括普通法、(________)和交替法。

5. 普通法信息检索包括顺查法、倒查法和(________)。

6. 构造检索表达式时，用到的逻辑运算符有与、或、(________)。

三、简答题

1. 请简述什么是信息检索？

2. 请简述信息检索的要素。

3. 请简述信息检索的一般步骤。

4. 请简述全文数据库和文摘索引型数据库的区别。

5. 以中国知网为例，可以对检索结果按照“相关度”排序，请简述什么是“相关度”？

第7章 计算思维与算法

7.1 概　　述

7.1.1 计算思维

1. 概述

2006年3月，美国卡内基·梅隆大学的周以真教授首次提出计算思维的概念。计算思维是一种人的思维方式，而不是具体的知识，其本质等同于数学思维和实验思维。

计算思维方式跟生活密切相关，一些日常思维方式也对应着计算机领域的基本概念。例如，①学生上学时，不会将所有的物品放入书包，而会挑选出当天需要的物品，这就是缓存的概念，将最需要的内容放到最方便的地方。②人们丢失东西或迷路时，通常会沿着来路回去寻找，这体现了回溯的概念。③停电时，由于电话的线路跟普通的电网线路是分开设计的，所以电话还是可以使用的，这就是利用冗余来提高系统可靠性的思维方式。

2. 计算思维的概念

与数学思维和实验思维不同，计算思维是指运用计算机科学的基础概念进行问题求解、系统设计以及人类行为理解等涵盖计算机科学的一系列思维活动。

例如，在设计导航软件时，首先需要进行问题求解，找到一条从起始点到终止点的最佳路径；找到问题的解决方法后，需要设计一款手机APP供用户导航，也就是进行系统设计；最后，设计者通常会考虑到用户驾车时的情况，添加一个语音功能来解决文字输入不方便的问题，这就是人类行为理解。

3. 计算思维问题求解的关键路径

问题求解是思维活动中的关键部分，它分为建立模型、设计算法、程序设计三个关键路径。

建立模型简称建模，是对问题的一个抽象化的描述，将人们对问题的理解用符号模型来进行描述；建立模型后，需要形成一个解决问题的具体步骤，即设计算法；设计算法后，可以通过程序设计，即编写程序让计算机完成求得当前问题的一个结果。

依然以制作导航软件为例，问题求解过程也就是输入起始点后给出最佳路线的过程，涉及如下步骤。

（1）建立模型

将问题进行抽象、符号化的描述。地图包括路口和路段的信息，所以将地图抽象成一张由结点和边构成的图。其中，结点对应着路口的信息，边对应着路段的信息。结点中的一些经纬度、边的长度等信息可用于下一步进行具体的最佳路径的求解。

（2）设计算法

针对模型，通过问题的分析设计出一个算法，即解决问题的步骤，如图 7.1 所示的四个步骤可以完成起点到终点的一个最佳路径的求解。

（3）程序设计

选择一种程序设计的语言，通过编写程序的方式让计算机自动完成从起点到终点的一个最佳路径的求解。

算法步骤如图 7.1 所示。

说明：起始结点记作 S，目标结点记作 E，对于任意结点 P，从 S 到当前结点 P 的总移动消耗记作 GP，结点 P 到目标 E 的曼哈顿距离记作 HP，从结点 P 到相邻结点 N 的移动消耗记作 DPN，用于优先级排序的值 F(N)记作 FP。 ① 选择起始结点 S 和目标结点 E，将(S，0)(结点，结点 F(N)值)放入 openList，其中 openList 是一个优先队列，结点 F(N)值越小，优先级越高。 ② 判断 openList 是否为空，若为空，则搜索失败，目标结点不可达；否则，取出 openList 中优先级最高的结点 P。 ③ 遍历 P 的上下左右四个相邻接点 N1～N4，对每个结点 N，如果 N 已经在 closeList 中，则忽略；否则有两种情况： a. 如果 N 不在 openList 中，令 GN＝GP＋DPN，计算 N 到 E 的曼哈顿距离 HN，令 FN＝GN＋HN，令 N 的父结点为 P，将(N，FN)放入 openList。 b. 如果 N 已经在 openList 中，计算 GN1＝GP＋DPN，如果 GN1 小于 GN，那么用新的 GN1 替换 GN，重新计算 N，用新的(N，FN)替换 openList 中旧的(N，FN)，令 H 的父结点为 P；如果 GN1 不小于 GN，不做处理。 ④ 将结点 P 放入 closeList 中。判断结点 P 是不是目标结点 E，如果是，搜索成功，获取结点 P 的父结点，并递归这一过程(继续获得父结点的父结点)，直至找到初始结点 S，从而获得从 P 到 S 的一条路径；否则，重复步骤②。

图 7.1　算法步骤

4. 计算思维的核心特征

计算思维具有抽象和自动化两个特征。建立模型时，使用符号的形式来描述一个具体的问题，是抽象的过程。此外，设计算法时需要将解决问题的步骤一步一步抽象出来。前面两个步骤完成后，使程序自动地将这些步骤进行运行，得到一个最终的结果，体现了自动化这样一个特征。

7.1.2　算法

1. 算法的概念

算法是计算思维的核心，它是指解决问题有限的、确定的步骤。例如，在生活中，将食物放进冰箱包括打开冰箱门、放入食物、关闭冰箱门三个步骤。在计算机领域同样如此，将数据写入文件包括打开文件、写入数据、关闭文件三个步骤，这就是一个算法。

现代生活中的各种系统和APP应用，包括查看信息、购物、出行、娱乐、支付等各种方式的背后都是由一些核心的算法进行支撑的。

例如，对单词的拼写检查的算法可以描述如下。

① 建立一个足够大的文本库。

② 根据用户输入的单词，得到其所有可能的拼写相近的形式。

③ 比较所有拼写相近的词在文本库的出现频率，频率最高的那个词，就是正确拼法。

2. 算法的描述

描述算法有三种方式：自然语言、流程图和伪代码。

(1) 自然语言

自然语言描述算法就是将算法一步步写出来，这种方式比较容易理解，但是不够规范。例如，图7.1中就是自然语言描述的算法。

(2) 流程图

采用流程图的方式可以更严谨地对算法进行描述。流程图规定可以使用标准图形表示特定含义，例如实心圆点可以表示算法的“开始”和“结束”，普通处理步骤用一个矩形表示，条件判断用菱形表示等，并且使用箭头指示步骤的流转。例如，表示向文件写入数据的算法用流程图表示如图7.2所示。

(3) 伪代码

伪代码描述算法是使用一种类似于程序设计语言却又不能够执行的代码对算法进行描述，如图7.3所示。

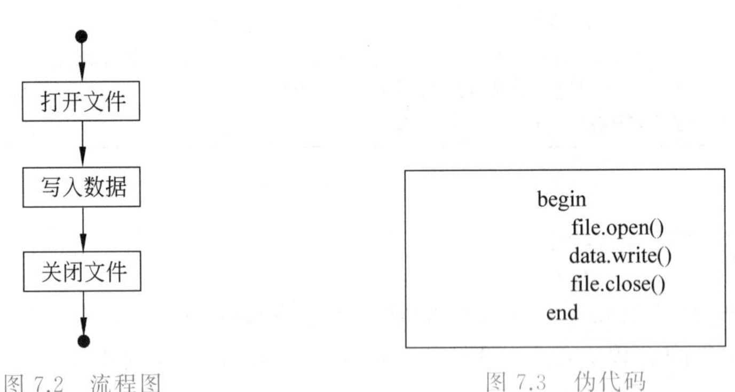

图7.2　流程图　　　　图7.3　伪代码

3. 算法的效率

算法的效率主要通过空间效率和时间效率来考察。在空间效率上，优秀的算法占用更少的存储空间；在时间效率上，优秀的算法具有更快的运行速度。随着存储设备的发展和成本的降低，与空间效率相比，算法的时间效率会更加受到关注。

当设计算法时，需要考虑算法的最优效率和最差效率。最优效率是算法执行最好的情况，若分析发现算法的最优效率还无法达到要求，则将此算法舍弃。最差效率是考虑算法执行最坏的情况，经常用于几个算法间的比较。

例如，针对一系列已经排好序的数据，查找特定数据项，如图 7.4 所示。当从前向后依次查找数字 2 时，很快找到对应的信息，此时会达到算法最优的效率。但是查找数字 87 时，比较到尾部也没有发现这个数据，此时算法效率最差。

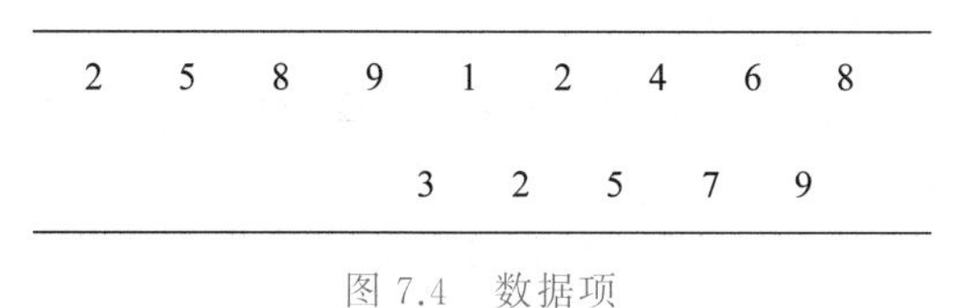

图 7.4 数据项

4. 算法策略

算法策略是建立算法的指导思想或者方法。注意区分算法和算法策略，以田忌赛马为例，采用三局两胜的策略，所以主动放弃一局，赢得剩下两局是算法策略，而具体的算法指在赛马的每一局中的做法，即解决问题的步骤。

7.2 算法策略

算法策略包括穷举法、递归法、分治法、动态规划法、回溯法以及贪心法。

7.2.1 穷举法

穷举法指对问题所有可能的解逐个进行测试，从中找出问题的真正解。所有的解就构成了一个解空间，如图 7.5 所示，黑色方块部分是可能解，而黑色圆点部分则是问题的真正解。

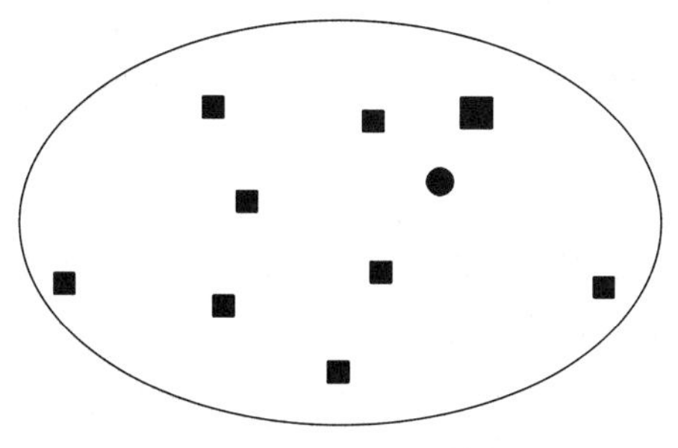

图 7.5 解空间

穷举法在计算机领域的应用有很多，“暴力破解密码”的核心思想就是将密码进行逐个测试，直到找出真正的密码为止。若密码由 4 位数字构成，需要找大约 1 万种组合；若密码由 8 位大小写字母等字符构成，可能的组合为几千万亿种，这就比较难以破解。

穷举法比较容易实现，而且可以找到真正的解，但是效率很低的缺点也很明显。当解空间比较有限，而且其他策略不容易实现的情况下，可以采用穷举法。

7.2.2 递归法

递归思想的应用非常普遍，例如，在查字典时，当查找第一个新单词 A 的含义时，发现使用了新单词 B 来解释单词 A，而单词 B 又需要由单词 C 来解释，这是一个向下逐层递推的过程；当最后一个新单词 C 被理解时，可以逐步向上回归理解前一个单词 B，直到理解第一个单词 A 的含义。

递归法指在求解规模为 n 的问题时，通过重复把这个问题分解成同类的子问题而解决问题的方法，这个过程通常会表示成一个递推公式。当子问题规模是 1 或者 0 时，可以直接得到问题的解，即递归出口。在计算机领域中，若使用递归的思想解决问题，一定要有递归出口。没有递归出口的问题被称为无穷递归问题，是无法解决的问题。

例如，当求 n 的阶乘时，需要将 n 的阶乘逐步向下来缩减问题规模，将求解 n! 转换为求解(n－1)!。fact(n)表示 n!，则其递归公式和递归出口如图 7.6 所示。

递归分为递推和回归两个过程，假设 n＝5，求 n!，从递推到回归的完整过程如图 7.7 所示。

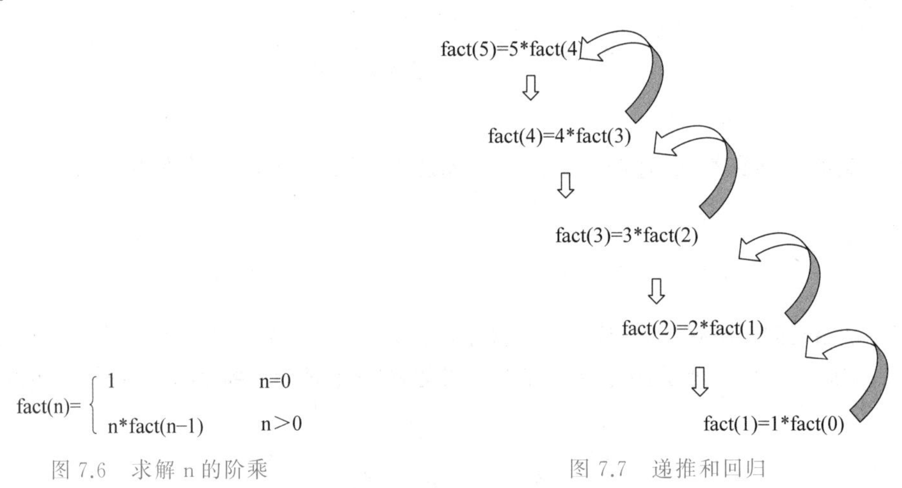

图 7.6 求解 n 的阶乘

图 7.7 递推和回归

(1) 递推过程

5 的阶乘可以分解成 5 乘以 4 的阶乘，4 的阶乘可以表达成 4 乘以 3 的阶乘，以此类推，直到分解出 0 的阶乘时停止，即 fact(0)＝1。

(2) 回归过程

此时，通过向上回归求得 1 的阶乘，即 fact(1)＝1，并以此类推，继续向上回归，最后求得 fact(5)＝120。

7.2.3 分治法

分治法是指将一个难以直接解决的大问题，分割成一些规模较小的相同问题，以便各个击破，分而治之。

例如，从一堆金币中寻找成分为黄铜的假币。由于黄铜的质量较轻，可以将币分为独立的两部分，并且比较每一部分是否比正常质量轻。若第二部分质量正常，第一部分质量较轻，说明假币在第一部分中。以此类推，利用分治的思想依次向下划分，直到找到假币为止。

分治法主要分为以下三个步骤。

(1) 分解

将原问题分解为若干个规模较小、相互独立、与原问题形式相同的子问题。

(2) 求解

若子问题规模较小而容易被解决则直接解，否则递归地解各个子问题。

(3) 合并

将各个子问题的解合并为原问题的解。

例如，分治法可以用于排序，将杂乱无章的原始数据按照从小到大的顺序排序。首先，将数据划分为两个部分，每个部分依然是无序的。以此类推，依次向下划分，直到划分成每个数据为一组。此时，对每两个数据进行合并，合并完后先排序，再继续合并、排序，以此类推，最后将全部数据合并为一组并进行排序，过程如图7.8所示。

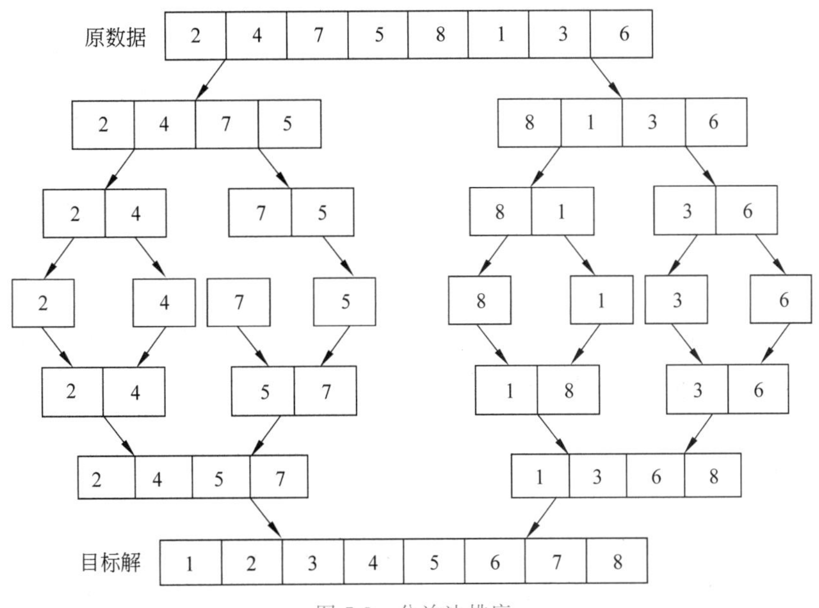

图7.8 分治法排序

7.2.4 动态规划法

动态规划法将一个原问题分解为若干个规模较小的子问题，递归地求解这些子问题，然后合并子问题的解以得到原问题的解。

例如，用动态规划法求解怎样用最少的纸币凑够11元？其中，纸币的面值是1元、2

元和 5 元。

其中函数 f(x)表示当前凑够钱数 x 时使用的最少纸币数，所以问题表示为求解 f(11)的大小。首先，对原始问题进行分解，可以分解为三种方式。

(1) 先凑一张 1 元，求剩下的 10 元最少用几张纸币，即 f(1)＋f(10)。

(2) 先凑一张 2 元，求剩下的 9 元需要多少张纸币，即 f(2)＋f(9)。

(3) 先凑一张 5 元，求剩下的 6 元需要多少张纸币，即 f(5)＋f(6)。

可以看出，f(10)、f(9)、f(6)都不能得到最终答案，所以接着向下划分，它们每一种又各有三种方式划分。以此类推，如图 7.9 所示，每一种划分到只剩下 1 元、2 元和 5 元求解的时候，都能够得到一个最终的解。最后回推，可以看到，11 元最少可以用三张纸币凑成的，即两张 5 元和一张 1 元。

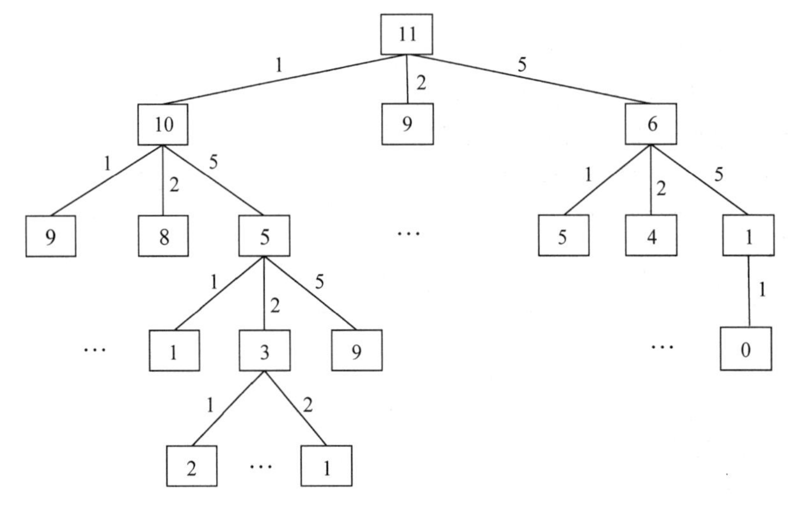

图 7.9 动态规划法划分纸币

从以上例子可以看出，动态规划法与分治法相似，其区别是分治法划分出来的子问题相互之间是独立的，而动态规划法的子问题之间会有重叠的现象。

7.2.5 回溯法

回溯法的基本思想类似于走迷宫，依次尝试每一条路能否走通，若无法走通，则原路退回。所以，回溯法是一个走不通过就退回的过程，是穷举法的一种表现形式，有着通用解题法的美称。

回溯法主要分为以下步骤：

(1) 针对所给问题，定义问题的解空间。

(2) 确定易于搜索的解空间结构。

(3) 以深度优先方式搜索解空间，并在搜索过程中用剪枝函数避免无效搜索。

例如，使用回溯法求解问题：怎样将三样物品放入承重 50kg 的背包中，让背包中物品的总价值最大？其中，三样物品的质量和价值如图 7.10 所示。

物品	质量/kg	价值	单位质量的价值
1	10	60	6
2	20	100	5
3	30	120	4

图 7.10　物品重量和价值

用树形结构表示背包状态，如图 7.11 所示。每个结点其实都是当前背包的状态，比如它的质量、价值。树形结构的第 1 层、第 2 层和第 3 层分别针对物品 1、物品 2、物品 3 的选择状态，左侧分支 1 表示选择该物品，右侧分支 0 表示不选择该物品。

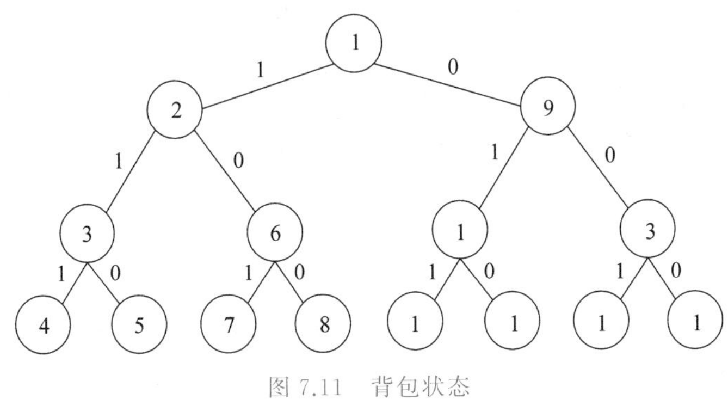

图 7.11　背包状态

开始使用回溯法向下划分时，每次选择左侧分支，走到最终的位置或者走不下去时回退到上一个结点，再向右侧分支进行探索。例如，从原始状态下的结点 1 向左侧搜索到结点 2，表示选择物品 1，继续向左侧搜索结点 3 表示选择物品 2。最后向左侧搜索结点 4 表示选择物品 3 时，发现背包超重，故回退到结点 3，向右侧分支搜索结点 5，表示不选择物品 3。此时，结点 2 左侧分支的结点全部搜索完成，下一步回退到结点 2，搜索右侧分支，即不选择物品 2 的情况。以此类推，直到所有的结点的左右两个分支都搜索完成。

7.2.6　贪心法

贪心法指对问题求解时，总是做出在当前看来是最好的选择。也就是说，不从整体最优上加以考虑，它所做出的仅是在某种意义上的局部最优解。贪心法主要分为以下三个步骤：

① 把求解的问题分成若干个子问题；

② 对每一子问题求解，得到子问题的局部最优解；

③ 把子问题的局部最优解合成原来解问题的一个解。

下面使用贪心法求解问题：怎样用最少的纸币凑够 11 元？其中，纸币的面值是 1 元、2 元和 5 元。

使用函数 f(x)表示当前凑够钱数 x 时使用的最少纸币数，所以问题表示为求解 f(11)的大小。由于贪心法只考虑当前步骤的一个最优情况，即纸币数最少，所以第一次选择 5 元纸币进行划分，即划分为 f(5)＋f(6)。以此类推，为保证最优情况，依然用 5 元纸币划分 f(6)，此时 f(6)划分为 f(5)＋f(1)，f(1)就是一张 1 元的纸币。

综上可知，使用贪心法凑够 11 元需要两张 5 元纸币和一张 1 元纸币，共三张纸币。

7.3 排序算法

排序算法在生活中随处可见。例如，搜索商品时按照价格从低到高进行排序；百度的搜索结果按照相关性进行排序。排序算法指对数据按照顺序进行重新排列，它主要分成两部分：一部分为内部排序，指在内存中进行的排序方式；另一部分为外部排序，指内存和外存相结合的排序方式。

在内部排序中有若干种排序方式，例如插入排序、选择排序、交换排序、基数排序。下面主要说明交换排序中的冒泡排序和快排序，它们都是通过数据交换完成的。

7.3.1 冒泡排序

冒泡排序将一组无序的 n 个原始数据按照从小到大的顺序排列，其过程类似水中气泡浮起，因而称为冒泡排序。冒泡排序要遍历 n－1 次数据，每次寻找当前范围最大值，排在最后。寻找最大值是通过两两比较相邻数据，将较大的数交换到后面完成的。算法描述如下。

① 比较相邻的元素。如果前面数据大，则交换两个数据。

② 对每一对相邻元素做同样的工作，从开始第一对到结尾的最后一对。此时，最后的元素应该是最大的数。

③ 针对所有的元素重复以上的步骤，除了最后一个。

④ 持续每次对越来越少的元素重复上面的步骤，直到没有任何一对数字需要比较。

例如，将数字 6、4、7、1、2 按照从小到大的顺序排序，步骤如下。

① 第 1 次遍历，在数字 6、4、7、1、2 中找到最大数 7 放在最后，如图 7.12 所示。从数字 6 与数字 4 开始比较，比较后将数字 6 放在数字 4 的后面。然后将数字 6 与数字 7 比较，比较后数字位置保持不变。再将数字 7 与数字 1 比较，交换数字 7 与数字 1 的位置。最后将数字 7 与数字 2 比较，交换数字 7 与数字 2 的位置。所以得到当前这一组数据中的最大值为 7，并放到最后。

② 第 2 次遍历，在数字 4、6、1、2 中找到最大数 6 放在最后，如图 7.13 所示。从数字 4 与数字 6 开始比较，比较后位置保持不变。接下来比较数字 6 与数字 1，比较后交换 6 与 1 的位置。最后比较数字 6 与数字 2，比较后交换 6 与 2 的位置。所以将当前 4 个数据当中的最大数 6 放在倒数第二的位置。

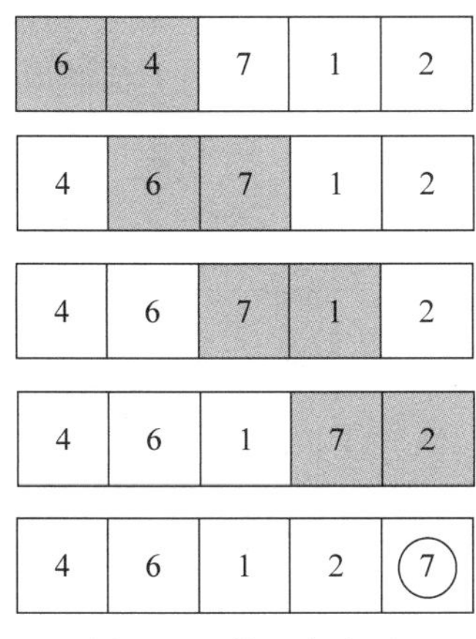

图 7.12　第 1 次遍历

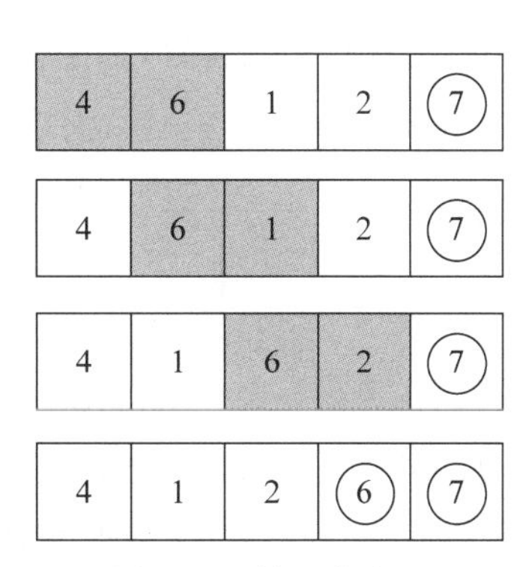

图 7.13　第 2 次遍历

③ 第 3 次遍历，在数字 4、1、2 中找到最大数 4 放在最后，如图 7.14 所示。比较数字 4 与数字 1，比较后交换 4 与 1 的位置。最后比较数字 4 与数字 2，比较后交换 4 与 2 的位置。所以将当前 3 个数据当中的最大数 4 放在倒数第三的位置。

④ 第 4 次遍历，在数字 1、2 中找到最大数放在最后，如图 7.15 所示。比较数字 1 与数字 2，比较后位置保持不变，并且所有数字都找到对应位置，最终完成了数据从小到大的一个排列。

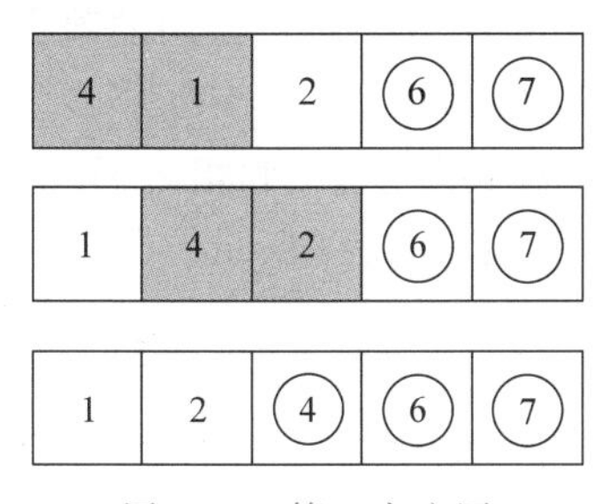

图 7.14　第 3 次遍历

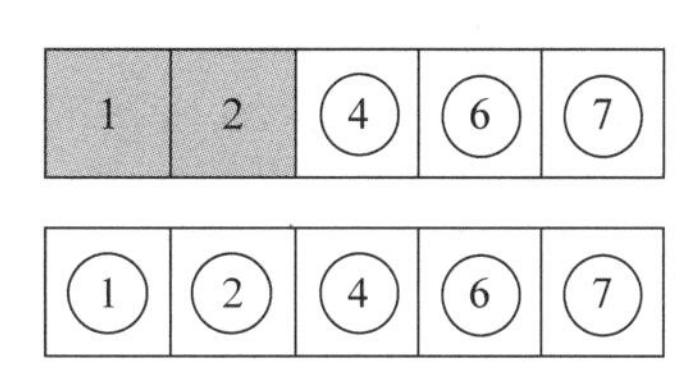

图 7.15　第 4 次遍历

7.3.2　快排序

快排序是交换排序的一种方式，算法描述如下。

① 从数据序列中选择一个基准数据。

② 重新排序数列，所有数据比基准值小的摆放在基准前面，所有数据比基准值大的摆在基准的后面（相同的数可以放在任意一边），这一轮最后，该基准就处于数列的中间位置。

③ 递归地对小于基准值元素的子数列和大于基准值元素的子数列排序。

例如，将数字 6、4、7、1、2 按照从小到大的顺序进行快排序，步骤如下。

① 定义一个指针 left 和一个指针 right，分别指向数据序列的两端。初始时指针 left

指向数字 6,指针 right 指向数字 2,如图 7.16 所示。

② 一开始基准值定为第一个数字 6,指针 right 指向的数字 2 小于基准值,所以将数字 2 放在左侧指针指示的位置,如图 7.17 所示。

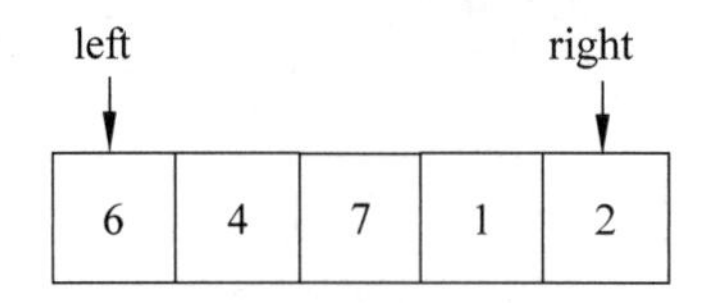

图 7.16 快排序步骤一

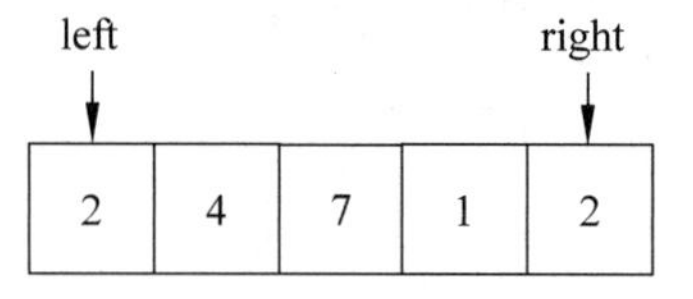

图 7.17 快排序步骤二

③ 指针 right 找到数字 2 之后,指针 left 向右移动一个位置,此时指针 left 指向的数字 4 小于基准值,不进行数字移动,如图 7.18 所示。

④ 指针 left 继续向右移动,此时指针 left 指向的数字 7 大于基准值,所以将数字 7 移动到指针 right 指向的位置,如图 7.19 所示。

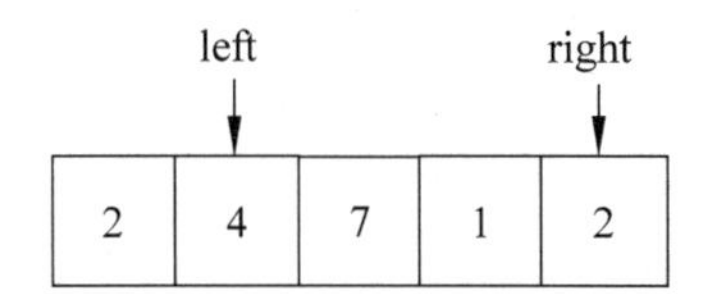

图 7.18 快排序步骤三

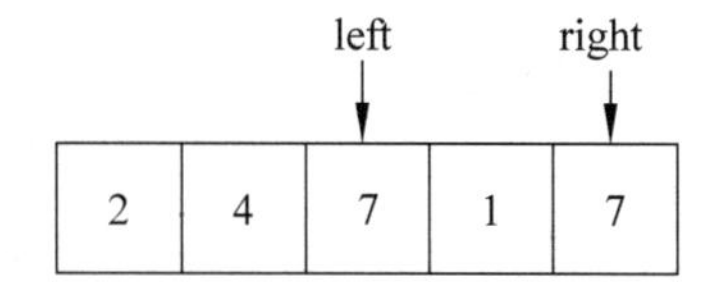

图 7.19 快排序步骤四

⑤ 指针 left 找到数字 7 后,指针 right 向左移动,此时指针 right 指向的数字 1 小于基准值,所以将数字 1 移到指针 left 指向的位置,如图 7.20 所示。

⑥ 指针 right 找到数字 1 后,指针 left 向右移动,此时指针 left 和指针 right 位置重合,表示移动任务已经结束,将基准值放在指针重合位置,如图 7.21 所示。

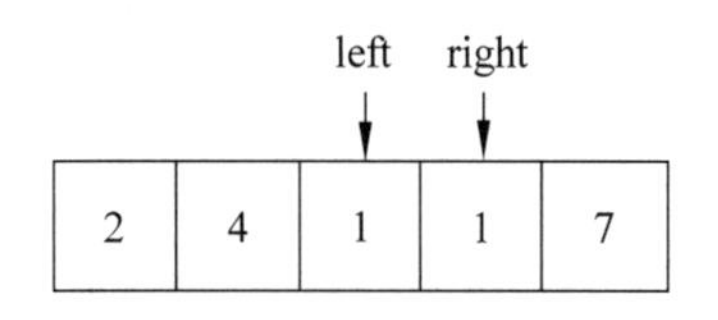

图 7.20 快排序步骤五

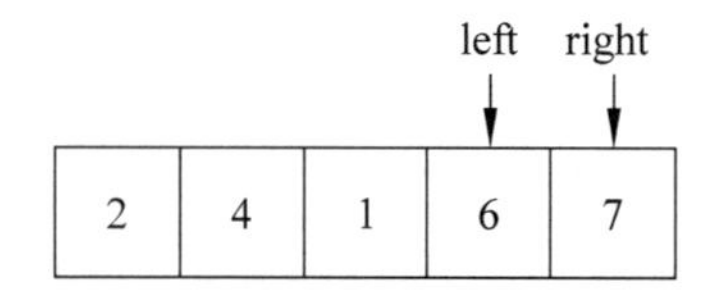

图 7.21 快排序步骤六

⑦ 对指针重合位置的左侧和右侧序列分别按照以上步骤排序,直到最后所有的数据都有序为止。

7.4 查找算法

查找算法可以根据给定关键字,在一系列数据中确定一个数据是否存在,若存在则返回数据。例如,查找某个学生信息时,可以按照学号或者姓名查找,关键字就是学号或者姓名。图 7.22 列举了主要的查找算法。

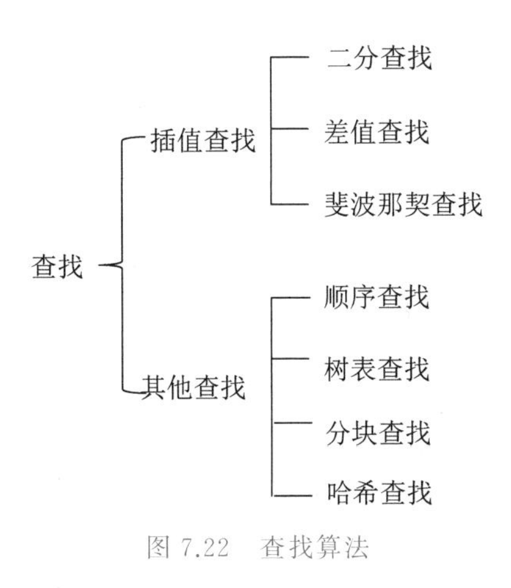

图 7.22　查找算法

下面主要介绍顺序查找和二分查找。

7.4.1　顺序查找

顺序查找对数据本身是否有序没有要求，是无序查找的一种方式。例如，逐个房间找人、逐个抽屉找东西都属于顺序查找。

顺序查找从数据序列的一端开始，顺序扫描，让当前数据与给待查找 k 相比较，若相等则表示查找成功；若扫描结束仍没有找到等于 k 的数据，表示查找失败。

7.4.2　二分查找

二分查找要求原始数据是有序的，否则，需要先对数据序列进行排序，算法思想如下。

① 定义 low 指针、high 指针、middle 指针，分别指向序列的最左端、最右端、中间位置，且 middle=(low+high)/2。

② 用待查数据与中间位置数据进行比较。若相等，则查找成功；若大于，则在后半个区域中继续二分查找；若小于，则在前半个区域中继续二分查找。

③ 查找成功，返回数据所在位置，没找到返回−1。

例如，要在 1、2、4、6、7、11、15 中查找 11，使用二分查找的步骤如下。

① 定义 low 指针、high 指针、middle 指针，如图 7.23 所示，low 指针指向数字 1，high 指针指向数字 15，middle 指针指向数字 6。

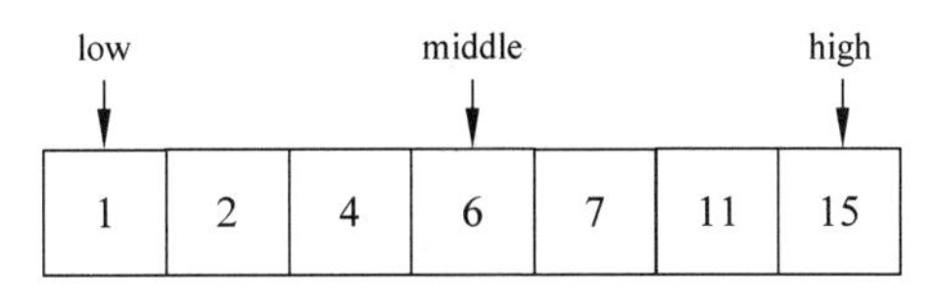

图 7.23　初始位置(1)

② 比较待查找关键字和中间位置指针指向的数字的大小关系，即比较数字 11 与 6。

由于 11 大于 6，意味着待查找关键字范围缩小到 middle 指针右侧，所以将 low 指针移动到 middle 指针右侧位置，即指向数字 7，high 指针保持不变，如图 7.24 所示。

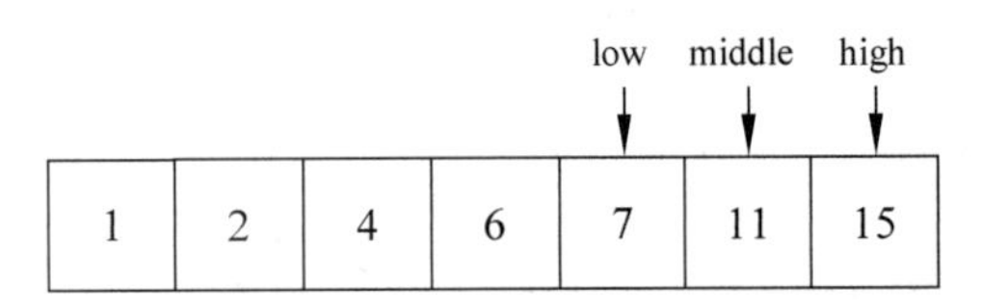

图 7.24　第一次比较(1)

③ 重新求得新范围的中间的位置，并用 middle 指针指向，即指向数字 11。继续用待查找关键字和 middle 指针指向的当前数字进行比较。比较后发现相等，查找成功，返回 middle 指针指向的位置。

以上为二分查找算法查找成功时的案例，成功查找到数字 11 在第六位。假设将待查找数字 11 改为数字 3，步骤如下。

① 定义 low 指针、high 指针、middle 指针，分别指向序列的最左端、最右端、中间位置，如图 7.25 所示，low 指针指向数字 1，high 指针指向数字 15，middle 指针指向数字 6。

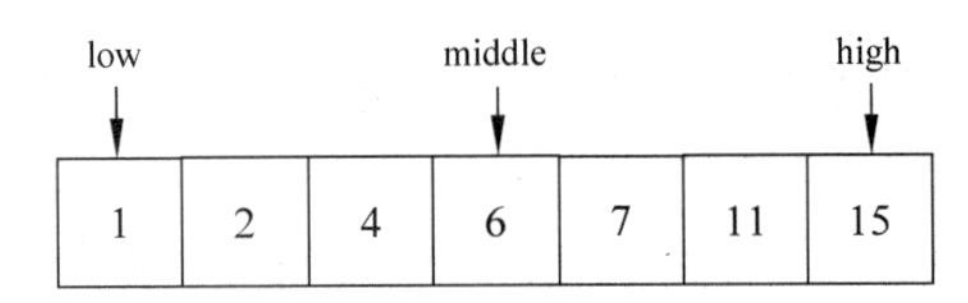

图 7.25　初始位置

② 比较待查找关键字和中间位置指针指向的数字的大小关系，即比较数字 3 与 6。由于 3 小于 6，意味着待查找关键字范围缩小到 middle 指针左侧，所以将 high 指移动到 middle 指针左侧位置，即指向数字 4，low 指针保持不变，如图 7.26 所示。

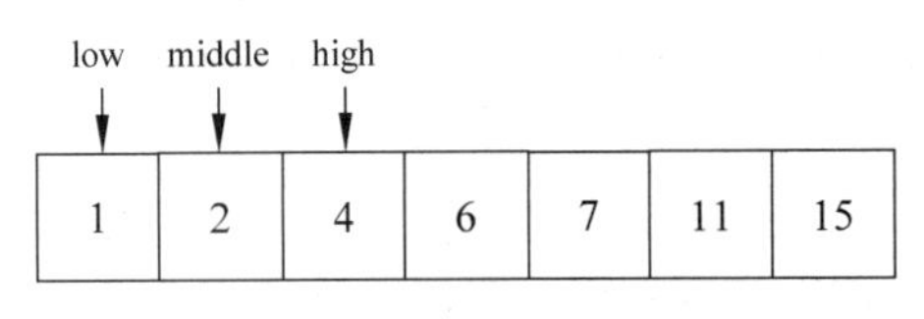

图 7.26　第一次比较

③ 重新求得新范围的中间的位置，并用 middle 指针指示，即指向数字 2。继续用待查找关键字和 middle 指针指向的当前数字进行比较，即比较 3 与 2。由于 3 大于 2，意味着待查找关键字范围在 middle 的右侧，所以将 low 指针移动到 middle 右侧位置，即指向数字 4，high 指针保持不变，如图 7.27 所示。

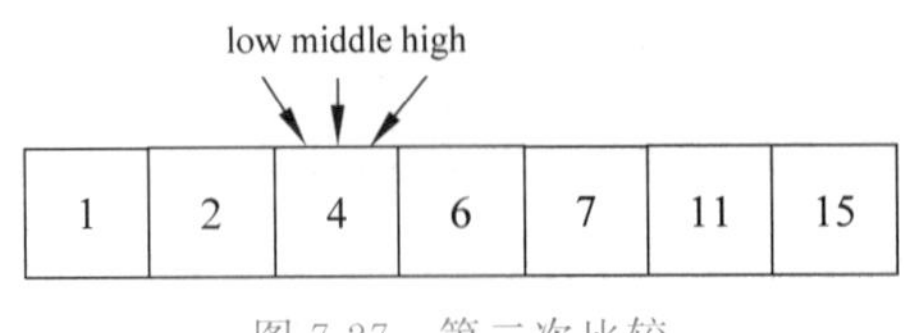

图 7.27　第二次比较

④ 移动后 low 和 high 指针位置重合，重新求得的中间位置同样在此位置，3 个指针全部指向数字 4。比较待查找关键字和中间位置指针指向数字的大小关系，即比较 4 与 3。由于 4 大于 3，意味着待查找关键字在 middle 左侧，所以将 high 指针移动到 middle 指针左侧位置，即指向数字 2，low 指针保持不变，如图 7.28 所示。

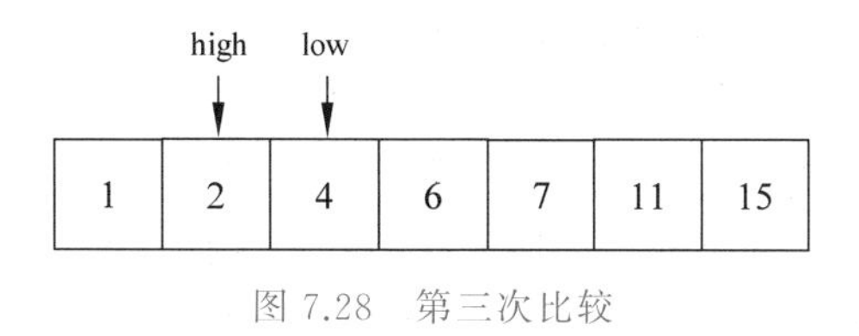

图 7.28　第三次比较

⑤ 此时 high 指针在 low 指针左侧，满足查找终止条件。

以上为二分查找算法查找失败时的案例，没有查找到数字 3，故返回−1。

7.5　本章小结

计算思维是指运用计算机科学的基础概念进行问题求解、系统设计以及人类行为理解等涵盖计算机科学的一系列思维活动。算法是计算思维的核心，它是指解决问题有限的、确定的步骤。描述算法有三种方式：自然语言、流程图和伪代码。采用流程图的方式可以更严谨地对算法进行描述。算法策略是建立算法的指导思想或者方法。常用的算法策略包括穷举法、递归法、分治法、动态规划法、回溯法、贪心法等。常用的算法包括排序算法和查找算法。

7.6　习　　题

一、单项选择题

1. 描述算法有三种方式，不包括(　　)。

　A. 自然语言　　B. 流程图　　C. 伪代码　　D. 概要图

2. (　　)是建立算法的指导思想或者方法。

　A. 算法策略　　B. 计算思维　　C. 算法步骤　　D. 算法效率

3. 以下说法错误的是(　　)。

　A. 计算思维解决问题的关键路径是对实际问题进行建模、设计算法、编写程序

　B. 算法是解决问题的有限的确定的步骤

　C. 穷举法不一定能找到问题真正的解

　D. 穷举法缺点是效率一定会很低

4. 以下说法错误的是(　　)。

　A. 递归出口是递归问题的最小规模下的直接解

B. 分治法是通过划分子问题，求子问题的解，再合并子问题的解，从而得到原始问题的解

C. 贪心法可能会得不到问题的最终解

D. 动态规划法与分治法是相同的算法策略

5. 以下关于查找和排序算法说法正确的是(　　)。

A. 二分法是一种查找算法

B. 二分法用到了算法策略中的穷举法

C. 顺序查找是从头到尾依次扫描数据序列来查找数据，对应的算法策略是分治法

D. 快排序通过求 n 个数的 n－1 次最大值完成排序

二、填空题

1. 计算思维是指运用计算机科学的基础概念进行(________)、(________)以及(________)等涵盖计算机科学的一系列思维活动。

2. 问题求解是思维活动中的关键部分，它分为(________)、(________)、(________)等三个关键路径。

3. 计算思维包括(________)和(________)等两个特征。

4. 算法的效率主要通过(________)和(________)来考察。

5. 没有递归出口的问题被称为(________)。

6. 分治法主要分为(________)、(________)、(________)等三个步骤。

三、简答题

1. 通过思考或者查阅文献，设计算法并用自然语言进行描述。

(1) 给出一篇英文文档，统计其中的单词数。

(2) 给出一篇英文文档，统计其中出现最多的单词及其出现次数。

2. 斐波那契数列如下：1,1,2,3,5,8,13,…。其规律是，前两项为 1，之后的每项都是前两项的和。请用递归思想，写出第 n 项斐波那切数列 f(n)的求解方式，包括递归出口与递推公式。

3. 如果冒泡排序每一次都把寻找本轮数据的最小值放在最前面，请写出如下数据的每一轮冒泡排序结果。

28　32　14　12　53　42

第8章 信息新技术

信息技术的迅速发展为人们的生活带来了便捷的服务，计算机技术不仅正在改变着人类的生产和生活方式，而且在很大程度上影响和改变了各国综合国力的发展。云计算、大数据、物联网、移动互联网、人工智能等新一代信息技术已经成为推动全球产业变革的核心力量，并且不断集聚创新资源与要素，与新业务形态、新商业模式互动融合，快速推动农业、工业和服务业的转型升级和变革，全新的工业经济发展模式正在到来。云计算、物联网、大数据和人工智能代表了IT领域最新的技术发展趋势，它们相辅相成，既有联系又有区别。本章将简单介绍计算机技术的发展带来的信息新技术。

8.1 云 计 算

云计算与物联网、大数据并称为第三次信息化浪潮的代表技术，是当前IT领域的热门方向之一。云计算是硬件资源的虚拟化，而大数据是海量数据的高效处理，云计算作为计算资源的底层，支撑上层的大数据存储和处理。

8.1.1 云计算概述

追溯云计算的根源，它的产生和发展与之前所提及的并行计算、分布式计算等计算机技术密切相关。云计算这个概念从提出到今天，已经十几年了。在这期间，云计算取得了飞速的发展与翻天覆地的变化。现如今，云计算被视为计算机网络领域的一次革命，因为它的出现，社会的工作方式和商业模式也在发生巨大的改变。

1. 云计算的概念

中国云计算专家委员会是这样定义云计算：云计算最基本的概念是通过整合、管理、调配分布在网络各处的计算资源，并以统一的界面同时向大量用户提供服务，借助云计算，网络服务提供者可以在瞬息之间，处理数千万计，甚至数亿计的信息，实现和超级计算机那样强大的功能，同时，用户可以按需租用这些服务，从而实现让计算成为一种公用设施来按需而用的设想。

维基百科的解释：云计算是一种能够将动态伸缩的虚拟化资源通过互联网以服务的方式提供给用户的计算模式，用户不需要知道如何管理那些支持云计算的基础设施。

对云计算的定义有多种说法，现阶段被业界广为接受的是美国国家标准与技术研究院(NIST)给出的定义：云计算是一种按使用量付费的模式，这种模式提供可用的、便捷的、按需的网络访问，进入可配置的计算资源共享池(资源包括网络、服务器、存储、应用软件和服务)。用户只需投入较少的管理工作，或与服务供应商进行轻量级的交互，就能快速获取这些资源。

从服务方式角度来划分的话，云计算可分为三种：为公众提供开放的计算、存储等服务的公有云，如百度的搜索和各种邮箱服务等；部署在防火墙内，为某个特定组织提供相应服务的私有云；以及将以上两种服务方式进行结合的混合云，如图 8.1 所示。

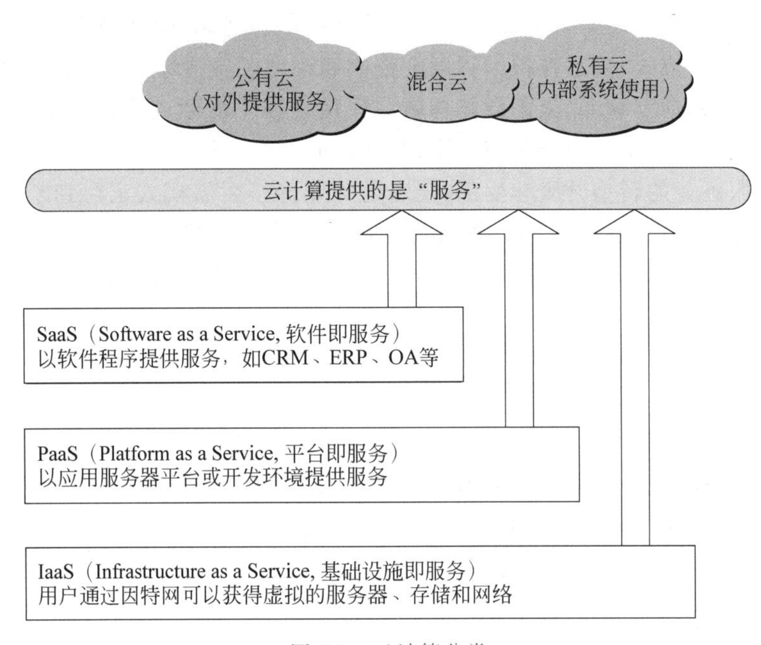

图 8.1　云计算分类

2. 云计算的优势

云计算的优势在于高灵活性、可扩展性和高性价比等。与传统的网络应用模式相比，云计算具有如下优势。

(1) 低成本

云计算采用按用量计费的模式来购买资源，大大降低了 IT 成本。而且在云计算模式下，用户终端设备不需要安装软件，也不用存储数据，终端设备的配置要求也不高，只要可以上网就行。

(2) 业务敏捷性和灵活扩展性

资源可以快速地调配和释放，特定情况时可以根据需要自动快速向内或向外扩展，且保证系统正常运行和服务不中断，大大提高了企业应变市场的能力。如果用户的信息资源需求经常波动，那么云的快速灵活性对于他们来说就非常重要。云计算灵活的服务调配能力，让用户有一种云服务可以无限扩展的感觉。

（3）高可用性

云计算可根据用户的策略和优先级实现不同的可用性等级。配置了冗余部件（服务器、网络、存储设备和集群软件）的云计算平台具有较好的容错能力，还可以把多个数据中心放在不同的地点，从而避免因地区性灾害影响可用性。

对我们个人用户的最大好处是，不用担心放在云端资源上的信息会丢失，而且随时随地都能上传和下载数据。

3. 云计算的特点

综上所述，云计算的特点可归纳如下。

（1）弹性服务

服务的规模可快速延伸，以自动适应业务负载的动态变化。用户使用的资源与业务的需求相一致，避免了因为服务性能过载或冗余，而导致的服务质量下降或资源浪费。

（2）资源池化

资源以共享资源池的方式统一管理，利用虚拟化技术将资源分享给不同用户，资源的放置、管理与分配策略对用户透明。

（3）按需服务

以服务的形式，为用户提供应用程序、数据存储、基础设施等资源，并可以根据用户需求自动分配资源，而不需要系统管理员干预。

（4）服务可计费

监控用户的资源使用量，并根据资源的使用情况对服务计费。

（5）泛在接入

用户可以利用各种终端设备，如笔记本电脑和智能手机等随时随地通过因特网访问云计算服务。

8.1.2 云计算关键技术

云计算是分布式处理、并行计算和网格计算等技术的发展和商业实现，其技术实质是计算、存储、服务器、应用软件等 IT 软硬件资源的虚拟化，云计算在虚拟化、数据存储、数据管理等方面具有自身独特的技术。云计算的关键技术包括网格计算、效用计算、虚拟化技术、面向服务的架构。

1. 网格计算

网格计算是分布式计算的一种，它研究如何把一个需要非常巨大的计算能力才能解决的问题分成许多小的部分，然后把这些部分分配给许多计算机进行处理，最后把这些计算结果综合起来得到最终结果，从而共同完成一项具体任务。网格计算实现了并行计算，最适合负载较大的工作，如图 8.2 所示。

分布式技术突破传统计算机的单独作业模式，使多台计算机能够协同作业。在分布式技术中，分布式的文件系统能够把海量的数据信息以分布式方式进行存储，改变了海量

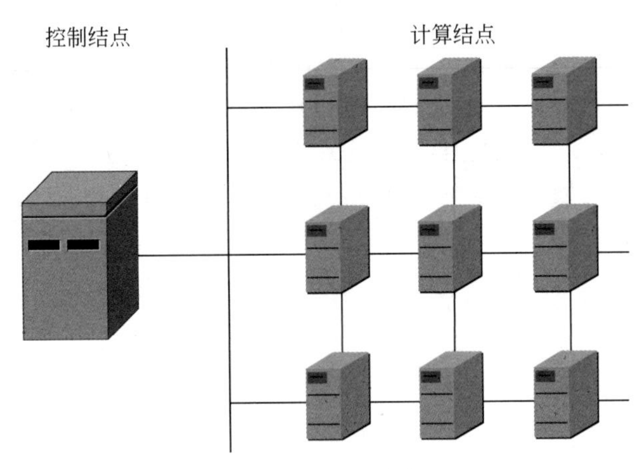

图 8.2　网格计算

数据集中化存储的缺陷，并能够在分布式存储后将各个任务进行分解，尤其可改变大型任务的烦琐问题，并使多台计算机实现共同操作和并行计算。

网格计算主要被各大学和研究机构用于高性能计算的项目。这些项目要求巨大的计算能力，或需要处理大量数据。通过网格计算来合作，使广泛分散在各地的组织能够在一定的项目上进行合作。例如，有的分布式计算项目已经使用世界各地成千上万志愿者的计算机的闲置计算能力，还有的通过因特网分析来自外太空的电信号，寻找隐蔽的黑洞，并探索可能存在的外星智慧生命。

2. 效用计算

效用计算是一种服务调配模式，在这个模式里，服务提供商提供客户需要的计算资源和基础设施管理，并根据应用所占用的资源情况进行计费，而不是仅仅按照速率进行收费服务。这与使用其他设施的服务类似，如电力，就是按消耗的电量来付费的。

效用计算是通过互联网资源来实现企业用户的数据处理、存储和应用等问题，企业不必再组建自己的数据中心。效用计算理念发展的进一步延伸就是云计算技术。效用这个词用于为其他客户提供个性化的服务，以满足不断变化的客户需求，并且基于实际占用的资源进行收费，而不是按照时长或速率进行收费。这种方式在企业计算中越来越常见，有时候还用于客户市场，例如因特网服务、网站访问、文件共享以及其他应用。

3. 虚拟化技术

简单地说，虚拟化技术就是可以让一个 CPU 工作起来就像多个 CPU 并行运行，从而使得在一台计算机内可以同时运行多个操作系统。在云计算技术中，虚拟化技术是云计算技术中的核心技术，也是云计算的重要特征。云计算的各个操作环节都是基于虚拟平台得以实现的。虚拟化是云计算底层架构的重要基石。虚拟化技术可以让各类资源，包括存储、处理、内存和网络带宽等以共享池的形式呈现和管理。图 8.3 所示为虚拟化技术的应用场景，用户可在其中创建虚拟化资源。虚拟化资源是一些可以实现一定操作、具有一定功能但其本身是虚拟的资源，如计算池、存储池、网络池和数据库资源等。通过软件技术来实现相关的虚拟化功能包括虚拟环境、虚拟系统、虚拟平台。与非虚拟环境下的资源调配相比，虚拟化提供了更好的灵活性，优化了资源的利用率。

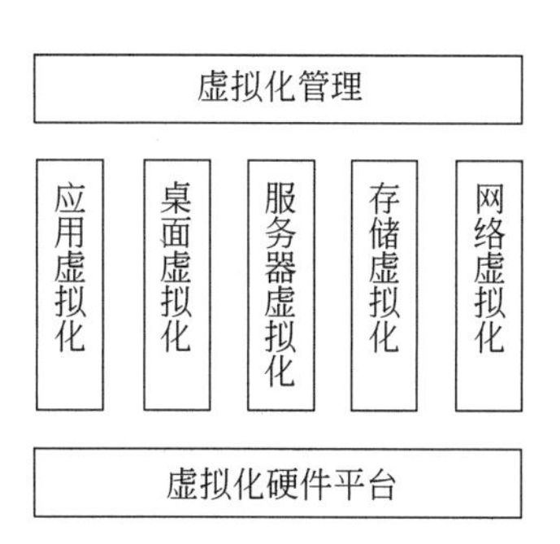

图 8.3　虚拟化技术示意图

虚拟化技术能够将一切数据以逻辑的方式排列呈现，使云计算更加智能。云计算中的虚拟化技术是指通过云计算平台中的虚拟软件来实现数据计算，改变了以往数据在硬件平台中的计算方式。并且，虚拟化技术也使云计算的各个资源得到了高效率利用，能够根据每个用户的使用习惯和日常需求有选择性地进行资源分配，使负载动态更为平衡。此外，云计算的虚拟化技术的各项操作都与硬件操作无直接关联，因此在系统功能的可靠性上相对更高，也更稳定。

4. 面向服务的架构

云计算的应用平台采用面向服务的架构（Service-Oriented Architecture，SOA）方式提供所需的基础设施资源。用户无须关心应用的底层硬件和应用的基础设施，并且可以根据应用需求动态扩展应用系统所需的资源。

面向服务的架构是一个组件模型，它将应用程序的不同功能单元（称为服务）进行拆分，并通过这些服务之间定义良好的接口和协议联系起来，如图 8.4 所示。接口是采用中立的方式进行定义的，它应该独立于实现服务的硬件平台、操作系统和编程语言。这使得构件在各种各样的系统中的服务可以以一种统一和通用的方式进行交互。

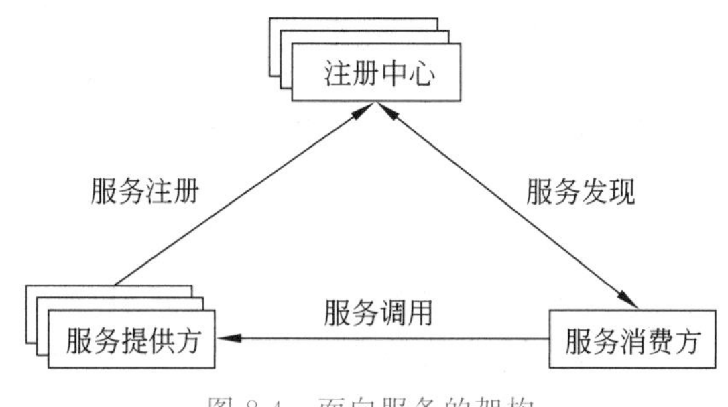

图 8.4　面向服务的架构

8.1.3　云应用

云应用是云计算技术在应用层的体现。云应用是直接面对客户解决实际问题的产品。云应用的工作原理是把传统软件“本地安装、本地运算”的使用方式变为“即取即用”的服务，通过互联网或局域网连接并操控远程服务器集群，完成业务逻辑或运算任务的一种新型应用。目前，云应用主要体现在以下几个方面。

1. 政务云

政务云是指运用云计算技术,统筹利用已有的机房、计算、存储、网络、安全、应用支撑、信息资源等,发挥云计算虚拟化、高可靠性、高通用性、高可扩展性及快速、按需、弹性服务等特征,为政府提供基础设施、支撑软件、应用系统、信息资源、运行保障和信息安全等综合服务平台,如图 8.5 所示。

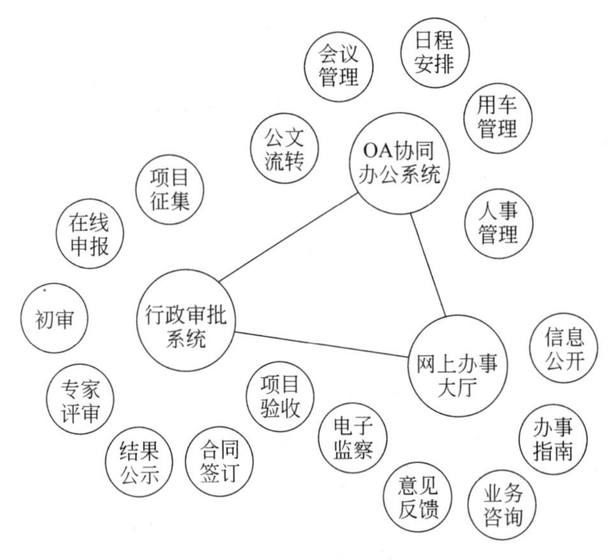

图 8.5　政务云

政务云有助于政府打破信息孤岛,实现社会的数据共享共治。通过电子政务云平台,多个政府部门可以共用相应的基础架构,实现各政务系统之间的软硬件共享,提高电子政务信息共享的效率,扩大信息共享的范围;软硬件资源和信息资源的共享也更有利于促进各部门内部与部门之间的业务系统的整合,为政府部门业务的协同创造条件。

2. 医疗卫生云

中国人口众多,医疗机构相对缺少,医疗水平参差不齐,利用互联网来建立医疗联合体,将可以较好地弥补人们对医疗资源的需求。在移动技术、多媒体、4G 和 5G 通信、大数据以及物联网等新技术基础上,结合医疗技术,使用云计算来创建医疗健康服务云平台,可以实现医疗资源的共享和医疗范围的扩大,如图 8.5 所示。

3. 金融云

金融云的服务旨在为银行、基金、保险等金融机构提供 IT 资源和互联网运维服务。金融云指利用云计算模型构成原理,将各金融机构及相关机构的数据中心互联互通,构成云网络,以提高金融机构迅速发现并解决问题的能力,提升整体工作效率,改善流程,降低运营成本,为客户提供更便捷的金融服务和金融信息服务,如图 8.7 所示。

越来越多的金融企业认识到只有与云计算结合,才能更好地支持业务发展和创新。

图 8.6　医疗卫生云

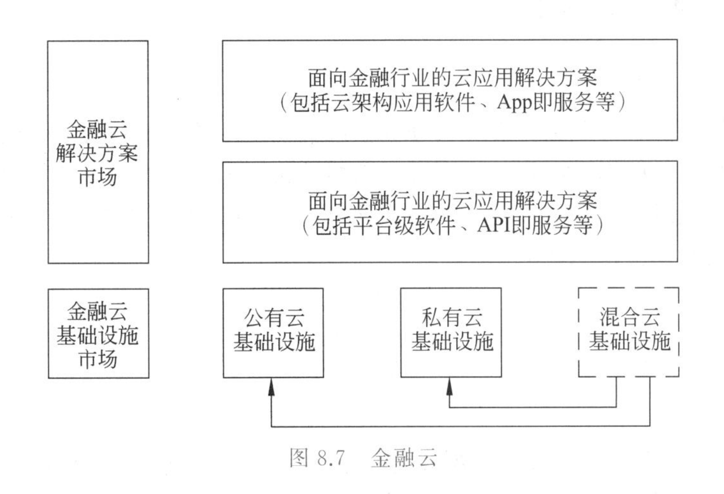

图 8.7　金融云

目前的金融云市场，主要存在两个发展方向，一种是以往从事金融服务的传统 IT 企业，开始利用云的手段改造传统业务，实现自身的互联网化转型；另一种是互联网云计算企业借助自身的技术优势，积极地向金融行业拓展。

4. 教育云

把云计算平台作为教育信息化的基础架构，可以将所需要的任何教育硬件资源虚拟化，并传入互联网中，不仅可向教育机构的学生和老师开放，而且可以向社会大众开放。

现在流行的慕课就是教育云的一种应用。国内优秀的 MOOC 平台有中国大学 MOOC、学堂在线、好大学在线等。

5. 云安全

云安全就是为云服务提供的安全方案。云安全融合了并行处理、网格计算、未知病毒行为判断等新兴技术和概念，云安全通过网状的大量客户端对网络中软件行为的异常监测，获取互联网中木马、恶意程序的最新信息，并将信息传送到服务器端进行自动分析和处理，再把病毒和木马的解决方案分发到每一个客户端。

云安全的策略构想是：把整个互联网变成了一个超级大的杀毒软件。使用者越多，每个使用者就越安全，因为如此庞大的用户群，足以覆盖互联网的每个角落，只要某个网站被挂马或某个新木马病毒出现，就会立刻被截获。

6. 云游戏

云游戏是以云计算为基础的游戏方式。在云游戏的运行模式下，所有游戏都在服务器端运行，并将已渲染的游戏画面经压缩后通过网络传送给用户。在客户端，用户的游戏设备不需要任何高端处理器和显卡，只需要基本的视频解压能力就可以了。

云游戏使用的主要技术包括云端完成游戏运行与画面渲染的云计算技术，以及玩家终端与云端间的流媒体传输技术。与传统游戏模式相比，云游戏能在很大程度上减少玩家玩游戏的设备成本。对于许多需要长期更新的高品质游戏而言，云游戏也能减少游戏商发行与更新维护游戏的成本。

7. 云社交

云社交是一种物联网、云计算和移动互联网交互应用的虚拟社交应用模式，以建立著名的“资源分享关系图谱”为目的，进而开展网络社交。云社交的主要特征是，把大量的社会资源统一整合和评测，构成一个资源有效池，向用户提供按需服务。参与分享的用户越多，能够创造的利用价值就越大。

8.2 物　联　网

物联网是新一代信息技术的重要组成部分，也称为泛互联，意指“物物相连”。简单地说，物联网就是“物物相连的互联网”。计算机网络早已成为人与人之间重要的沟通桥梁，但网络不仅是人与人之间的互联，在未来的世界，网络不再只是人与人的沟通渠道，更是联系全球物与物、物与人的桥梁。物联网的核心和基础仍然是互联网，是在互联网基础上的延伸和扩展，可以延伸和扩展到任何物与物之间进行信息交换和通信。

8.2.1 物联网概述

1. 物联网的概念

随着科技的不断进步，人们在衣、食、住、行、教育、娱乐等方面充满了大量嵌入式芯片的3C电子产品，提升了人们生活的便利，物联网的概念应运而生。维基百科对于物联网的定义是这样的：物联网就是把传感器装备到各种真实物体上，并通过因特网连接起来，进而运行特定的程序，以达到远程控制或者实现物与物的直接通信。通过接口与无线网络相连，从而给物体赋予“智能”，可实现人与物体的沟通和对话，也可以实现物与物相互之间的沟通和对话，这种将物体连接起来的网络被称为“物联网”。物联网是一个基于互联网、传统电信网等的信息承载体，它让所有能够被独立寻址的普通物理对象形成互联互通的网络。

2. 物联网的功能

物联网的目的是让所有的物体都能与网络连接在一起，进行信息交换，以实现智能化识别、定位、跟踪、监控和管理。物联网具备以下几个方面功能。

(1) 全面感知

利用RFID、红外感应器、激光扫描等获取物体的静态数据及属性，通过传感器网、GPS等动态感知物体的周边环境、地理位置、个体喜好、身体状况等。

(2) 在线监测

这是物联网最基本的功能，物联网业务一般以集中监测为主，以控制为辅。

(3) 可靠传输

通过各种网络融合、业务融合、终端融合、运营管理融合，将物体的信息及时准确地传递出去。

(4) 统计决策

基于对联网信息的数据挖掘和统计分析，提供决策支持和统计报表功能。

(5) 智能处理

利用云计算、模糊识别等各种智能计算技术，对海量数据和信息进行分析和处理，对物体进行实时智能化控制。

8.2.2 物联网的技术架构

从技术架构上来看，物联网可分为三层：感知层、网络层和应用层，如图8.8所示。感知层由各种传感器及传感器网关构成，包括传感器、二维码、RFID、摄像头、GPS等感知终端。感知层的作用相当于人的眼耳鼻喉和皮肤等的神经末梢，它是物联网识别物体、采集信息的来源。

网络层由各种专用网络、因特网、有线和无线通信网、网络管理系统和云计算平台等组成，网络层相当于人的神经中枢和大脑，负责传递和处理感知层获取的信息。

应用层是物联网和用户的接口，它与行业需求相结合，实现互联网的智能应用。应用层包括应用基础设施/中间件和各种物联网应用。利用基础设施/中间件为物联网应用提供信息处理、计算等通用基础服务设施、能力及资源调度接口，以此为基础实现物联网在众多领域的各种应用。

物联网各层之间既相对独立又紧密联系，在综合应用层下，同一层次上的不同技术互

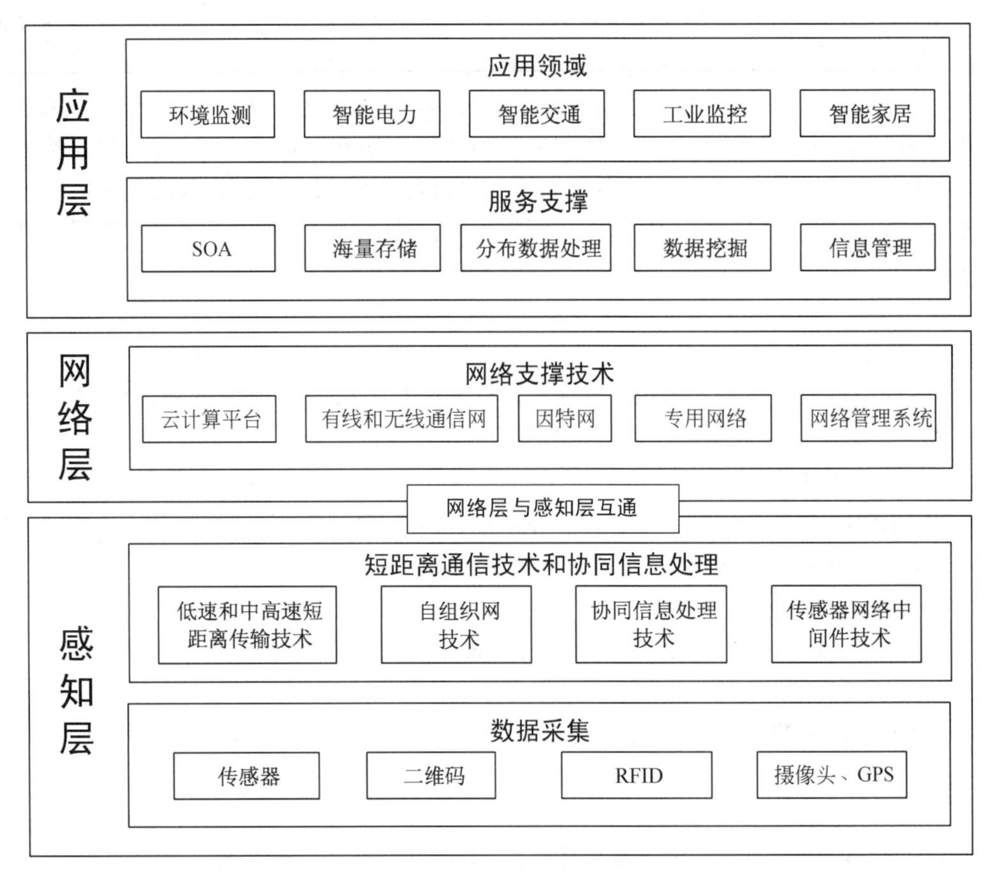

图 8.8 物联网架构

为补充，适用于不同环境，构成该层次技术的全套应用方案，而不同层次提供各种技术的配置和组合，根据应用需求构成完整的解决方案。以应用为导向，根据具体的需求和环境，选择合适的感知技术、联网技术和信息处理技术。

8.2.3 物联网的应用

物联网的应用领域涉及方方面面，如图 8.9 所示，包括在工业、农业、环境、交通、物流、安保等基础设施领域的应用，有效地推动了这些应用的智能化发展，使得有限的资源更加合理地使用分配，从而提高了行业效率与效益。在家居、医疗健康、教育、环境监测、金融与服务业等与生活息息相关领域的应用，从服务范围、服务方式到服务质量等方面都有了极大改进，大大提高了人们的生活质量。

1. 智能交通

物联网技术在道路交通方面的应用比较成熟。随着社会车辆越来越普及，交通拥堵甚至瘫痪已成为城市的一大问题。对道路交通状况实时监控并将信息及时传递给驾驶

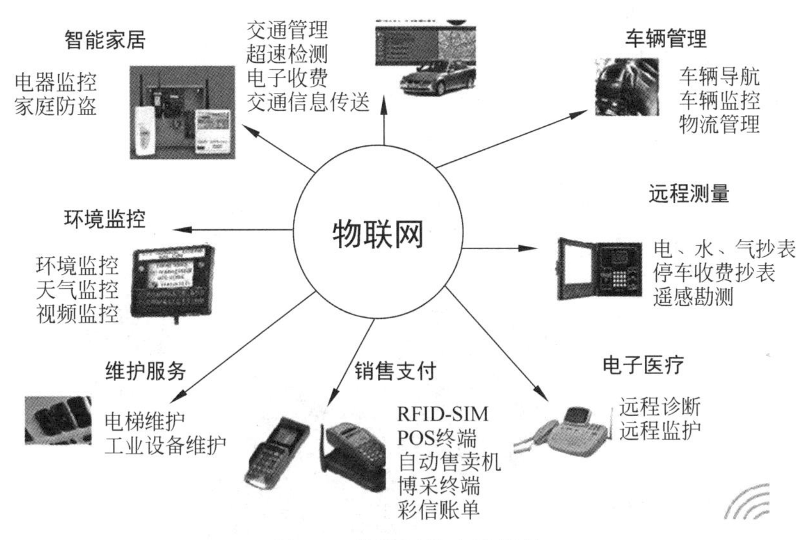

图 8.9　物联网的应用场景

员，让驾驶员及时做出出行调整，可以有效缓解交通压力；高速路口设置道路自动收费系统（简称 ETC），免去进出口取卡、还卡的时间，提升车辆的通行效率；公交车上安装定位系统，能及时了解公交车行驶路线及到站时间，乘客可以根据搭乘路线确定出行，免去不必要的时间浪费。社会车辆增多，停车难也日益成为一个突出问题，很多城市推出的智慧路边停车管理系统，结合物联网技术与移动支付技术，共享车位资源，提高车位利用率和用户的便利性。

2. 智能家居

智能家居是物联网在家庭中的基础应用，随着宽带业务的普及，智能家居产品涉及方方面面，如图 8.10 所示。家中无人时，可利用手机等客户端远程操作智能空调，调节室温；通过客户端实现智能灯泡的开关、调控灯泡的亮度和颜色等；插座内置 Wi-Fi，可实现遥控插座定时通断电流，甚至可以监测设备用电情况，生成用电图表，让你对用电情况一目了然；智能体重秤，监测运动效果，内置可以监测血压、脂肪量的先进传感器，内定程序根据身体状态提出健康建议；智能牙刷与客户端相连，提供刷牙时间、刷牙位置提醒；智能摄像头、窗户传感器、智能门铃、烟雾探测器、智能报警器等都是家庭不可少的安全监控设备。即使出门在外，也可以在任意时间、任意地方监控家中任何一角的实时状况，排除安全隐患。看似烦琐的种种家居生活，因为物联网变得更加轻松、美好和便捷。

3. 环境监控

近年来全球气候异常情况频发，灾害的突发性和危害性进一步加大，物联网可以实时监测环境的不安全性情况，提前预防、实时预警，及时采取应对措施，降低灾害对人类生命财产的威胁。美国布法罗大学早在 2013 年就提出研究深海物联网项目，通过把特殊处理的感应装置置于深海处，来分析水下相关情况，对海洋污染的防治、海底资源的探测，甚至对海啸都可以提供更加可靠的预警。该项目在当地湖水中进行试验，获得成功，为进一步扩大使用范围提供了基础。利用物联网技术，可以智能感知大气、土壤、森林、水资源等方面各指标数据，对于改善人类生活环境可以发挥巨大作用。

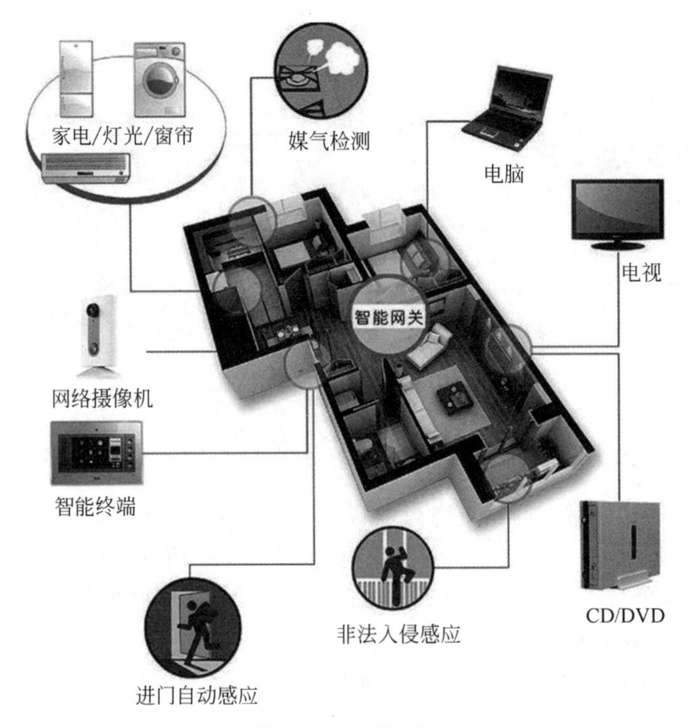

图 8.10　智能家居

8.3 大　数　据

大数据是高科技时代的产物，大数据的出现就像因特网的出现一样，开启了一次重大的时代变革。社会与科技的高速发展，人们之间的信息交流越来越密切，大数据技术已经渗透到我们社会生活的各行各业，正在通过各种方式影响着我们每一个人，而且这种影响正在随着大数据技术的发展和应用与日俱增，大数据时代已经到来。

8.3.1 大数据概述

大数据的目的是更好地了解客户喜好，它将海量碎片化的信息数据进行筛选、分析，并最终归纳、整理出企业需要的资讯。而这些海量的信息则起源于互联网。随着互联网、物联网、电子商务、社交网络等产业的迅猛发展，数据量正呈几何级数不断增长。数据的积累已经到了一个开始引发变革的程度。它不仅使世界充斥着比以往更多的信息，而且其增长速度也在加快。

1. 大数据的定义

大数据并非一个确切的概念，维基百科对大数据给出了一个定义：大数据是指利用目前主流软件和工具来捕获、管理和处理数据所耗时间超过可容忍范围的数据集。也就是说，大数据是在一定时间内无法用常规软件工具对其内容进行抓取、处理、分析和管理的数据集。

大数据技术，是指大数据的应用技术，涵盖各类大数据平台、大数据指数体系等大数据应用技术。从狭义的观点上大数据可定义为：大数据是通过获取、存储、分析，从大容量数据中挖掘价值的一种全新的技术架构。而从广义的观点上又可定义为：大数据是指物理世界到数字世界的映射和提炼。通过发现其中的数据特征，从而做出提升效率的决策行为。

大数据是需要新处理模式才能具有更强的决策力、洞察力和流程优化能力的海量的、高增长率的、多样化的信息资产。大数据一般会涉及两种以上的数据形式，通常是100TB以上数据量的高速、实时数据流。

2. 大数据的特征

大数据通常用4个特征来进行描述：巨量性(Volume)、多样性(Variety)、高速性(Velocity)和价值性(Value)，即大数据的4V特征，如图8.11所示。

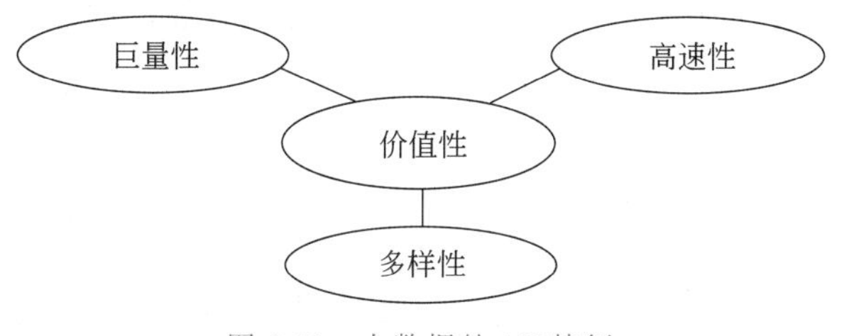

图8.11　大数据的4V特征

(1) 巨量性

大数据的特征首先体现为“数据量大”，存储单位从过去的吉字节(GB)级到太字节(TB)级，直至拍字节(PB)、艾字节(EB)级。随着网络及信息技术的高速发展，数据开始爆发性增长。社交网络、移动网络、各种智能工具、服务工具等，都成为数据的来源。企业也面临着数据量的大规模增长。目前，全球数据量年增长率超过40%。针对这些数据，迫切需要智能的算法、强大的数据处理平台和新的数据处理技术，来统计、分析、预测和实时处理。

(2) 多样性

广泛的数据来源，决定了大数据形式的多样性。我们通常所说的数据是一个整体性的概念，按照不同的划分方式，数据可以被划分为多种类型，最常用和最基本的就是利用数据关系进行划分，有结构化数据、半结构化数据和非结构化数据。在小数据时代基本以结构化数据为主，随着数据技术的不断发展才出现了半结构化和非结构化数据。另外，从数据来源上划分，有社交媒体数据、传感器数据和系统数据。从数据格式上划分，有文本数据、图片数据、音频数据、视频数据等。近几年数据的种类增加了很多，主要原因是移动设备、传感器以及通信手段的增加。如此复杂多变的数据种类，带来的将是数据分析和数据处理的困难，势必会引发相应技术的变革。

（3）高速性

数据的数量和类型都在不断增加，直接影响到的就是数据的处理速度。大数据时代的基本要求就是速度要快。在数据资源化的趋势下，当今时代数据已然成为一种资源，但数据与现实中的物质资源不同，物质资源是不会消失和失去自身价值的，而数据自身具有时效性，其所能挖掘的价值可能稍纵即逝，如果大量的数据来不及处理，就会变成数据垃圾。所以，现在的网络市场，各大互联网公司进行的不仅仅是数据的竞争，同时还是速度的竞争，要想在市场中占据主动地位，就必须要对拥有的数据进行快速的、实时的处理。

（4）价值性

相比于传统的小数据，大数据最大的价值在于通过从大量不相关的各种类型数据中，挖掘出对未来趋势与模式预测分析有价值的数据，并通过机器学习方法、人工智能方法或数据挖掘方法进行深度分析，发现新规律和新知识，运用于农业、金融、医疗等各个领域，从而最终达到改善社会治理、提高生产效率、推进科学研究的效果。

价值性是大数据最本质的特性之一，大数据之所以能够得到各行各业的重视，其根源还是在于数据背后所隐藏的巨大价值。大数据预测，将是大数据发展的主要方向。

我们看出，大数据的定义主要从两个方面出发：一方面是技术，主要从大数据的采集、存储和应用过程进行分析；另一方面是价值，主要从大数据的潜在价值和被挖掘的可能性进行分析。

8.3.2 大数据的技术架构

大数据技术的战略意义不在于掌握庞大的数据信息，而在于从这些含有意义的数据中分析和挖掘有价值的信息。各种各样的大数据应用迫切需要新的工具和技术来存储、管理和实现商业价值。新的工具、流程和方法支撑起了新的技术架构，使得企业能够建立、操作和管理这些超大规模的数据集和储藏数据的存储环境。大数据分析要考虑容纳数据本身，IT 基础架构必须能够以经济的方式来存储比以往量更大、类型更多的数据。此外，还必须能适应数据速度，即数据变化的速度。数量巨大的数据难以在当今的网络连接条件下快速来回传输。大数据基础架构必须具有分布计算能力，以便能在接近用户的位置进行数据分析，减少因跨越网络而所引起的延迟。基于综合考虑，一般可以构建适合大数据的四层堆栈式技术架构，如图 8.12 所示。

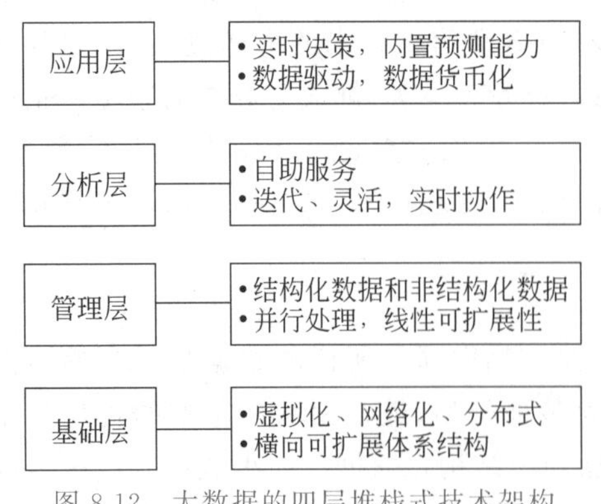

图 8.12　大数据的四层堆栈式技术架构

(1) 基础层

基础层是整个大数据技术架构的最底层。要实现大数据规模的应用,企业需要一个高度自动化的、横向可扩展的存储和计算平台。这个基础设施需要从以前的存储孤岛发展为具有共享能力的高容量存储池。容量、性能和吞吐量必须可以线性扩展。

云模型鼓励访问数据并提供弹性资源池来应对大规模问题,解决如何存储大量数据,以及如何集聚所需的计算资源来操作数据的问题。在云中,数据跨多个结点调配和分布,使得数据更接近需要它的用户,从而可以缩短响应时间和提高生产率。

(2) 管理层

要支持在多源数据上做深层次的分析,大数据技术架构中需要一个管理平台,使结构化和非结构化数据管理融为一体,具备实时传送、查询和计算功能。管理层既包括数据的存储和管理,也涉及数据的计算。并行化和分布式是大数据管理平台所必须考虑的要素。

(3) 分析层

大数据应用需要大数据分析。分析层提供基于统计学的数据挖掘和机器学习算法,用于分析和解释数据集,帮助企业获得对数据价值的深入领悟。可扩展性强、使用灵活的大数据分析平台更可成为数据科学家的利器,起到事半功倍的效果。

(4) 应用层

大数据的价值体现在帮助企业进行决策和为终端用户提供服务的应用。不同的新型商业需求驱动了大数据的应用。反之,大数据应用为企业提供的竞争优势使得企业更加重视大数据的价值。新型大数据应用对大数据技术不断提出新的要求,大数据技术也因此在不断发展变化中日趋成熟。

8.3.3 大数据的应用

大数据在社会各领域取得了应用。从应用上看,在实现了大数据的存储、挖掘与分析之后,大数据被广泛运用在企业管理、数据标准化分析等领域中,特别是在公共服务领域中具有广阔的应用前景。大数据能够在很大程度上改进客户的营销方式与服务水平,从而有效帮助行业降低成本,实现运营效益的提升。此外,大数据还可以帮助企业创新商业模式,并发现新的市场商机。从对整个社会的价值来看,大数据在智慧城市、智慧交通及灾难预警等方面都有巨大的潜在应用价值。我国大数据的应用主要涉及以下几个方面。

(1) 精准营销

大数据的典型应用,是通过对用户行为的分析实现精准营销。精准营销就是在精准定位的基础上,依托现代信息技术手段建立个性化的顾客沟通服务体系。互联网广告、个性化的内容推荐、搜索引擎优化、定向广告等都是互联网大数据主要的应用商业模式。

(2) 金融领域

在金融领域,传统的数据分析手段无法满足新业务需求,对海量数据的处理,原有数据分析速度能力不足。大数据在金融领域的应用表现在客户价值分析、目标市场客户聚类、贷款偿还能力预测、股票等投资组合趋势分析,以及实时欺诈交易识别和反洗钱分析、风险管理与风险控制、提高整体收入、增加市场份额等方面,如图 8.13 所示。

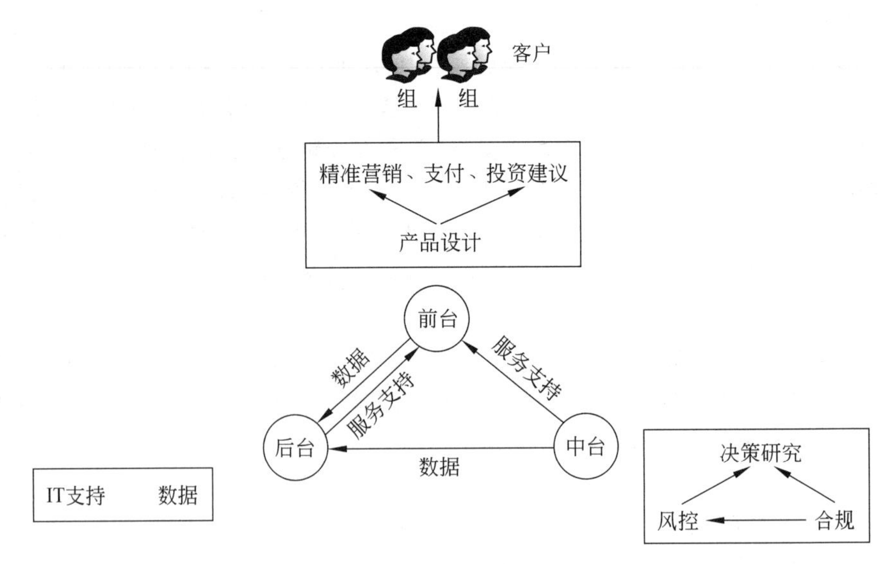

图 8.13　大数据在金融领域的应用场景

(3) 公共安全领域

在公共安全领域,结合身份信息、身份证、指纹、血型等,以及以移动手机为主的电子设备所接收、发送的信息、摄像头监控信息、导航定位信息等,能更好地提供公共服务、舆情分析,准确预判安全威胁。对嫌疑人行为预测分析、恐怖活动检测、危险性分析、关系人分析,使得案件的侦破更容易。

(4) 医疗行业

在医疗行业,大数据典型的应用之一是个性化医疗。大数据能够利用个体的遗传信息与基因片段,预测其遗传病携带的概率与癌症患病风险,尽早发现病情和实施诊疗。大数据还应用于临床数据比对、决策支持、就诊行为分析、疾病模式分析、预防传染病蔓延等。

(5) 交通领域

在交通领域,整合传感器、监控视频和 GPS 等设备产生的海量数据,结合气象监测设备产生的天气状况数据、人口分布数据、移动通信数据,实现智能交通公共信息服务的实时传递和快速反应。把大数据应用到智能交通系统中,进行交通事故分析、交通拥挤情况分析、交通稽查布控等。

8.3.4　大数据的未来

1. 大数据的发展趋势

大数据不仅意味着海量、多样、迅捷的数据处理,更是一种颠覆的思维方式、一项智能的基础设施、一场创新的技术变革。大数据的未来发展趋势表现在以下几个方面。

(1) 数据的资源化

大数据成为企业和社会关注的重要战略资源,并已成为大家争相抢夺的新焦点。企业必须要提前制订大数据营销战略计划，抢占市场先机。

(2) 大数据与云计算、物联网的深度结合

大数据离不开云计算，云计算为大数据提供了弹性可扩展的基础设备，是产生大数据的平台之一。自2013年开始，大数据技术已开始和云计算技术紧密结合，预计未来两者关系将更为密切。除此之外，物联网、移动互联网等新兴计算形态，也将一齐助力大数据革命，让大数据营销发挥出更大的影响力。

(3) 基于大数据的智能化

大数据通过人工智能实现大数据的智能化应用，即大数据将在智能产业、智能制造、智能应用等方面扩大应用。

(4) 数据管理成为核心竞争力

当"数据资产是企业核心资产"的概念深入人心后，企业对于数据管理便有了更清晰的认识，将数据管理作为企业核心竞争力，持续发展，战略性规划与运用数据资产，成为企业数据管理的核心。数据资产管理效率与主营业务收入增长率、销售收入增长率显著正相关。数据资产的管理效果将直接影响企业的财务表现。

(5) 数据科学和数据联盟的成立

数据科学将成为一门专门的学科，被越来越多的人所认知。各高考学校设立了专门的数据科学类专业，也会催生一批与之相关的新的就业岗位。与此同时，基于数据这个基础平台，也将建立起跨领域的数据共享平台，之后，数据共享将扩展到企业层面，并且成为未来产业的核心一环。

(6) 数据生态系统复合化程度加强

大数据的世界不只是单一的、巨大的计算机网络，而是一个由大量活动构件与多元参与者元素所构成的生态系统，是终端设备提供商、基础设施提供商、网络服务提供商、数据服务提供商等一系列的参与者共同构建的生态系统，使得数据生态系统复合化程度逐渐增强。

2. 大数据的安全问题

随着云计算、移动互联网和物联网等新兴信息技术的蓬勃兴起，各类信息数据正在迅速膨胀变大。大数据时代为企业和个人带来了新的服务和机遇。随着数据结构的不断变化和数据格式的日趋复杂化，安全已经成为大数据时代的突出问题。大数据安全的含义不仅包括个人的隐私泄露，还包括数据的存储、处理、传输等过程中所面临的风险。解决大数据安全问题主要有两个途径：在传统信息技术基础上加强云安全措施；创建本质安全的信息技术基础。

从根本上解决大数据安全问题，需要大量的实践研究工作，在传统IT基础上加强云安全措施不是任何云服务供应商能够独立完成的，这需要包括云端服务商、企业用户、各国政府、各国科研机构和高等院校等长期共同努力。

要消除广大用户所承担的风险，云计算必须实施完备有效的安全防护措施。这些措施应当遵守共同的安全防护架构，如美国国家标准与技术研究院(NIST)防护领域、云安全联盟(CSA)防护领域。

在建立上述防护框架的同时，可以结合传统的信息安全防护技术，加强云安全防护。对于云攻击、传统的网络安全，应用安全防护手段，如身份认证、防火墙、入侵检测以及漏洞扫描等仍然适用。

信息和网络安全问题的根源在于，当初发明计算机和网络时没有预见到安全隐患。企业需要从新的角度来确保自身以及客户数据。所有数据在创建之初便需要获得安全保障，而并非在数据保存的最后一个环节。PC 时代的杀毒软件、防火墙以及各种法律法规，都只是事后补救带来的危害，这些措施已经不能满足社会信息中枢的可控开发模式和安全需求。因此，需要直接建立本质安全的新型网络，从结构上保证网络不被攻击。

8.4 人工智能

人工智能领域的研究包括机器人、语言识别、图像识别、自然语言处理和专家系统等。人工智能从诞生以来，理论和技术日益成熟，应用领域也不断扩大。可以设想，未来人工智能带来的科技产品，将会是人类智慧的"容器"。人工智能可以对人的意识、思维的信息过程进行模拟。人工智能不是人的智能，但能像人那样思考，也可能超过人的智能。

8.4.1 人工智能概述

1. 人工智能的定义

人工智能（Artificial Intelligence，AI），是计算机科学的一个分支，是研究、开发用于模拟、延伸和扩展人的智能的理论、方法、技术及应用系统的一门新的技术科学。人工智能诞生在 1956 年的美国，在那年夏天，一批有远见的年轻科学家，在达特茅斯会议上研究和讨论了用机器模拟智能的一系列有关问题，首次提出了 Artificial Intelligence 这一术语，它标志着人工智能这门新兴学科的正式诞生。

2. 人工智能的起源和发展

图 8.14　艾伦·图灵

人工智能起源于 1950 年，最开始是图灵测试：测试者与被测试者（一个人和一台机器）隔开的情况下，通过一些装置（如键盘）向被测试者随意提问。进行多次测试后，如果机器让每个参与者做出平均超过 30％的误判，那么这台机器就通过了测试，并被认为具有人类智能。1950 年 10 月，艾伦·图灵（见图 8.14）又发表了一篇题为《机器能思考吗》的论文，成为划时代之作。也正是这篇文章，为图灵赢得了"人工智能之父"的桂冠。图灵还进一步预测称，到 2000 年，人类应该可以用 10GB 的计算机设备，制造出可以在 5 分钟的问答中骗过 30％成年人的人工智能。虽然目前我们已落后于这个预测，但是人工智能领域确实发展得越来越好了。

人工智能的第一大成就是下棋程序，人与计算机的首次对抗是在1963年。国际象棋大师兼教练大卫·布龙斯坦怀疑计算机的创造性能力，同意用自己的智慧与计算机较量。下棋的时候他有一个非常不利的条件：让一个子。但当对局进行到一半时，计算机就把布龙斯坦的一半兵力都吃掉了。这时，布龙斯坦要求再下一局，但这次却不再让子了！1996年2月10日，超级计算机深蓝首次挑战国际象棋世界冠军卡斯帕罗夫，但以2∶4落败。比赛在2月17日结束。其后研究小组把深蓝加以改良。

1997年5月11日，在人与计算机之间挑战赛的历史上可以说是历史性的一天。计算机在正常时限的比赛中首次击败了等级分排名世界第一的棋手卡斯帕罗夫，他以2.5∶3.5（1胜2负3平）输给IBM的深蓝（图8.15）。

图8.15　卡斯帕罗夫与深蓝对弈

AlphaGo是第一个击败人类职业围棋选手、第一个战胜围棋世界冠军的人工智能机器人。AlphaGo由谷歌（Google）旗下DeepMind公司戴密斯·哈萨比斯领衔的团队开发，其主要工作原理是“深度学习”。2016年3月，AlphaGo与围棋世界冠军、职业九段棋手李世石进行围棋人机大战，以4∶1的总比分获胜。2017年5月，在中国乌镇围棋峰会上，它与排名世界第一的世界围棋冠军柯洁对战（见图8.16），以3∶0的总比分获胜。围棋界公认AlphaGo的棋力已经超过人类职业围棋顶尖水平。

图8.16　柯洁与AlphaGo对弈

在无人驾驶等领域，人工智能也大显身手，无人驾驶汽车也称为轮式移动机器人，主要依靠车内的以计算机系统为主的智能驾驶仪，来实现无人驾驶的目的。无人驾驶技术集自动控制、体系结构、人工智能、视觉计算等众多技术于一体，是计算机科学、模式识别和智能控制技术高度发展的产物，也是衡量一个国家科研实力和工业水平的一个重要标志。我国以轻舟智航、百度为代表的部分企业已崭露头角，并逐渐成为该领域的行业领导者。2020年7月，全国首批城市微循环轻舟无人小巴士在苏州亮相(见图8.17)，并发布全球首条城市微循环Robo-Bus市民体验线路，作为轻舟无人小巴士在苏州的首条示范应用线路。

图 8.17　轻舟无人小巴士

图像识别、语音识别技术的日益成熟也给人们的生活带来极大的便利。人工智能的时代已经到来了。随着应用领域的不断扩大，可以设想，未来人工智能带来的科技产品，将会是人类智慧的“容器”。人工智能不是人的智能，但能像人那样思考，也可能超过人的智能。

人工智能是一门极富有挑战性的科学，从事这项工作的人必须懂得计算机知识、心理学和哲学。总的说来，人工智能研究的一个主要目标是使机器能胜任有些通常需要人类智能才能完成的复杂工作。但不同的时代，不同的人对这种“复杂工作”的理解是不同的。2017年12月，人工智能入选“2017年度中国媒体十大流行语”。

人工智能正在全球迅速崛起，人工智能科学家想要解决的问题是让计算机具有人类那种听、说、读、写、思考、学习、适应环境变化、解决各种实际问题等的能力。换言之，人工智能是计算机科学的一个重要分支，它的近期目标是让计算机更聪明、更有用，它的远期目标是使计算机变成“像人一样具有智能的机器”。

8.4.2　人工智能的技术特征

1. 人工智能研究的基本内容

人工智能学科研究的主要内容包括知识表示、知识的搜索与推理、自然语言理解、知识获取、计算机视觉、智能机器人等方面。

（1）知识表示

知识表示是指把知识客体中的知识因子与知识关联起来，便于人们识别和理解知识。知识表示是知识组织的前提和基础，任何知识组织方法都是要建立在知识表示的基础上。在人工智能中，知识表示就是要把问题求解中所需要的对象、前提条件、算法等知识构造为计算机可处理的数据结构以及解释这种结构的某些过程。问题表示是为了进一步求解问题，从表示问题到问题求解，有个求解的过程，也就是搜索过程。在这一过程中，采用适当的搜索技术，包括各种规则、过程和算法等推理技术，力求找到问题的解。

（2）知识的搜索与推理

知识的搜索与推理是人工智能研究的一个核心问题，对这一问题的研究曾经十分活跃，而且至今仍不乏高层次的研究课题。正如知识表示一样，知识的搜索与推理也有众多的方法，同一问题可能采用不同的搜索策略，而其中有的比较有效，有的不大适合具体问题。

（3）自然语言理解

自然语言处理是使用自然语言与计算机进行通信的技术，自然语言处理的关键是要让计算机“理解”自然语言，所以自然语言处理又称为自然语言理解。一方面它是语言信息处理的一个分支，另一方面它是人工智能的核心课题之一。

（4）知识获取

知识获取是指在人工智能和知识工程系统中，机器（计算机或智能机）如何获取知识的问题。狭义知识获取指人们通过系统设计、程序编制和人机交互，使机器获取知识。广义知识获取是指除了人工知识获取之外，机器还可以自动或半自动地获取知识。

（5）计算机视觉

计算机视觉是使用计算机及相关设备对生物视觉的一种模拟。计算机视觉的主要任务就是通过对采集的图片或视频进行处理以获得相应场景的三维信息，就像人类和许多其他类生物每天所做的那样。计算机视觉研究如何使机器“看”，用摄影机和计算机代替人眼对目标进行识别、跟踪和测量，并进一步做图形处理。

（6）智能机器人

智能机器人有相当发达的“大脑”，能够理解人类语言，用人类语言与操作者对话。智能机器人能分析出现的情况，能调整自己的动作以达到操作者所提出的全部要求，能拟定所希望的动作，并在信息不充分的情况下和环境迅速变化的条件下完成这些动作。

人工智能时刻改变着你我的生活，人工智能包括十分广泛的科学，它由不同的领域组成。总的说来，人工智能研究的一个主要目标是使机器能够胜任一些通常需要人类智能才能完成的复杂工作。用来研究人工智能的主要物质基础以及能够实现人工智能技术平台的机器就是计算机，人工智能的发展历史是与计算机科学技术的发展史联系在一起的。除了计算机科学以外，人工智能还涉及信息论、控制论、自动化、仿生学、生物学、心理学、数理逻辑、语言学、医学和哲学等多门学科。

2. 人工智能研究的技术特征

人工智能作为一门学科，有其独特的技术特征，主要表现在以下几个方面。

（1）利用搜索

有些问题有一定的规律，但往往需要边试探边求解，这就要使用搜索技术。人工智能技术往往要使用搜索来补偿知识的不足，采用尝试加检验的方法，根据人们的常识性知识或者领域的专门知识对问题进行试探性的求解，逐步接近解决问题，直到成功。

（2）利用知识

利用问题领域知识来求解问题。利用知识可以补偿搜索中的不足，知识工程和专家系统技术的开发证明了知识可以指导搜索，修剪不合理的搜索分支，从而减少问题求解的不确定性，以大幅度地减少状态空间的搜索量。

（3）利用抽象

借助抽象可以将处理问题中的重要特征和变式与大量非重要特征和变式区分开来，使对知识的处理变得更加有效、更灵活。用户只需陈述"要做什么"，而把"怎么做"留给人工智能程序来完成。

（4）利用推理

在问题求解过程中，智能程序所使用知识的方法和策略应较少地依赖与知识的具体内容。通常的人工智能程序系统都采用推理机制与知识相分离的体系结构。这个结构从模拟人类思维的一般规律出发来使用知识。例如，已知"A 为真"，并且"如 A 为真，则 B 为真"，则可推知"B 为真"。这个推理规律并不依赖于 A 与 B 的具体内容。

（5）利用学习

人的一切智慧或智能都来自大脑思维活动，人类的一切知识都是人类思维的产物。一个系统之所以有智能，是因为它具有可应用的知识。要让计算机"聪明"起来，首先要解决计算机如何学会一些必要知识，以及如何运用学到的知识问题。这种知识是通过学习来积累的。

（6）遵循有限合理性原则

人在一定的约束条件下，制定尽可能好的决策。这样决策的制定具有一定的随机性，往往不是最优的。人工智能要求解的问题，大量的是在一个组合爆炸空间内搜索，因此有限合理是人工智能技术应遵循的原则之一。

8.4.3 人工智能的应用

1. 人工智能的应用领域

人工智能应用的细分领域包括深度学习、计算机视觉、语音识别、虚拟个人助理、自然语言处理、智能机器人、推荐引擎等。

（1）深度学习

深度学习（Deep Learning，DL）是机器学习领域中一个新的研究方向。深度学习是学习样本数据的内在规律和表示层次，这些学习过程中获得的信息对诸如文字、图像和声音等数据的解释有很大的帮助。它的最终目标是让机器能够像人一样具有分析学习能力，能够识别文字、图像和声音等数据。对于一个智能系统来讲，深度学习的能力大小，决定着它在多大程度上能达到用户对它的期待。

（2）计算机视觉

计算机视觉是指计算机从图像中识别出物体、场景和活动的能力，是使用计算机及相关设备对生物视觉的一种模拟。它的主要任务就是通过对采集的图片或视频进行处理以获得相应场景的三维信息。计算机视觉是一门综合性的学科，有着广泛的细分应用，它已经吸引了来自各个学科的研究者参加到对它的研究之中，其中包括医学成像分析、人脸识别、公安安全、安防监控等，如图 8.18 所示。

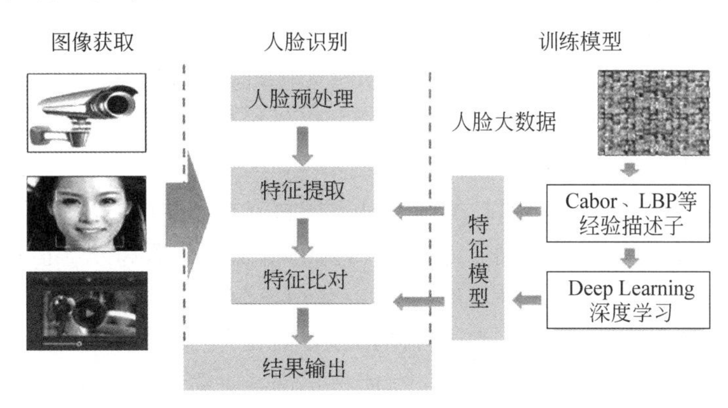

图 8.18　计算机视觉

（3）语音识别

与机器进行语音交流，让机器明白你说什么，这是人们长期以来梦寐以求的事情。语音识别是把语音信号转换为文字，对语义进行理解、认知和语音合成等处理，如图 8.19 所示。近 20 年来，语音识别技术取得显著进步，开始从实验室走向市场。未来 10 年，语音识别技术将进入工业、家电、通信、汽车电子、医疗、家庭服务、消费电子产品等各个领域。

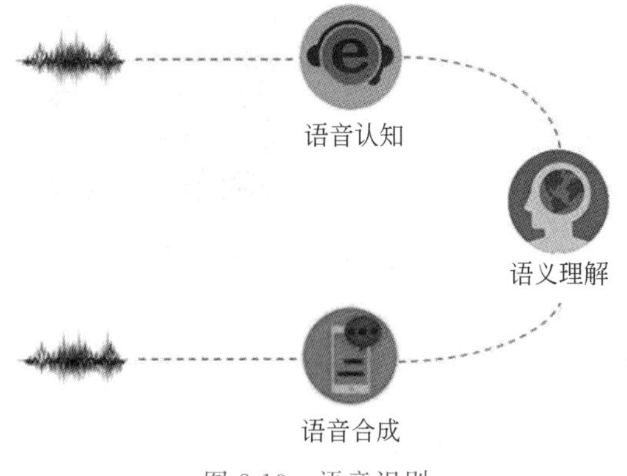

图 8.19　语音识别

（4）虚拟个人助理

虚拟个人助理是一种对人们的需求有深层理解且功能强大的软件应用。它能代替人们执行某些任务，通过将这些服务以某种方式集成，最优化地满足人们的需求。虚拟个人助理通过接收信息、分析搜索、执行任务三步为人们提供助理服务。

（5）自然语言处理

自然语言处理是能实现人与计算机之间用自然语言进行有效通信的各种理论和方法。自然语言处理是计算机科学、人工智能、语言学关注计算机和人类（自然）语言之间的相互作用的领域。自然语言处理并不是一般地研究自然语言，而在于研制能有效地实现自然语言通信的计算机系统，特别是其中的软件系统，如图 8.20 所示。

（6）智能机器人

英语 Robot 一词来源于卡雷尔·恰佩克的《罗梭的万能工人》，这是于 1920 年首次上演的一部舞台剧。目前，智能机器人在生活中已经随处可见，如扫地机器人、陪伴机器人等。这些机器人不管是跟人语音聊天，还是自主定位导航行走、安防监控等，都离不开人工智能技术的支持。

智能机器人（见图 8.21）之所以“智能”，是因为它有相当发达的“大脑”，在其中起作用的是中央处理器，智能机器人具备形形色色的内部信息传感器和外部信息传感器，如视觉、听觉、触觉、嗅觉。除具有感受器外，它还有效应器，作为作用于周围环境的手段。智能机器人能够理解人类语言，用人类语言同操作者对话，它能分析出现的情况，能调整自己的动作以达到操作者所提出的全部要求，能拟定所希望的动作，并在信息不充分的情况下和环境迅速变化的条件下完成这些动作。

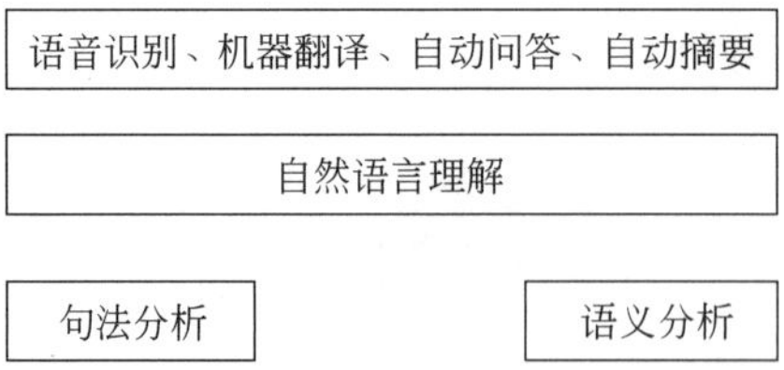

语音识别、机器翻译、自动问答、自动摘要

自然语言理解

句法分析　　语义分析

图 8.20　自然语言处理

图 8.21　智能机器人

（7）引擎推荐

淘宝、京东等电子商城，以及网易新闻等网站上，会根据你之前浏览过的商品、页面、搜索过的关键字，推送给你一些相关的产品或网站内容。这其实就是引擎推荐技术的一种表现。Google 为什么会做免费搜索引擎，目的就是搜集大量的自然搜索数据，丰富它的大数据库，为后面的人工智能数据库做准备。

除了以上的应用，人工智能技术肯定会朝着越来越多的分支领域发展，医疗、教育、金融、衣食住行等涉及人类生活的各个方面都会有所渗透。

2. 理解云计算、物联网、大数据、人工智能之间的关系

云计算、物联网、大数据、人工智能作为当今信息化的四大版块，它们之间有着本质的联系，具有融合的特质和趋势，如图 8.22 所示。

云计算是基础，没有云计算，无法实现大数据存储与计算；大数据是应用，没有大数据，云计算就缺少了目标与价值；物联网是大数据的基础，记录人、事、物及之间互动的数据。从广义的视角看，这四大板块是一个整体，物联网是这个实体的眼睛、耳朵、鼻子和触觉；大数据是这些触觉到的信息的汇集与存储；人工智能未来是掌控这个实体的大脑；云计算是大脑指挥下的对于大数据的处理并进行应用。人工智能是大数据的最理想应用，反哺物联网。所以，在未来的科技的发展过程中，这四者只有都不停歇地相互加速发展，才不会彼此制约，才可以实现并驾齐驱，共同为人类的发展贡献力量。

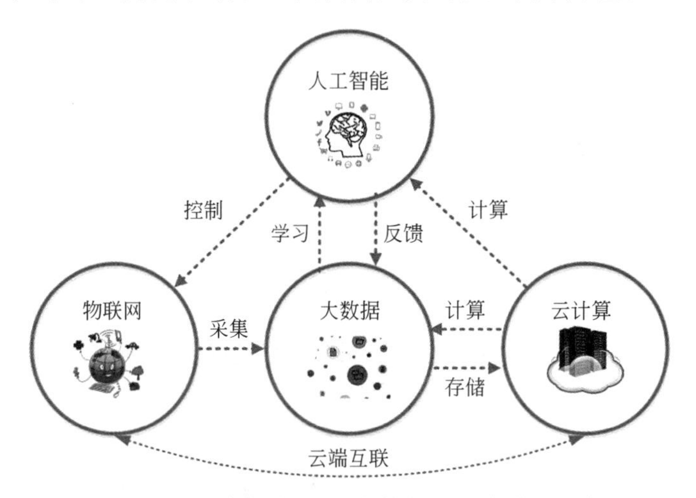

图 8.22　云计算、物联网、大数据、人工智能的融合

8.5　本 章 小 结

本章简单介绍了云计算、物联网、大数据、人工智能的基本概念，包括云计算的关键技术、云计算的优势和特点、云计算的应用、物联网的概念、物联网的技术架构、物联网的应用、大数据的概念、大数据的特点、大数据的应用、大数据的安全问题、人工智能的概念、人工智能的技术特征、人工智能的应用领域等。基于云计算、大数据、人工智能的由点到面的创新应用已经渗透到各个领域，金融、交通、电力、制造和服务等各产业正在借助各种信息新技术进行技术突破和观念创新，云计算、物联网、大数据、人工智能等信息新技术领域未来不可估量。

8.6　习　　题

一、单项选择题

1. 云计算是对(　　)技术的发展与应用。

A. 并行计算　　B. 分布式计算

C. 网格计算　　D. 三个选项都对

2. 将平台作为服务的云计算服务类型是(　　)。

A. IaaS　　B. PaaS

C. SaaS　　D. 三个选项都不是

3. 虚拟化资源指一些可以实现一定操作具有一定功能,但其本身是(　　)的资源,如计算池、存储池、网络池和数据库资源等,通过软件技术来实现相关的虚拟化功能包括虚拟环境、虚拟系统、虚拟平台。

A. 虚拟　　B. 真实　　C. 物理　　D. 实体

4. 用来表示机器人的 Robot 一词源于(　　)。

A. 1946 年图灵的一篇论文

B. 1920 年卡雷尔·恰佩克的一部舞台剧

C. 1968 年,冯·诺依曼的一部手稿

D. 1934 年卡斯特罗的一次演讲

5. 大数据的起源是(　　)。

A. 金融　　B. 电信　　C. 互联网　　D. 公共管理

6. 人工智能诞生于(　　)年。

A. 1954　　B. 1957　　C. 1956　　D. 1965

7. 人工智能的目的是让机器能够(　　),以实现某些脑力劳动的机械化。

A. 具有完全的智能　　B. 像人脑一样考虑问题

C. 完全代替人　　D. 模拟、延伸和扩展人的智能

8. 1997 年 5 月,轰动全球的人机大战中,深蓝战胜了国际象棋世界冠军卡斯帕罗夫,这是(　　)。

A. 人工思维　　B. 机器思维　　C. 人工智能　　D. 机器智能

9. 关于大数据和因特网,以下说法不正确的是(　　)。

A. 因特网的出现使得监控变得更容易,成本更低廉,也更有用处

B. 大数据不管如何运用都是合理决策过程中的有力武器

C. 大数据的价值不再单纯来源于它的基本用途,而更多源于它的二次利用

D. 大数据时代,很多数据在收集的时候并无意用作其他用途,而最终却产生了很多创新性的用途

10. 社交网络产生了海量用户以及实时和完整的数据,同时社交网络也记录了用户

群体的(　　),通过深入挖掘这些数据来了解用户,然后将这些分析后的数据信息推给需要的品牌商家或是微博营销公司。

A. 地址　　B. 行为　　C. 情绪　　D. 来源

11. 下列不属于云计算特点的是(　　)。

A. 按需服务　　B. 私有化服务　　C. 资源磁化　　D. 泛在接入

12. 大数据技术的战略意义不在于掌握庞大的数据信息,而在于对这些含有意义的数据进行(　　)。

A. 数据处理　　B. 专业化处理　　C. 速度处理　　D. 内容处理

二、填空题

1. 作为计算机科学分支的人工智能的英文缩写是(________)。
2. 被誉为“人工智能之父”的科学大师是(________)。
3. (________)年夏季,在达特茅斯会议上首次提出了 Artificial Intelligence 这一术语,它标志着人工智能这门新兴学科的正式诞生。
4. 从服务方式划分,云计算平台可以分为(________)、(________)和(________)三种类型。
5. 大数据是指无法在一定时间内用传统的处理数据的软件工具对其内容进行(________)、(________)、分析和管理的数据集合。
6. 解决大数据安全问题有两个途径,即(________)和(________)。

三、简答题

1. 大数据就是海量的数据吗?
2. 什么是云计算?如何理解云计算?
3. 什么是虚拟化技术?
4. 简述物联网的功能。
5. 人工智能研究哪些内容?

附录　ASCII 码表

ASCII 值	控制字符	ASCII 值	控制字符	ASCII 值	控制字符	ASCII 值	控制字符
0	NUL	32	Space	64	@	96	、
1	SOH	33	!	65	A	97	a
2	STX	34	”	66	B	98	b
3	ETX	35	#	67	C	99	c
4	EOT	36	$	68	D	100	d
5	ENQ	37	%	69	E	101	e
6	ACK	38	&	70	F	102	f
7	BEL	39	'	71	G	103	g
8	BS	40	(	72	H	104	h
9	HT	41	)	73	I	105	i
10	LF	42	*	74	J	106	j
11	VT	43	+	75	K	107	k
12	FF	44	’	76	L	108	l
13	CR	45	—	77	M	109	m
14	SO	46	.	78	N	110	n
15	SI	47	/	79	O	111	o
16	DLE	48	0	80	P	112	p
17	DC1	49	1	81	Q	113	q
18	DC2	50	2	82	R	114	r
19	DC3	51	3	83	X	115	s
20	DC4	52	4	84	T	116	t
21	NAK	53	5	85	U	117	u
22	SYN	54	6	86	V	118	v
23	ETB	55	7	87	W	119	w
24	CAN	56	8	88	X	120	x
25	EM	57	9	89	Y	121	y
26	SUB	58	:	90	Z	122	z
27	ESC	59	;	91	[	123	{
28	FS	60	<	92	\	124	|
29	GS	61	=	93	]	125	}
30	RS	62	>	94	^	126	~
31	US	63	?	95	—	127	DEL

参考文献

[1] 陈志泊，韩慧，等. 大学计算机基础[M]. 北京：清华大学出版社，2011.

[2] 龚沛曾，杨志强，等. 大学计算机基础[M]. 5版. 北京：高等教育出版社，2009.

[3] 王移芝，罗四维，等. 大学计算机基础教程[M]. 北京：高等教育出版社，2004.

[4] 黄国兴，陶树平，等. 计算机导论[M]. 北京：清华大学出版社，2004.

[5] June Jamrich Parsons，Dan Oja. 计算机文化[M]. 吕云翔，傅尔也，译. 北京：机械工业出版社，2011.

[6] J.Glenn Brookshear. 计算机科学概论[M]. 刘艺，肖成海，等译. 11版. 北京：人民邮电出版社，2014.

[7] 常晋义，王小英，等. 计算机系统导论[M]. 北京：清华大学出版社，2011.

[8] 顾淑清，张茹，等. 计算机文化基础[M]. 北京：清华大学出版社，2004.

[9] 毛汉书，徐秋红，等. 计算机应用技术基础[M]. 北京：清华大学出版社，2006.

图书资源支持

感谢您一直以来对清华版图书的支持和爱护。为了配合本书的使用，本书提供配套的资源，有需求的读者请扫描下方的“书圈”微信公众号二维码，在图书专区下载，也可以拨打电话或发送电子邮件咨询。

如果您在使用本书的过程中遇到了什么问题，或者有相关图书出版计划，也请您发邮件告诉我们，以便我们更好地为您服务。

我们的联系方式：

地　　址：北京市海淀区双清路学研大厦 A 座 714

邮　　编：100084

电　　话：010-83470236　010-83470237

客服邮箱：2301891038@qq.com

QQ：2301891038（请写明您的单位和姓名）

资源下载：关注公众号“书圈”下载配套资源。

资源下载、样书申请

书圈

获取最新书目

观看课程直播